21世纪高职高专规划教材——通信

现代移动通信技术与系统

主　编　廖海洲
编　委　宋燕辉　龙林德
　　　　欧红玉　张　敏

西南交通大学出版社
·成　都·

图书在版编目（CIP）数据

现代移动通信技术与系统 / 廖海洲主编. —成都：西南交通大学出版社，2010.8（2016.7 重印）
21 世纪高职高专规划教材. 通信
ISBN 978-7-5643-0763-9

Ⅰ. ①现… Ⅱ. ①廖… Ⅲ. ①移动通信－通信技术－高等学校：技术学校－教材 Ⅳ. ①TN929.5

中国版本图书馆 CIP 数据核字（2010）第 149040 号

21 世纪高职高专规划教材——通信

现代移动通信技术与系统

主编 廖海洲

责任编辑	李芳芳
特邀编辑	宋彦博
封面设计	墨创文化
出版发行	西南交通大学出版社 （四川省成都市二环路北一段 111 号 西南交通大学创新大厦 21 楼）
发行部电话	028-87600564 028-87600533
邮编	610031
网址	http: //www.xnjdcbs.com
印刷	四川森林印务有限责任公司
成品尺寸	185 mm × 260 mm
印张	13
字数	323 千字
版次	2010 年 8 月第 1 版
印次	2016 年 7 月第 5 次
书号	ISBN 978-7-5643-0763-9
定价	26.00 元

前　言

移动通信是当今通信领域发展的热点技术之一，尤其是电信行业的再次重组和3G移动通信系统的商用，拓宽了移动通信业务的应用范围，带来了移动用户的快速增长，推进了2G移动网络的完善和3G移动网络的建设步伐，提高了网络的服务质量。

为了培养适应现代移动通信技术发展的高素质、高技能、应用型专业人才，保证公众移动通信系统技术的优质、高效应用，促进电信行业的高速发展，我们在总结多年教学实践经验的基础上，组织专业教师和专家编写了《现代移动通信技术与系统》一书。

本书为基于工作过程的系统化配套教材，采用模块-任务式的结构，全面介绍了现代移动通信技术与系统应用，全书分为九个模块：模块一简要介绍对移动通信的认知，模块二介绍移动通信编码与调制，模块三重点介绍移动通信组网技术，模块四重点介绍移动通信特有的控制技术，模块五重点介绍GSM移动通信网络，模块六重点介绍CDMA移动通信网络，模块七重点介绍WCDMA移动通信网络，模块八重点介绍TD-SCDMA移动通信网络，模块九重点介绍移动通信网络工程技术应用。

本书在编写过程中，坚持“以就业为导向，以能力为本位”的基本思想，以岗位知识技能为基础，引入实践任务，按照信号处理流程与系统商用的编写思路，较好地体现了“理论简化够用，突出能力本位，面向应用性技能型人才培养”的职业教育特色。本书作为信息通信类专业教材，可根据专业需要选择相关模块，建议课时为60～90课时。各模块后附有过关训练，便于自学。本书可作为大专院校的教材或教学参考书，也可作为通信企业的职工培训教材。

本书由湖南邮电职业技术学院移动通信系廖海洲副教授主编，并由他负责模块一、三、九的编写及全书审阅；高级通信工程师宋燕辉负责模块五、七、八的编写；龙林德编写模块二，并负责全书统稿；模块四由欧红玉编写；模块六由张敏编写。在本书的编写和审稿过程中，得到中国移动长沙公司技术专家们的大力支持和热心帮助，并提出了很多有益的意见。本书的素材来自大量的参考文献和应用经验，特此向相关作者致谢。

由于编者水平有限，书中难免存在不妥和疏漏之处，敬请广大读者批评指正。

编　者

2010年4月

目　录

模块一　移动通信的认知

【问题引入】

移动通信是我国目前大众化的通信手段。那么何谓移动通信？移动通信与固定通信有哪些区别？移动通信系统由哪些结构组成？移动通信系统信号如何处理和传输？移动通信技术发展与配套产业链有哪些？这些都是本模块需要涉及与解决的问题。

【内容简介】

本模块介绍了移动通信的概念及特点、移动通信系统的基本组成、移动通信收/发信号处理及传输环节、移动通信技术的发展、移动用户的发展和移动通信服务产业链等内容。其中移动通信系统的基本组成和移动通信收/发信号处理及传输环节为重要内容。

【学习要求】

识记：移动通信的定义及特点，衰落、多普勒频移等概念。

领会：衰落与多普勒频移的现象、移动通信的发展历程及发展趋势。

应用：数字移动通信系统的基本结构、移动通信收/发信号主要处理及传输环节。

任务1　移动通信的技术理念

随着社会的发展，人们对通信的需求日益增加，对通信的要求也越来越高。人们希望能随时、随地、可靠地进行各种信息的交换，就必须采用无线、移动的模式实施信息的传递；完成通信技术发展的理想目标——“个人通信”，移动通信发挥了基础性的作用。

一、移动通信的含义及特点

（一）移动通信的含义

移动通信是指在通信中一方或双方处于移动状态的通信方式，包括移动体（车辆、船舶、飞机或行人）和移动体之间的通信，移动体和固定点（固定无线电台或有线用户）之间的通信；通信含有语音、数据、多媒体等业务。

（二）移动通信技术的特点

现代移动通信技术是现代通信技术、微电子技术和计算机技术的完美结合。在无线通信的基础上引入用户的移动性，是一种有线与无线相结合的通信网络融合，因此，移动通信与固定通信相比具有以下特点：

1. 采用无线传输方式

移动通信与固定通信相比，不再利用有线传输方式进行，而采用无线传输方式实现，使用无线电波传输信息。否则，无法实现移动台的移动。

2. 电波传播环境复杂

移动通信工作在甚高频（VHF）和特高频（UHF）两个频段（30～3000 MHz），电波的传播以直接波和反射波为主。因此，地形、地物、地质以及地球的曲率半径等都会对电波的传播产生反射、折射、绕射等不同程度的影响，主要反映为衰落与多普勒频移的现象。

(1) 衰落。衰落是移动通信的基本特征之一，是指信号随时间的变化由强变弱的过程。衰落又有快衰落和慢衰落之分。

① 快衰落：在移动通信系统中，由于电波受到高大建筑物的反射、阻挡以及电离层的散射，移动台所收到的信号是从许多路径来的电波的组合，这种现象称为“多径效应”。由于合成信号的幅度、相位和到达时间随机变化，从而严重影响通信质量。这就是所谓的“多径衰落”现象，又称为“瑞利衰落”或“快衰落”，如图 1.1.1 所示。由于各种不同路径反射矢量合成的结果，使信号场强随地点不同而呈驻波分布；接收点场强包络的变化服从瑞利分布，如图 1.1.2 所示，衰落的深度可达 20～30 dB。

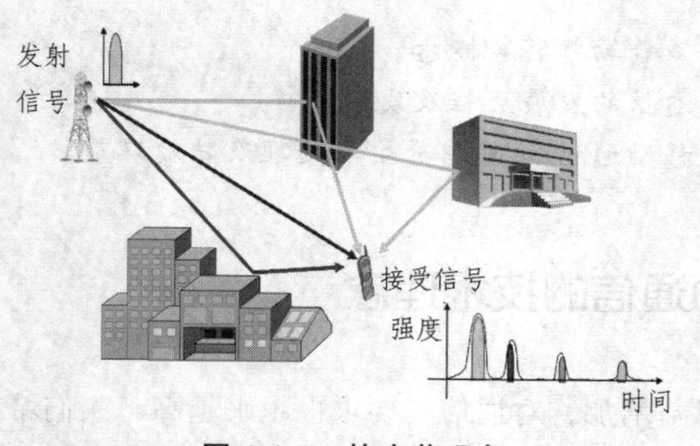

图 1.1.1 快衰落现象

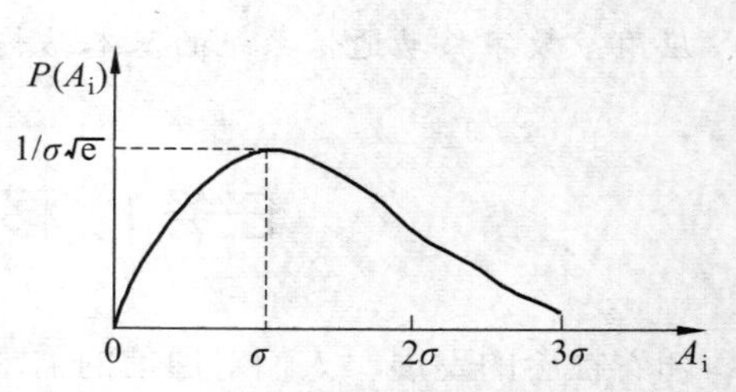

图 1.1.2 瑞利分布概率密度函数

② 慢衰落：在移动通信中，场强中值随着地理位置变化呈现慢变化，称为“慢衰落”或“地形衰落”。产生慢衰落的原因是高大建筑物的阻挡及地形变化，移动台进入某些特定区域，因电波被吸收或反射而收不到信号，将这些区域称为阴影区，从而形成电磁场阴影效应，如图 1.1.3 所示。慢衰落变化服从对数正态分布，如图 1.1.4 所示。所谓对数正态分布，是指以分贝数表示的信号强度服从正态分布。

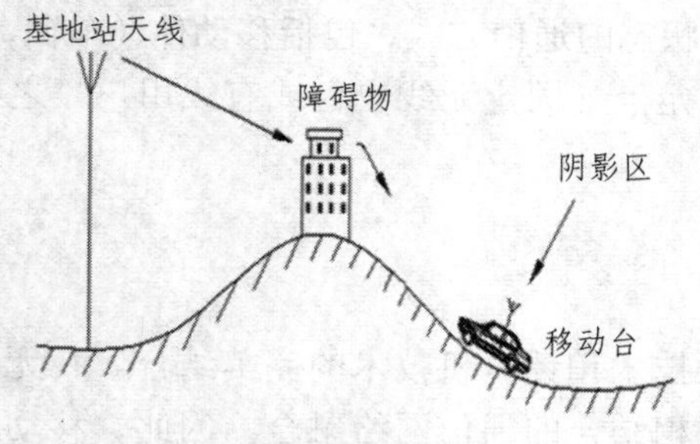

图 1.1.3 慢衰落现象

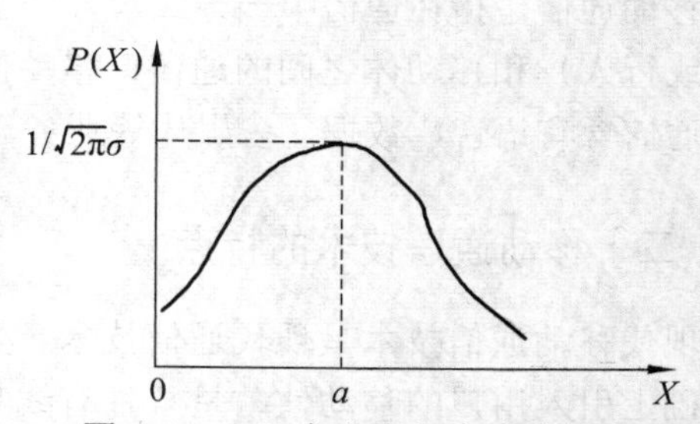

图 1.1.4 正态分布概率密度函数

此外，还有一种随时间变化的慢衰落，它也服从对数正态分布。这是由于大气折射率的平缓变化，使得多径信号相对时延变化，造成同一地点收到的场强中值电平随时间作慢变化，但这种变化远小于地形因素的影响，因此，一般忽略不计。

（2）多普勒频偏效应。在移动通信中，接收机接收到的信号频率与发射机发出的信号频率之间会产生一个差值。这是由于到达接收端的多径信号的相位是不断变化的，会使工作频率发生偏移，将这种由于移动台移动而产生的频率偏移现象称为多普勒频偏效应。

若工作频率越高，运动速度越快，那么多普勒频偏（Δf）就越大。频偏大小可通过表达式（1.1.1）确定。

$$\Delta f = \pm \frac{vf}{c}\cos\theta \qquad (1.1.1)$$

式中，v 是移动台运动速度；f 是工作频率；c 是电磁波传播速度；θ是到达接收点时的入射角。

当$\theta=0$ 时，Δf 称为最大多普勒频移，即

$$\Delta f_{\max} = \pm vf/c$$

例如，当车速为 60 km/h，工作频率为 900 MHz 时，由公式可以计算出最大多普勒频移为 50 Hz。这就要求移动台具有良好的抗衰落能力。

3. 频率是移动通信最宝贵的资源

无线通信频率是非常有限的，而移动通信属于无线通信的范畴，在移动通信中，基站与移动台之间占用无线频率实现通信。由于移动台的发射功率、天线等因素限制，能用于陆地移动通信的频段就更少了，随着移动通信的飞速发展，特别是用户数量的快速增长，都使有限的频率资源显得越来越珍贵。目前，常见的频段有 800 MHz、900 MHz、1800 MHz 和 2000 MHz 等。

4. 在强干扰条件下工作

在移动通信中，同时通信者成千上万，他们之间会产生许多干扰信号，还有各种工业干扰、人为干扰、天气变化产生的干扰以及同频电台的干扰等，归纳起来主要有互调干扰、邻道干扰、同频干扰、码间干扰等。这些干扰将严重影响通信的质量，这就要求移动通信系统具有强抗干扰和抗噪声能力。

5. 移动通信组网技术复杂

现代移动通信系统采用蜂窝式结构进行无线组网，移动台在服务区域内任意移动，要实现可靠的呼叫与通信，必须具有位置登记、信道分配、信道切换和漫游等跟踪交换技术。因此，移动通信系统要比一般的市内电话系统复杂得多，设备造价要高得多。

6. 移动台的性能要求高

由于移动台是用户随身携带的通信终端，因此要求具有适应移动的特点：性能好、体积小、重量轻、抗振动，操作使用简便，防水、成本低等。

二、数字移动通信系统的框架结构

移动通信技术已转入数字移动通信时代，系统结构完善，网络功能增强，信号处理环节数字化，获得了广泛的商用。2G 移动通信系统在我国甚至全球都是规模最大的，具体有 GSM

系统和 IS-95CDMA 系统。

2G 数字移动通信系统是一种双向双工通信系统。该系统一般由移动台（MS）、基站子系统（BSS）、移动交换子系统（NSS）、操作支持子系统（OSS）等组成，如图 1.1.5 所示。

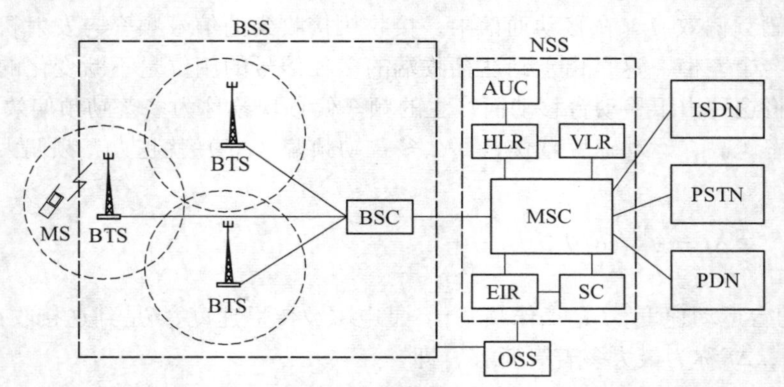

图 1.1.5 2G 数字移动通信系统的组成结构

1. 移动台（MS）

MS 是移动用户使用的终端设备，也是整个系统中用户能够直接接触的唯一设备，可以分为车载型、便携型和手持型，其中手持型占整个用户的绝大部分。移动台由移动终端和用户识别卡（SIM 卡）组成。当用户使用移动台时，必须在移动终端中插入一张 SIM 卡才可以使用，SIM 卡上存储有与用户有关的所有身份特征信息和安全认证、加密信息等。SIM 卡外形如图 1.1.6 所示，其引脚功能如图 1.1.7 所示。

图 1.1.6 SIM 卡外形图

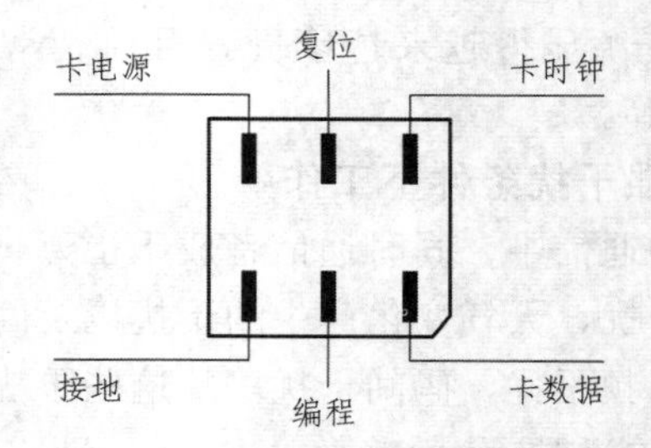

图 1.1.7 SIM 卡引脚功能图

2. 基站子系统（BSS）

BSS 是实现无线通信的关键组成部分，它通过无线接口直接与移动台通信，负责无线发送接收和无线资源管理，通过有线接口与移动交换子系统（NSS）中的移动业务交换中心（MSC）相连，实现移动台与固定网用户之间的通信连接，传送系统信号和用户信息。此外，还受操作支持子系统（OSS）的控制。基站子系统由基站收发信机（BTS）和基站控制器（BSC）两个实体组成，实体功能如下：

（1）基站收发信机（BTS）：为无线接口设备，它完全由 BSC 控制，主要负责无线传输，完成无线与有线的转换、无线分集、无线信道加密、扩频等功能，实现与移动台之间的可靠通信。基站覆盖范围的大小主要取决于基站的发射功率、天线高度等因素。

（2）基站控制器（BSC）：具有对一个或多个 BTS 进行控制的功能，它主要负责无线网路资源的管理、小区配置数据管理、功率控制、定位和切换等，是个很强的业务控制点。

3. 移动交换子系统（NSS）

NSS 也称为网络子系统，主要完成交换功能和用于用户数据管理、移动性管理、安全性管理所需的数据库功能，它对移动用户之间以及移动用户与其他通信网用户之间的通信起着管理作用。NSS 由移动业务交换中心（MSC）、归属位置寄存器（HLR）、访问位置寄存器（VLR）、鉴权中心（AUC）、设备识别寄存器（EIR）和短消息中心（SC）等实体组成，各实体功能如下：

（1）移动业务交换中心（MSC）：是移动通信系统的核心，对位于它所覆盖区域中的移动台进行控制和完成话路交换，也是移动通信系统与其他公用通信网之间的接口。它可以完成网路接口、公共信道信令系统和计费等功能，还可完成 BSS、MSC 之间的切换和辅助性的无线资源管理、移动性管理等。另外，为了建立至移动台的呼叫路由，每个 MSC 还应能完成关口 MSC（GMSC）的功能，即查询位置信息的功能。

（2）归属位置寄存器（HLR）：是一个数据库，用于存储移动用户管理的数据。每个移动用户都应在其归属位置寄存器（HLR）注册登记，它主要存储两类信息：一类是有关用户的参数；另一类是有关用户目前所处位置的信息，以便建立至移动台的呼叫路由，例如 MSC、VLR 地址等。

（3）访问位置寄存器（VLR）：是一个数据库，用于存储 MSC 为了处理所管辖区域中 MS（统称拜访用户）的来话、去话呼叫所需检索的信息，例如用户的号码、所处位置区域的识别、向用户提供的服务等参数。

（4）鉴权中心（AUC）：用于产生为确定移动用户的身份和对呼叫保密所需鉴权、加密的三参数（随机号码 RAND、符号响应 SRES、密钥 Kc）的功能实体。

（5）设备识别寄存器（EIR）：是一个数据库，用于存储有关移动台设备参数。主要完成对移动设备的识别、监视、闭锁等功能，以防止非法移动台的使用。

（6）短消息中心（SC）：主要用于中继、存储和转发短信，并证实短信是否发送成功。

4. 操作支持子系统（OSS）

OSS 用于对基站子系统（BSS）和移动交换子系统（NSS）的设备进行操作与维护。

三、移动通信系统信号传输环节描述

根据移动通信系统提供的业务不同，常见的信号传输环节有两种形式：一种是移动用户与移动用户之间的信号传输；另一种是移动用户与固定用户之间的信号传输，分别如图 1.1.8 和图 1.1.9 所示。

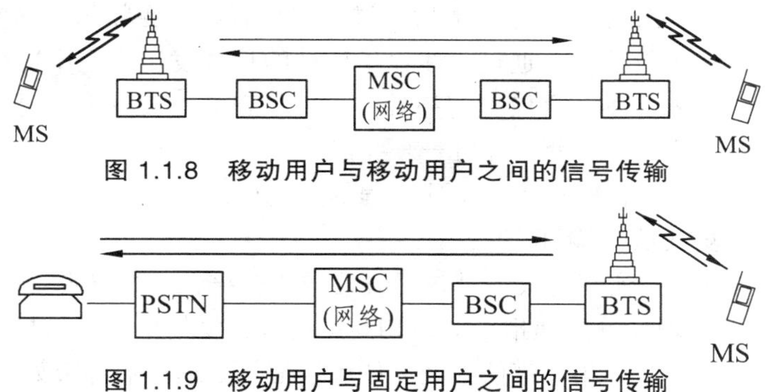

图 1.1.8　移动用户与移动用户之间的信号传输

图 1.1.9　移动用户与固定用户之间的信号传输

1. 移动台信息收/发处理传输环节

移动台包括一套无线收发信机，由射频信号处理单元、基带信号处理单元、电源处理单元、外设四部分组成，如图 1.1.10 所示。

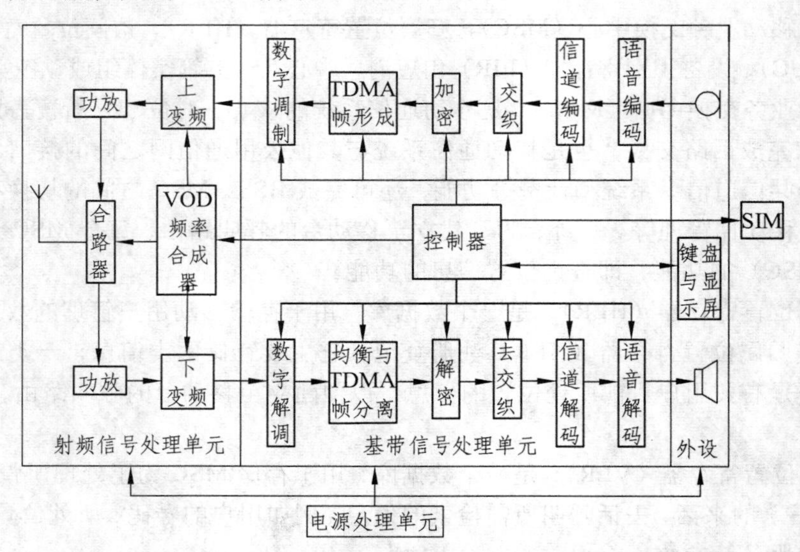

图 1.1.10　数字移动通信系统的信号处理传输原理图

射频信号处理单元包括天线、合路器、发射功放/接收功放、上变频/下变频、VCO 频率合成器几个部分。

基带处理单元主要包括数字调制/解调、均衡、TDMA 帧分离/形成、加密与解密、信道解码/编码及语音解码/编码几个部分。

电源处理单元包括射频部分电源和基带部分电源，两者各自独立，但多是由移动电话机电池提供，电池电压在移动电话机内部需要转换为多路不同电压值的电压供给移动电话机的不同部分。

外设主要包括话筒、扬声器、键盘、显示屏等，用于实现人机对话。

移动台发送信息时，语音通过话筒完成声电转换；然后进行语音编码，主要作用是将信源送出的模拟信号优化和压缩，去掉信源的冗余信息，降低数据率，提高信息量效率，缩小信号带宽，从而提高通信的有效性；接着进行信道编码，主要包括纠错编码和交织等，使信号能够在传输环境恶劣的移动信道中传输，主要目的是提高通信的可靠性；再经过加密和 TDMA 帧的形成，构成数字基带信号；最后经过数字调制、上变频和功率放大，将数字基带信号搬移到合适的频段进行传输，通过天线以电磁波的形式发送到空中进行传输。数字调制在实现时可分两步：首先是将含有信息的基带信号调制到某一载波上，再通过上变频搬移到适合某信道传输的射频段。上述两步亦可一步完成。

移动台接收信息的处理传输过程是上述过程的逆过程。

2. 基站信息收/发处理传输环节

无线基站属于中转站，实现有线信号与无线信号的转接，完成与移动台之间的无线通信。与移动台的信息收/发处理传输处理相类似，BTS 主要包含发信机和收信机，且每个基站含有多套收发信机，完成基带信号和频带信号处理任务，信号处理传输环节如图 1.1.11 所示。

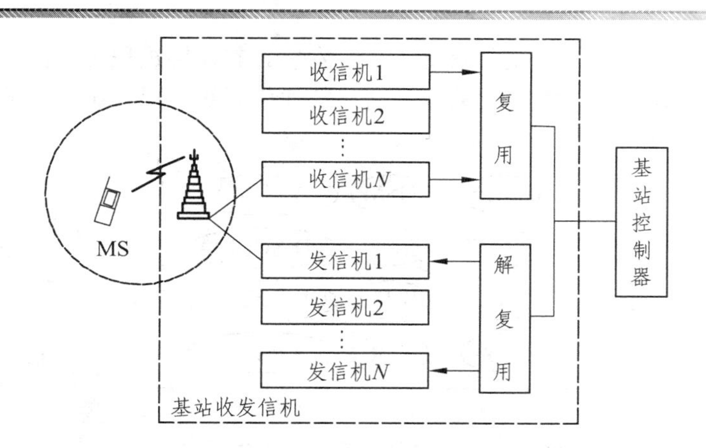

图 1.1.11 基站信息收/发处理传输

CDMA 基站与 GSM 基站信息收/发处理传输类似，但 CDMA 基站发端多了扩频调制，接收端多了扩频解调环节。

任务 2 移动通信的发展与服务产业

移动通信已成为人们工作与生活需要的重要组成部分。在不到一百年的时间里，随着计算机技术和通信技术的发展，移动通信技术得到了巨大的发展，成为国民经济发展的积极产业，令人惊叹。

一、移动通信技术的发展

（一）早期移动通信技术的发展

传统的移动通信技术发展从 20 世纪 20 年代初开始至 70 年代中期，分为三个阶段，其特点见表 1.2.1。

表 1.2.1 早期移动通信技术发展过程

时 期	阶 段	特 点
20 年代初期至 40 年代	移动通信的起步阶段	专用网，工作频率较低
40 年代至 60 年代初期	专用移动网向公用移动网过渡阶段	实现人工交换与公众电话网的连接，大区制，网络容量较小
60 年代中期至 70 年代中期	移动通信系统改进与完善阶段	采用大区制、中小容量，使用 450 MHz 频段，实现了自动选频与自动接续；出现了频率合成器，信道间隔缩小，信道数目增加，系统容量增大

（二）现代移动通信技术的发展

现代移动通信技术的发展始于 20 世纪 70 年代末，人们开始对移动通信技术体制进行重

新论证，蜂窝式移动通信技术出现并获得了快速发展。其发展过程可分为三个阶段：第一代模拟蜂窝移动通信系统阶段，第二代数字蜂窝移动通信系统阶段，第三代数字蜂窝移动通信系统阶段，如图 1.2.1 所示。

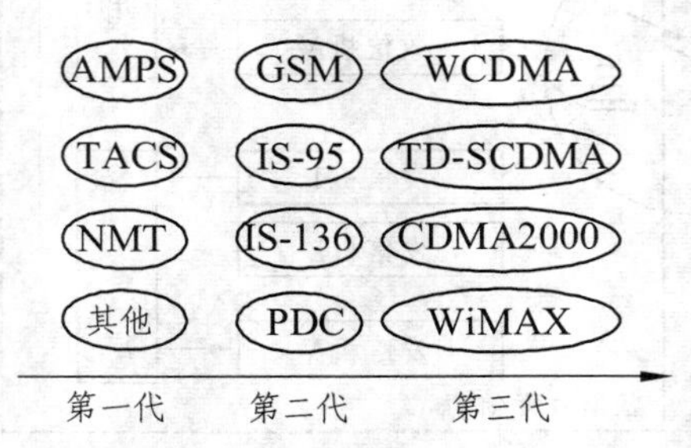

图 1.2.1 移动通信系统技术发展过程

1. 第一代模拟蜂窝移动通信系统（1G）

人们把 20 世纪 70 年代发展起来的模拟蜂窝移动电话系统称为第一代移动通信系统，这是一种将微型计算机和移动通信相结合，以频率复用、多信道共用技术为核心技术，能全自动接入公共电话网的大区制、小容量蜂窝式移动通信系统。其主要技术是模拟调频、频分多址，主要业务是语音。第一代模拟蜂窝移动通信系统主要有：

（1）AMPS（Advanced Mobile Phone Service），称为先进的移动电话系统，由美国贝尔实验室研制并投入使用。

（2）TACS（Total Access Communications System），称为全向接续通信系统，由英国研制并投入使用，属于 AMPS 系统的改进型。

（3）NMT（Nordic Mobile Telephone），称为北欧移动电话，该系统由丹麦、芬兰、挪威、瑞典等研制并投入使用。

模拟蜂窝移动通信系统的主要特点是：频谱利用率低，容量有限，系统扩容困难；制式太多，互不兼容，不利于用户实现国际漫游，限制了用户覆盖面；不能与 ISDN 兼容，提供的业务种类受限制，不能传输数据信息；保密性差等。基于这些原因，需要对移动通信技术数字化。

2. 第二代数字蜂窝移动通信系统（2G）

第二代移动通信系统以数字信号传输、时分多址（TDMA）、码分多址（CDMA）为主体技术，频谱利用率提高，系统容量增大，易于实现数字保密，通信设备的小型化、智能化，标准化程度大大提高。第二代移动通信系统制定了更加完善的呼叫处理和网络管理功能，克服了第一代移动通信系统的不足之处，可与窄带综合业务数字网兼容，除了传送语音外，还可以传送数据业务，如传真和分组的数据业务等。

（1）时分多址（TDMA）数字蜂窝移动通信系统。

为了克服第一代模拟蜂窝移动通信系统的局限性，北美、欧洲和日本自 20 世纪 80 年代中期起相继开发第二代数字蜂窝移动通信系统。各国根据自己的技术条件和特点确定了各自开发目标和任务，制定了各自不同的标准，包括欧洲的全球移动通信系统 GSM，北美的 D-AMPS 和日本的个人数字蜂窝系统 PDC。由于各国采用的制式不同，所以网络不能相互兼容，从而限制了国际联网和漫游的范围。

（2）码分多址（CDMA）数字蜂窝移动通信系统。

CDMA 蜂窝移动通信系统自问世以来，一方面受到许多人的支持与赞扬，另一方面也受到许多人的怀疑。目前，CDMA 蜂窝移动通信系统的发展非常迅速，已成功地应用于第二代和第三代移动通信系统中，其优势已成为人们的共识。

1992 年，Qualcomm（高通）公司向 CTIA 提出了码分多址的数字移动通信系统的建议和标准，该建议于 1993 年 7 月被 CTIA 和 TIA 采纳为北美数字蜂窝标准，定名为 IS-95。IS-95 的载波频带宽度为 1.25 MHz，信道承载能力有限，仅能支持声码器话音和话带内的数据传输，被人们称为窄带码分多址（N-CDMA）蜂窝移动通信系统。IS-95 兼容 AMPS 模拟制式的双模标准。1996 年，CDMA 系统投入运营。

3. 第三代数字蜂窝移动通信系统（3G）

随着信息技术的高速发展，语音、数据及图像相结合的多媒体业务和高速率数据业务大大增加。国际电信联盟（ITU）于 1985 年提出了第三代移动通信方式。当时的命名为未来公众陆地移动通信系统（FPLMTS，Future Public Land Mobile Telecommunication System），又于 1996 年正式将第三代移动通信命名为 IMT-2000（International Mobile Telecommunication-2000），简称 3G。

第三代移动通信系统（IMT-2000）为国际移动通信系统，工作在 2 000 MHz 频段，最高业务速率可达 2 000 Kb/s，是多功能、多业务和多用途的数字移动通信系统，是在全球范围内覆盖和使用的。ITU 规定，第三代移动通信无线传输技术的最低要求中，速率必须满足以下要求：快速移动环境，最高速率应达到 144 Kb/s；步行环境，最高速率应达到 384 Kb/s；室内静止环境最高速率应达到 2 Mb/s。

第三代移动通信系统（IMT-2000）主流制式有 WCDMA、CDMA2000、TD-SCDMA 和 WiMAX 四种。其中，WCDMA（Wideband CDMA）是基于 GSM 网发展出来的 3G 技术规范，是欧洲提出的宽带 CDMA 技术；CDMA2000 是由窄带 CDMA（CDMA IS-95）技术发展而来的宽带 CDMA 技术，是以北美为主体提出的 3G 标准；TD-SCDMA（Time Division-Synchronous CDMA（时分同步 CDMA））是由中国独自制定的 3G 标准；WiMAX 是继 WCDMA、CDMA2000 和 TD-SCDMA 之后于 2007 年 10 月被 ITU 通过的第四个全球 3G 标准。

（三）未来移动通信系统的发展

未来移动通信系统标准比第三代标准具有更多的功能。将可以在不同的固定、无线平台和跨越不同频带的网络中提供无线服务，可以在任何地方宽带接入互联网（包括卫星通信），能够提供除信息通信之外的定位定时、数据采集、远程控制等综合功能，是多功能集成的宽带移动通信系统或多媒体移动通信系统。未来移动通信系统将比第三代移动通信系统更接近个人通信。

二、移动通信用户的发展

（一）世界移动通信用户的发展

蜂窝移动通信是人类社会发展中的一大奇迹。世界蜂窝移动通信于 20 世纪 80 年代初开始商用，经过近 30 年的发展，目前已有 100 多个国家和地区使用，截至 2004 年 12 月，全球（蜂窝）移动通信用户总数已达 17 亿，超过已有百年发展历史的固定通信用户数。截至 2009 年 7 月，整个全球移动用户数约 44 亿，普及率达到了 65%；截至 2009 年 12 月，全球移动用户已突破 46 亿。

（二）我国移动通信用户的发展

回顾我国移动电话 20 多年的发展历程，我国移动通信市场的发展速度和规模令世人瞩目，中国的移动电话发展史是超常规、成倍数、跳跃式的发展史。

我国于 1987 年引进第一套移动通信设备，当年我国的移动通信用户只有 700 多户。1987—1993 年，用户增长速度均在 200%以上，1994 年移动用户数突破百万大关。10 年之后的 1997 年 8 月，我国移动电话第 1 000 万个用户在江苏南京诞生，它标志着我国移动通信又上了一个台阶，也意味着中国移动电话用不到 10 年时间所发展的用户数超过了固定电话 110 年所发展的用户数。此后的 3 年时间，即到 2001 年 4 月，我国又迅速扩展到了 1 亿用户，并于 2001 年 7 月超过美国，成为全球移动通信用户最多的国家。2002 年，我国移动通信用户又突破了 2 亿户。截至 2003 年 6 月，我国的 GSM 用户已经占到全球总用户的 1/3，全国移动电话用户总数已达 2.344 7 亿户，普及率为 18.3%。截至 2007 年 6 月，中国移动电话用户已超过了 4.87 亿户，是全球移动电话用户最多的国家。截至 2008 年 4 月底，我国移动用户数已接近 6 亿（5.835 亿）。截至 2009 年 12 月底，我国移动用户数已接近 7 亿。从上述数据可以看出，20 多年来我国移动通信用户的发展取得了惊人的成绩，移动电话成为人们通信的主要工具。

三、移动通信产业链

移动通信服务的运营离不开移动通信产业的各类参与者，移动通信产业的参与者涉及技术、施工、运营、市场和产品服务等各个方面。各类参与者之间的协作关系就构成了移动通信产业链。通过对移动通信产业链的了解，我们可以知道移动通信领域有哪些工作岗位，从而提高学习的兴趣。移动通信的产业链如图 1.2.2 所示。

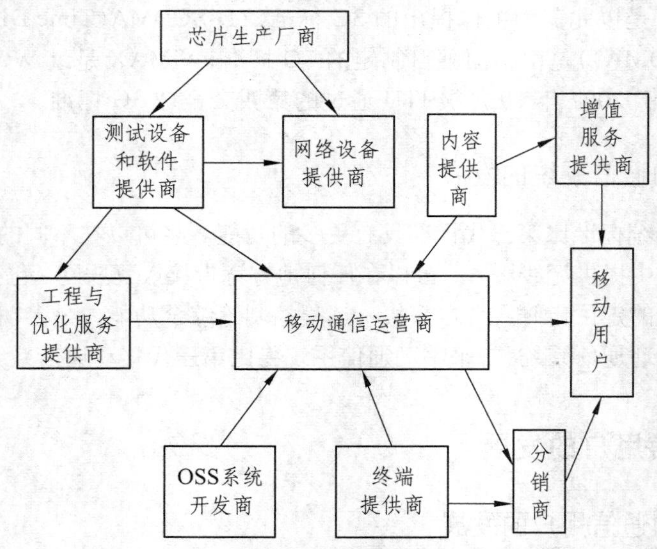

图 1.2.2 移动通信服务产业链示意图

1. 移动通信运营商

运营商是移动通信产业链的核心，工程建设中通常是甲方。在国际移动通信运营商中，规模较大、影响力较强的包括沃达丰（Vodafone）、T-Mobile、Verizon、日本的 NIT DoCoMo

和韩国的 SKT。

我国移动通信行业于 2009 年经过重组之后，移动通信运营商有三家：中国移动（GSM 网络、TD-SCDMA 网络）、中国联通（GSM 网络、WCDMA 网络）、中国电信（IS-95 CDMA 网络、CDMA2000 1x EV-DO 网络）。

我国移动通信网络投入商业服务以来，经历了 20 多年的发展，形成了拥有近 7 亿用户的巨大市场。但是近年来，随着大量低端用户的涌入，运营商的利润不断下降，收入增长趋缓。为此运营商一方面要加大力度开发新业务，另一方面要进一步细分用户需要，提供更贴近用户需求的服务产品。

2. 网络设备提供商

网络设备提供商是指为移动通信运营商提供通信网络设备的生产商，在这个领域的公司包括诺基亚-西门子、朗讯-阿尔卡特、爱立信、北电、摩托罗拉、华为、中兴、大唐、鼎桥、普天等。这些公司每年都是吸纳人才的主力，主要生产基站、核心网主设备。我国 1G 和 2G 的移动通信设备主要靠国外引进，而我国 3G 移动通信设备的市场，中兴、华为占了比较大的份额。

3. 工程和优化服务提供商

工程和优化服务提供商可以分成工程服务和优化服务，但是部分公司往往同时提供这两项服务。

工程服务包括基站、机房和室内分布系统等的建设，一般的工程公司都和运营商保持密切的合作关系。

网络优化服务有一块很大的市场，在国外，运营商的网络维护、优化和管理往往是外包的；但国内运营商因为重视网络质量，所以经常更愿意由自己来负责。网络优化服务的另外一个市场是直放站、塔顶放大器、干线放大器等无线辅助设备的生产、销售和工程施工。

4. 测试设备和软件提供商

测试设备和软件提供商主要生产专业的测试设备、测试软件、网络规划软件、优化软件等，为运营商、网络设备商、工程和优化服务商提供产品。生产测试设备的佼佼者包括安捷伦、思博伦、泰克、安立等，网络规划软件有 Aircom、ATOLL 等公司，其他主要的网络设备商一般也推出自己的网络规划软件，目前比较知名的有 Actix 公司。

5. 芯片生产商

芯片生产商为各网络设备商和专业设备商生产芯片，这个领域比较著名的厂商有高通（QUALCOMM）公司。

6. OSS 系统开发商

OSS 全称是业务运营支撑系统（Operational Support System）。各大电信运营商都建设有自己的 OSS 系统，例如中国移动的 BOSS（业务运营支撑系统）、中国联通的综合营账系统、中国电信的 MBOSS（管理/运营支撑系统）等。OSS 系统主要为运营商完成联机采集、计费、结算、业务、综合账务、客服、系统管理等功能。

OSS 系统开发商的任务就是为电信运营商开发这些软件系统，他们实际上从事的工作与系统集成商和软件开发商有些接近。这些厂家对员工的素质要求更接近软件企业，但同时也要求员工对移动通信有所了解。业内比较知名的公司有亚信（Asianinfo）、神州数码、亿阳信通、创智、联创、IBM、微软、CA、惠普等。

7. 终端提供商

终端提供商包括生产手机和数据卡的厂商，他们可以直接面向用户。这个领域的巨头主要有诺基亚、摩托罗拉、索爱、三星等，目前国内一些企业的终端生产也有较大的发展。

8. 分销商

分销商是直接面向用户销售手机和手机延伸产品的经营者。

9. 增值业务提供商（SP）和内容提供商（CP）

电信业务分为基础业务和增值业务，基础业务指的是基本的通话业务，最早的电信运营商提供的也就是通话业务；随着移动通信业务的发展，各种增值业务逐步走上舞台。在这个产业链上，SP 的任务是面向运营商和用户，建设业务平台，为用户提供内容；而 CP 的任务是为 SP 提供内容。

在国外，SP 的生存空间比较小，运营商一般都和 CP 直接合作。我国三大移动运营商也都推出了各自的 SP 运营模式，主要有移动梦网和互联星空等。

任务 3　实践——移动通信系统认知

一、参观了解校内移动通信系统

（1）参观移动通信原理（模拟）系统；
（2）参观 3G 移动通信仿真系统；
（3）参观 WCDMA 移动通信系统。

二、上网搜索移动通信发展的热点技术

（1）搜索了解宽带无线接入技术；
（2）搜索了解 UWB 技术；
（3）搜索了解 OFDM 技术。

三、调研我国移动通信系统商用情况

对我国移动通信系统商用情况进行调研，写出调研报告。

过关训练

一、填空题

1. 第一代模拟移动通信系统，典型代表有美国的（　　）系统、英国的（　　）系统和北欧四国的（　　）系统；第二代数字移动通信系统的典型代表有（　　）和（　　）。

2. 第三代移动通信系统的全球标准分别是（　　）、（　　）、（　　）和 WiMAX。

3. 多径效应产生的衰落为（　　）衰落；阴影效应产生的衰落为（　　）衰落。

4. 数字移动通信系统一般由（　　）、（　　）、（　　）和（　　）等组成。
5. 移动台的无线收发信机由（　　）、（　　）、（　　）和（　　）四部分组成。

二、名词解释

移动通信　多普勒频偏　多径效应　阴影效应　BSS　MSC　HLR　VLR　AUC　OSS

三、简答题

1. 移动通信有哪些特点?
2. 数字移动通信系统由哪些部分组成?
3. 试说明移动通信系统信号传输处理过程。
4. 第二代数字移动通信系统的优缺点是什么?
5. 我国移动通信行业于 2009 年经过重组之后移动通信运营商有哪些?

模块二 编码与调制技术

【问题引入】

移动通信系统的任务就是将信源产生的信息通过无线信道有效、可靠地传送到接收端，因此移动通信的实现具备许多关键技术。例如如何将原始信息进行基带变换处理？如何将基带信号进行射频变换处理？这些都是本模块需要涉及与解决的问题。

【内容简介】

本模块介绍了移动通信中语音编码与应用、信道编码和交织技术与应用、各类数字调制技术与应用、扩频调制与应用。其中语音编码的应用、信道编码的应用、数字调制及扩频调制的应用为重要内容。

【学习要求】

识记：语音编码、信道编码与交织技术、数字调制、扩频调制技术的概念。

领会：语音编码、信道编码与交织技术、数字调制、扩频调制技术的实现。

应用：GSM 和 CDMA 语音编码、各类移动通信系统所采用的数字调制技术。

任务1 编码技术

移动通信系统的任务就是将信源产生的信息通过无线信道有效、可靠地传送到目的地。移动通信的编码技术包括信源编码和信道编码两部分。

信源编码是为了提高信息传输的有效性，对信源信号进行压缩，实现模数（A/D）变换，即将模拟的信源信号转化成适于在信道中传输的数字信号的过程。

信道编码（差错控制编码）是为了提高信息传输的可靠性，即是在信息码中增加一定数量的多余码元（称为监督码元），使它们满足一定的约束关系。一旦传输过程中发生错误，信息码元和监督码元间的约束关系就会被破坏，从而达到发现和纠正错误的目的。

一、语音编码技术与应用

在移动通信系统中，信源有语音信号、图像（如可视移动电话）和离散数据（如短信息服务）之分，这里主要介绍语音编码技术及应用。

（一）语音编码技术

1. 语音编码的意义

语音编码就是实现语音信号的模数（A/D）变换，即将模拟的语音信号转换成数字的语音信号。其目的在于减少信源冗余，解除语音信源的相关性，压缩语音编码的码速率，提高信源的有效性。

2. 语音编码的方式

各种语音编码方式在信号压缩方法上是有区别的，根据信号压缩方式的不同，通常将语音编码分为以下三种：

（1）波形编码：波形编码将语音模拟信号经过取样、量化、编码而形成数字语音信号的过程。波形编码属于一种高速率（16～64 Kb/s）、高质量的编码方式。典型的波形编码有脉冲编码调制，如图 2.1.1 所示。

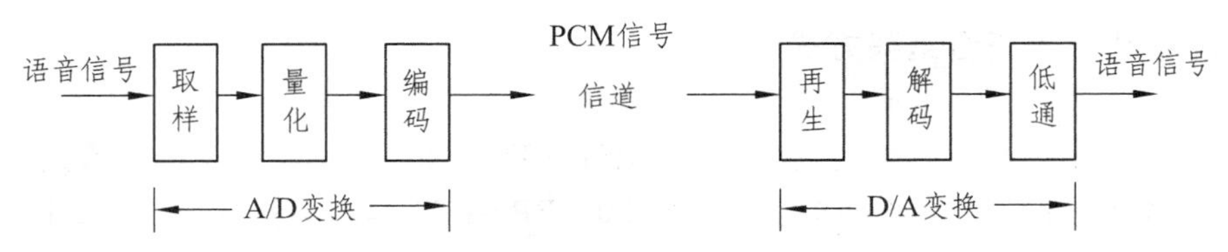

图 2.1.1　脉冲编码调制（PCM）及解调示意图

（2）参量编码：又称为声源编码，它利用人类的发声机制，对语音信号的特征参数进行提取，再进行编码，如图 2.1.2 所示。参量编码是一种低速率（1.2～4.8 Kb/s）、低质量的编码方式。

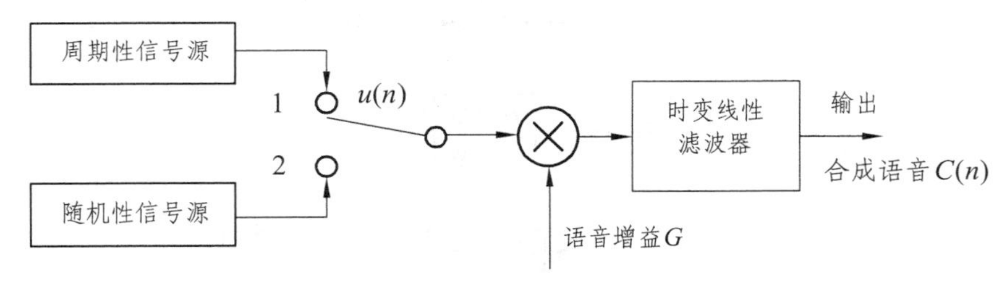

图 2.1.2　参量编码示意图

（3）混合编码：混合编码是吸取波形编码和参量编码的优点，以参量编码为基础并附加一定的波形编码特征，以实现在可懂度基础上适当改善自然度目的的编码方法。混合编码是一种较低速率（4～16 Kb/s）、较好质量的编码方式。

3. 移动通信对语音编码的要求

（1）编码速率要适合在移动信道内传输，纯编码速率应低于 16 Kb/s。

（2）在一定编码速率下语音质量应尽可能高，即解码后的复原语音的保真度要高，平均评价评分 MOS（Mean Opinion Score）应不低于 3.5 分（按长途语音质量要求）。

（3）编解码时延要短，总时延不得超过 65 ms。

（4）要能适应衰落信道的传输，即抗误码性能要好，以保持较好的语音质量。

（5）算法的复杂程度要适中，应易于大规模电路的集成。

4. 语音编码质量的评定

在语音编码技术中，对语音质量的评价大致可分为客观评定方法和主观评定方法。目前主要采用主观评定方法，依靠试听者对语音质量的主观感觉来评价语音质量的。由 CCITT 建议采用的平均评价得分 MOS 采用五级评分标准：

5 分（第 5 级），Excellent，表示质量完美；

4 分（第 4 级），Good，表示高质量；

3 分（第 3 级），Fair，表示质量尚可（及格）；

2 分（第 2 级），Poor，表示质量差（不及格）；

1 分（第 1 级），Bad，表示质量完全不能接受。

在 5 级主观评测标准中，MOS 达到 4 级以上就可以进入公共骨干网，达到 3.5 级以上可以进入移动通信网。

（二）语音编码方式的应用

1. 2G 移动通信语音编码方式

（1）GSM 系统的语音编码。

GSM 系统采用规则脉冲激励长期预测（RPE-LTP）编码方式，属于混合编码方式，其编码速率为 13 Kb/s，语音质量 MOS 得分可达 4.0。RPE-LTP 编码实现过程如图 2.1.3 所示。

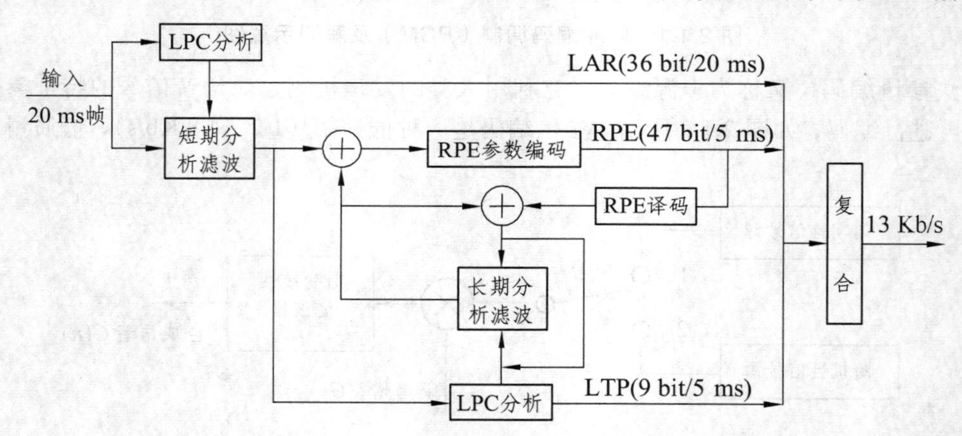

图 2.1.3 RPE-LTP 语音编码过程

编码器工作的周期为 20 ms，语音信号抽样频率为 8 000 Hz，产生样本 160 个。通过线性预测编码（LPC）（由一个 8 抽头横向滤波器实现）对 20 ms 语音帧进行分析，根据输入语音信号与预测信号误差最小的原则求得线性预测滤波器的系数，再将系数转换为对数面积比（LAR）信号输出；通过长时预测（LTP）分析完成对长期分析滤波器的修正（5 ms 子帧一次），利用残差信号的相关性使对输出信号的估值得到优化，输出反映时延和增益变化的参数 LTP（9 bit/5 ms，即 36 bit/20 ms）的重要数据；通过规则脉冲激励编码（RPE）分析，用短时残差估值去选择位置和幅度都优化了的脉冲序列来代替短时残差信号，并将所选的 RPE 脉冲序列作为激励信号，产生相应的编码参数 RPE（188 bit/20 ms）输出；最后通过复用器完成语音信号的编码合并，获得 260 bit/20 ms，即 13 Kb/s 的话音编码输出信号。

（2）IS-95CDMA 系统的语音编码。

IS-95 系统的语音编码方式采用 QCELP 声码器。该方案是可变速率的混合编码器，是基于线性预测编码的改进型——码激励线性预测编码，即采用码激励的矢量码表替代简单的浊音的准周期脉冲产生器。QCELP 利用语音激活检测（VAD）技术，采用可变速率编码。在语音激活期内，可根据不同的信噪比分别选择 4 种速率：9.6 Kb/s，4.8 Kb/s，2.4 Kb/s 和 1.2 Kb/s。

QCELP 语音编解码过程如图 2.1.4 所示。

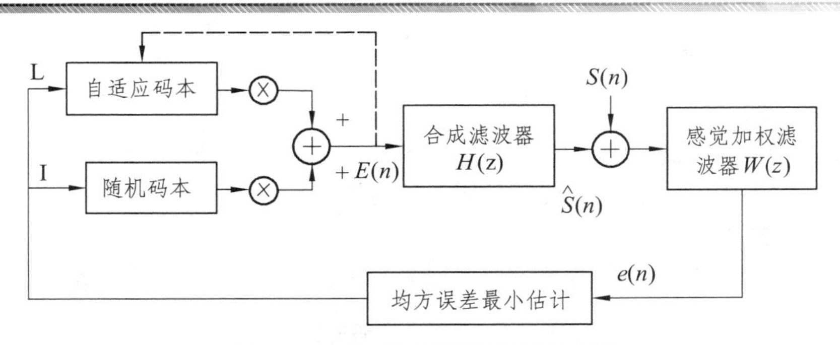

图 2.1.4　QCELP 语音编解码过程

与 LPC 模型类似，CELP 模型中也有激励信号和滤波器，但它的激励信号不再是 LPC 模型中的二元激励信号。

在常见的 CELP 模型中，激励信号来自两个方面：自适应码本（又称长时基音预测器）和随机码本。自适应码本被用来描述语音信号的周期性（基音信息）；固定的随机码本则被用来逼近话音信号经过短时和长时预测的先行预测矢量信号。从自适应码本和随机码本中搜索出的最佳激励矢量乘以各自的最佳增益后相加，便可得到激励信号 $E(n)$。它一方面被用来更新自适应码本，另一方面则被输入到合成滤波器 $H(z)$ 用以合成语音 $\hat{S}(n)$。$\hat{S}(n)$ 和质量好的语音 $S(n)$ 的误差通过感觉加权滤波器 $W(z)$，可得到感觉加权误差信号 $e(n)$。使 $e(n)$ 均方误差为最小的激励矢量就是最佳的激励矢量。

CELP 的解码过程已经包含在编码过程中。在解码时，根据编码传输过来的信息从自适码本中找出最佳码矢量，分别乘以各自的最佳增益并相加，可以得到激励信号 $E(n)$，将 $E(n)$ 输入到合成滤波器 $H(z)$，就可得到合成语音 $\hat{S}(n)$。可以看出，搜索最佳激励矢量是通过综合分析重建话音信号进行的。这种通过综合分析语音编码参数的优化方法称为综合分析法，即 A-B-S 方法，采用这种方法明显提高了合成语音的质量，但也使编码运算量增加不少。固定码本采用不同的结构形式，就构成不同类型的 CELP。例如采用代数码本、多脉冲码本、矢量和码本的 CELP 分别称为 ACELP、MP-CELP 和 VCELP 编码。

2. 3G 移动通信语音编码方式

第三代移动通信系统有三种常见制式，分别为 CDMA2000、WCDMA 和 TD-SCDMA。其中 CDMA2000 系统的语音编码方式采用 EVRC（Enhanced Variable-Rate Codec），即增强型可变速率语音编码。该编码全速率 9.6 Kb/s，其对应每帧参数为 171 bit；半速率 4.8 Kb/s，其对应每帧参数为 80 bit；速率 1.2 Kb/s，其对应每帧参数为 16 bit；平均速率为 8 Kb/s。WCDMA 和 TD-SCDMA 采用 AMR（Adaptive Multi-Rate，自适应多速率）语音编码，编码共有 8 种，速率为 12.2～4.75 Kb/s。

二、信道编码技术与应用

在实际移动通信信道上传输数字信号时，由于信道传输特性的不理想及噪声的影响，所收到的数字信号不可避免地会发生错误。引入信道编码可以纠正随机独立差错，对传输信息实现再次保护。

（一）信道编码技术

1. 信道编码的意义

信道编码是在传输信息码元中加入的多余码元即监督（或校验）码元的过程，以克服信道中的噪声和干扰造成的影响，保证通信系统的传输可靠性。

2. 信道编码的方式

信道编码的方式根据不同的分类方法可以分为多种，具体如表 2.1.1 所示。

表 2.1.1 信道编码的方式

分类		特点	典型编码
按功能	检错码	只能检测出差错	循环冗余校验 CRC 码、自动请求重传 ARQ 等
	纠错码	具有自动纠正差错功能	循环码中 BCH 码、RS 码、卷积码、级联码、Turbo 码等
	检纠错码	既能检错又能纠错	混合 ARQ，又称为 HARQ
按结构和规律	线性码	监督关系方程满足线性方程	线性分组码、线性卷积码
	非线性码	监督关系方程不满足线性方程	目前没有使用

3. 典型的信道编码

（1）线性分组码。

线性分组码一般是按照代数规律构造的，故又称为代数编码。线性分组码中的分组是指编码是按信息分组来进行的，而线性则是指监督位（校验位）与信息位之间的关系遵从线性规律。线性分组码一般可记为（n，k）码，即 k 位信息码元为一个分组，编成 n 位码元长度的码组，而 $n-k$ 位为监督码元长度。

【例】 最简单的（7，3）线性分组码。

信息码元以每 3 位为一组进行编码，即输入编码器的信息位长度 $k=3$，完成编码后输出编码器的码组长度为 $n=7$，监督位长度 $n-k=7-3=4$，编码效率 $\eta=k/n=3/7$。

若输入信息为 $u=(u_1,u_2,u_3)$，输出码元记为 $c=(c_0,c_1,c_2,c_3,c_4,c_5,c_6)$，则其（7，3）线性分组码的编码方程为：

$$\begin{cases} \text{信息位}\begin{cases} c_0 = u_0 \\ c_1 = u_1 \\ c_2 = u_2 \end{cases} \\ \text{监督位}\begin{cases} c_3 = u_0 \oplus u_2 \\ c_4 = u_0 \oplus u_1 \oplus u_2 \\ c_5 = u_0 \oplus u_1 \\ c_6 = u_1 \oplus u_2 \end{cases} \end{cases} \tag{2.1.1}$$

由（2.1.1）式可知，输出的码组中，前三位码元就是信息位的简单重复，后四位码元是监督位，它是前 3 个信息位的线性组合。

（2）循环码。

循环码是一种非常实用的线性分组码，目前主要的有应用价值的线性分组码均属于循环码。其主要特征是：循环推移不变性，对任意一个 n 次码多项式唯一确定。常用的循环码有：在每个信息码元分组 k 中，仅能纠正一个独立差错的汉明（Hamming）码；可以纠正多个独立差错的 BCH 码；仅可以纠正单个突发差错的 Fire 码；可纠正多个独立或突发差错的 RS 码。

（3）卷积码。

卷积码是将 k 个信息比特编成 n 个比特的码组，k 和 n 通常很小，特别适合以串行形式进行传输，时延小。卷积码是一种有记忆编码，以编码规则遵从卷积运算而得名。卷积码和分组码有着根本的区别，它不是把信息序列分组后再进行单独编码，而是由连续输入的信息序列得到连续输出的已编码序列。在同等复杂度下，卷积码比分组码的编码增益更大。卷积码的形式一般可记为（n，k，m）。其中，k 表示每次输入编码器的位数；n 表示每次输出编码器的位数，m 则表示编码器中寄存器的节（个）数。正是因为卷积码编码器每时刻输出的 n 位码元不仅与该时刻输入的 k 位码元有关，还与编码器中 m 级寄存器记忆的以前若干时刻输入的信息码元有关，所以称它为非分组的有记忆编码。

卷积码是在信息序列通过有限状态移位寄存器的过程中产生的。通常移位寄存器包含 N 级（每级 k 比特），并对应有基于生成多项式的 m 个线性代数方程。输入数据中的 k 位（比特）移入移位寄存器，就会有 n 位（比特）数据作为已编码序列输出，编码效率为 $\eta = k/n$。参数 N 称为约束长度，它指明了当前的输出数据与多少输入数据有关，N 决定了编码的复杂度和能力大小。

卷积编码是通过卷积编码器完成的，卷积编码器的一般结构如图 2.1.5 所示。

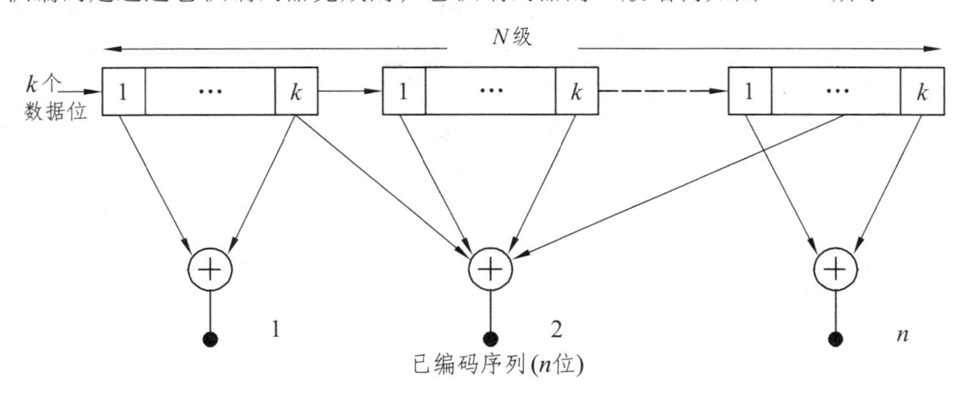

图 2.1.5　卷积编码器的一般结构

卷积码的译码技术有很多种，而最重要的是维特比（Viterbi）算法，它是一种关于解卷积的最大似然译码法。这个算法首先是由 A.J.Viterbi 提出来的。卷积码在译码时的判决既可用软判决也可用硬判决，不过软判决比硬判决的特性要好 2～3 dB。

（4）Turbo 码。

Turbo 码，又称并行级联卷积码。Turbo 是英文中的前缀，是指带有涡轮驱动；Turbo 码即有反复迭代的含义。它巧妙地将卷积码和随机交织器结合在一起，实现了随机编码；同时，采用软输出迭代译码来逼近最大似然译码的性能。模拟结果表明，其抗误码性能十分优越。

Turbo 码的主要特性：通过编码器的巧妙构造，即多个子码通过交织器进行并行或串行级联，然后进行迭代译码，从而获得卓越的纠错性能；用短码去构造等效意义上的长码，以达到长码的纠错性能而减小译码复杂度。

典型的 Turbo 码编码器由交织器、开关单元、复接器和两个相同的分量编码器组成，其结构如图 2.1.6 所示。

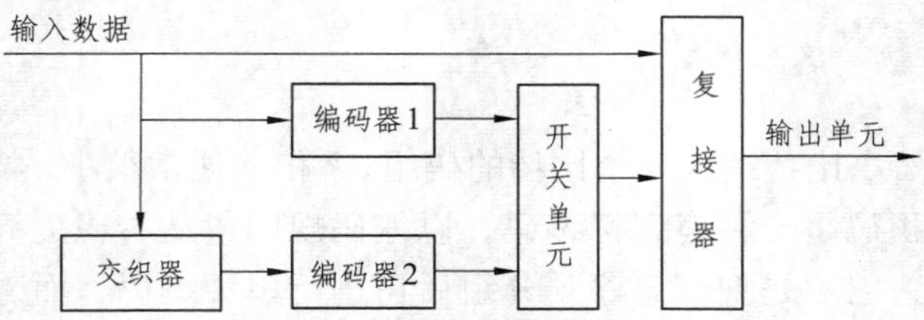

图 2.1.6　Turbo 码编码器的典型结构

Turbo 码被确定为第三代移动通信系统（IMT-2000）的信道编码方案之一。其中最具代表性的 3GPP 的 WCDMA、cdma2000 和 TD-SCDMA 三个标准中的信道编码方案也都使用了 Turbo 码，此提供高速率、高质量的通信业务。

（5）ARQ 与 HARQ。

ARQ（自动请求重传）是一类实现高可靠性传输的检错重传技术，传输可靠性只与接收端的错误检验能力有关，需要提供反馈信道。它无需复杂的纠错设备，实现相对简单，有效性较低，同时传输的时延较大。在 3G 移动通信业务中，分组数据业务的迅速增长，对分组数据业务提出了和语音业务不同的要求：对误码率要求严格，对时延要求不严格，这是因为分组数据业务中大部分是非实时业务。考虑到以上要求，移动分组数据业务引入 ARQ 机制比较合适且可行。

HARQ（混合型 ARQ）技术是将 ARQ 和 FEC 结合起来，通过二者结合优势互补，增强信道的纠错能力。HARQ 分为第一类 HARQ 和第二类 HARQ。第一类 HARQ 是基于校验位的，不论信道状态如何，每次都发送同样纠错能力的完整码字。在信道状态较好时，校验部分对带宽是一种浪费；在信道状态差时，也许已有校验位又不够。因此第一类 HARQ 对信道的适应性不好。第二类 HARQ 是根据信道状态改变传输内容，而且只有当信道状态不太好时才会提供校验部分，它对信道具有一定的自适应特性。在需要发送校验部分时，首先尝试发送纠错能力较低的码；若错误超出其纠错能力，则重传时发送新的校验位信息，在接收端将该校验信息与先前接收的部分合成具有更强纠错能力的码。第二类 HARQ 适应无线环境条件较差的移动通信信道。

（二）交织处理技术

1. 交织处理的意义

交织处理是将数据流在时间上进行重新处理的过程。在实际移动通信环境下的衰落将带来数字信号传输的突发性差错，通过交织处理可将这种突发性差错转换为随机错误，再用纠正随机差错的编码（FEC）技术消除随机差错，从而改善移动通信的传输特性。

2. 交织处理的实现

交织处理方式有块交织、帧交织、随机交织、混合交织等。这里仅介绍块交织实现的基本过程。假设输入序列为：$c_{11}c_{12}c_{13}\cdots c_{1n}c_{21}c_{22}c_{23}\cdots c_{2n}\cdots c_{m1}c_{m2}c_{m3}\cdots c_{mn}$。

① 把输入信息分成 m 行，m 称为交织度，每行都有 n 个码元的分组码，称它为行码，并且每个行码都是具有 k 位信息和 t 位纠错能力的分组码 $\{n,k,t\}$，简记为 $\{n,k\}$，该分组码的冗余位为 $n-k$。

② 将输入序列排列成如下所示的阵列：

c_{11}	c_{12}	$\cdots$	c_{1n}
c_{21}	c_{22}	$\cdots$	c_{2n}
c_{31}	c_{32}	$\cdots$	c_{3n}
$\vdots$	$\vdots$		$\vdots$
c_{m1}	c_{m2}	$\cdots$	c_{mn}

③ 输出时，规定按列的顺序自左至右读出，这时的序列就变为：

$$c_{11}c_{21}c_{31}\cdots c_{m1}c_{12}c_{22}c_{32}\cdots c_{m2}\cdots c_{1n}c_{2n}c_{3n}\cdots c_{mn}$$

④ 在接收端，将上述过程逆向重复，即把收到的序列按列写入存储器，再按行读出，就恢复成原来的 m 行（n，k）分组码。

【例】 设计一个 8×7 交织器以后，让 8 个（7，4）分组码经过交织器后输出到信道，进行传输。在信道传输的过程中，如果发生一个长度小于 8 bit 的突发差错，在接收端解交织以后，错误比特将分摊在多个码字上，每码字仅一个差错，在分组码的纠错范围以内，突发差错可以完全纠正过来。该交织器工作过程如图 2.1.7 所示。

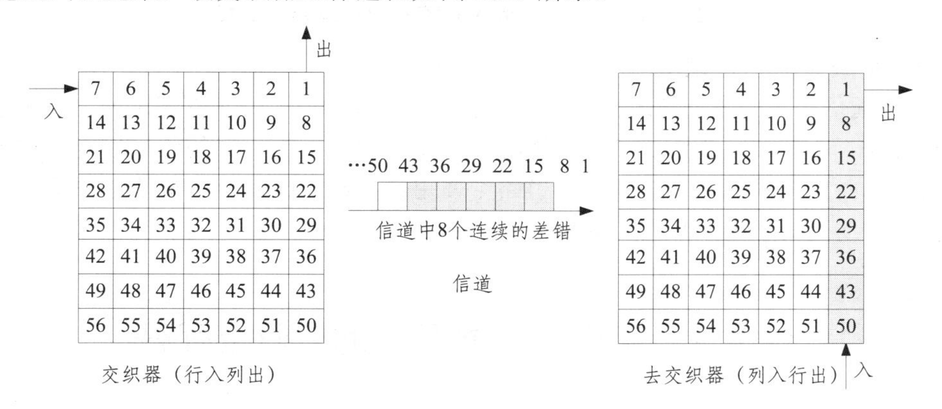

图 2.1.7　交织器的工作过程

（三）信道编码应用

信道编码、交织处理技术在 GSM、IS-95CDMA、第三代移动通信系统中都获得了广泛的应用。

1. GSM 系统的信道编码

为了保证信息准确地在信道中传输，话音编码器有两类输出比特：对话音质量有显著影响的“1 类”比特有 182 个，这 182 个比特连同 3 个奇偶校验比特和 4 个尾部比特共同经过一个 1/2 速率卷码保护处理，产生 378 个比特信息；另外有“2 类”比特 78 个，是不需要经过保护的比特组。这两类比特复合成 456 个比特，速率为 456 bit/20 ms＝22.8 Kb/s，最后采用交

织技术分离由衰落引起的长突发错误，以改造突发信道为独立错误信道。过程如图 2.1.8 所示。

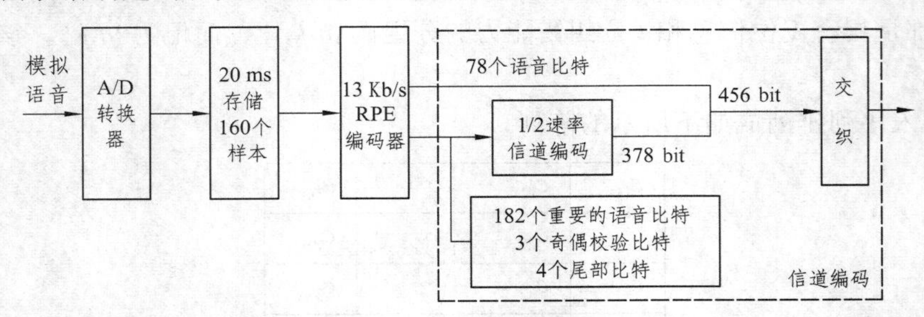

图 2.1.8 GSM 系统中信道的基本编码方式

2. IS-95CDMA 系统的信道编码

在 IS-95CDMA 系统中，上下行有各种不同类型的信道，信道的基本编码方式涉及三个方面：前向纠错码、符号重复和交织编码。信道的基本编码过程如图 2.1.9 所示。首先进行卷积编码实现前向纠错码（FEC），再进行符号重复统一至相同的符号速率，最后进行交织处理，完成信道编码处理环节。

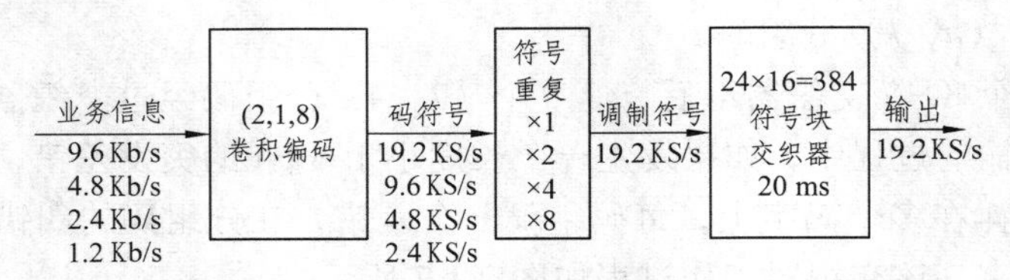

图 2.1.9 IS-95CDMA 系统中的信道编码过程

3. 3G 系统中的信道编码

3G 移动通信的三大主流技术同时采用了卷积码和 Turbo 码两种纠错编码。在高速率、对译码时延要求不高的辅助数据链路中，使用 Turbo 码以利用其优异的纠错性能；在语音和低速率、对译码时延要求比较苛刻的数据链路中使用卷积码，在其他逻辑信道如接入、控制、基本数据、辅助码信道中也都使用卷积码。

任务 2 实践——卷积码的编码及解码

一、实训目的

（1）了解卷积码的基本原理；

（2）掌握卷积码编码的电路设计方法；

（3）掌握卷积码 Viterbi 译码的基本方法和电路设计方法。

二、实训原理

1. 卷积码编码原理

卷积码是一个有记忆编码，它将信息序列切割成长度为 k 的一个个分组，与分组码不同的是在某一分组编码时，不仅要参看本时刻的分组而且还要参看本时刻以前的 L 个分组。我们把 $L+1$ 称为约束长度。L 是卷积码的重要参数，为了突出特征参数常把卷积码写成（n，k，L）卷积码，其编码原理如图 2.2.1。

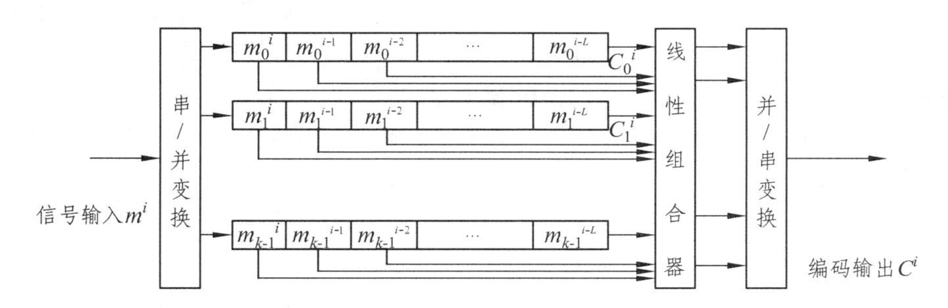

图 2.2.1　卷积码编码原理图

卷积码的编码可以用编码矩阵 **C**、状态图、网格图来表示。网格图（也有人称之为格栅图、格子图、篱笆图）以状态为纵轴，以时间（周期 T 采样）为横轴，将状态转移展开于时间轴上，从而使编码全过程跃然纸上，有助于发现卷积码的性能特征，有助于译码算法的推导，是分析研究卷积码的最得力工具之一。

本实验以二元（2，1，2）卷积码为例，其转移函数矩阵 $\boldsymbol{G}(D)=(1+D+D2,\ 1+D2)$，编码电路图和网格图分别如图 2.2.2 和图 2.2.3 所示。

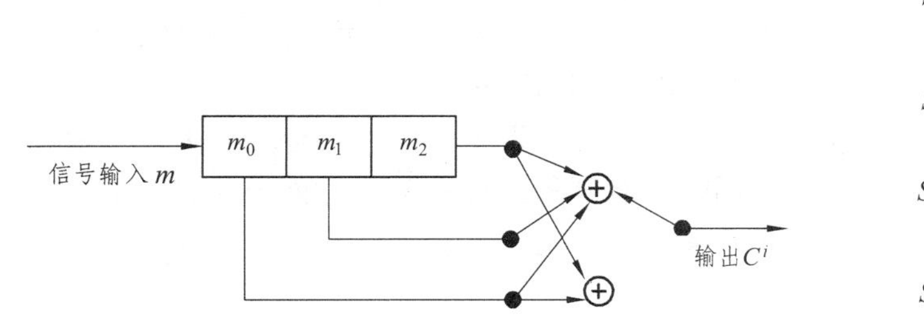

图 2.2.2 （2，1，2）卷积码编码电路

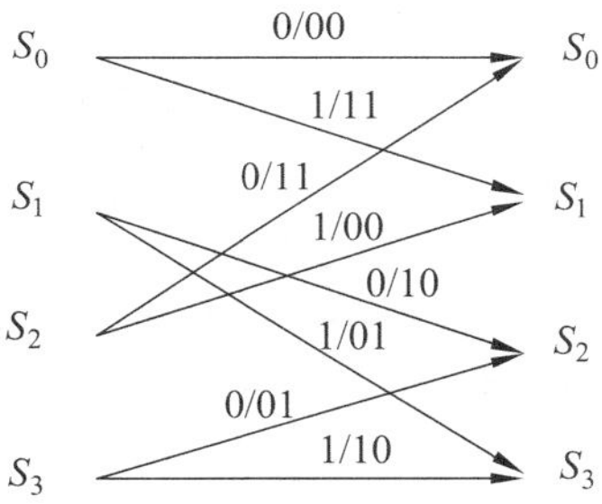

图 2.2.3 （2，1，2）卷积码编码网格图

对本实验的二元（2，1，2）卷积码编码，假如输入信息序列是 10110，输出码字可以从网格图得到。根据输入信息序列，我们可以由上面所示的网格图得到编码轨迹，如图 2.2.4 所示。

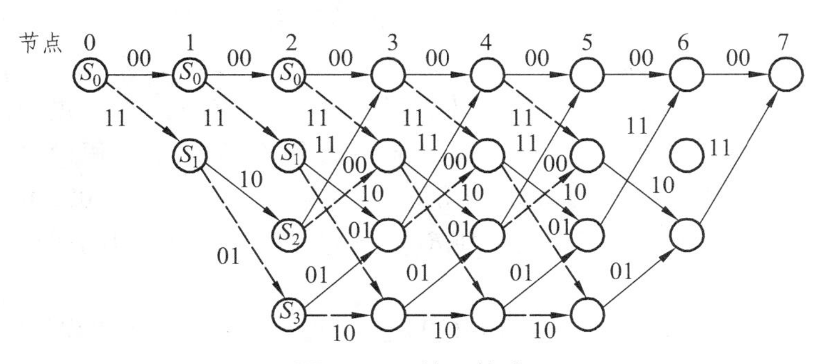

图 2.2.4　编码轨迹

当输入 5 位信息 10110 时，输出码字和状态转移是：

$$S_0 \xrightarrow{1/11} S_1 \xrightarrow{0/10} S_2 \xrightarrow{1/00} S_1 \xrightarrow{1/01} S_3 \xrightarrow{0/01} S_2$$

如果继续输入第 6 位信息，信息为 0 或 1 时，状态将分别转移到 S_2 或 S_3，而不可能转移到 S_0 或 S_1。

2. 卷积码的译码算法（硬判决 Viterbi 译码）

Viterbi 译码算法是一种最大似然算法，它不是在网络图上依次比较所有可能的路径，而是按接收一段→计算→比较一段的顺序，保留最有可能的路径，从而达到整个码序列是一个最大似然序列。

三、实训步骤

（1）将实验箱和计算机通过串行口连接好，接通实验箱电源。

（2）将与实验箱相连的电脑上的学生平台程序打开。在“实验选择”栏中选择“卷积码”实验，点击确认键，从而进入此实验界面。

（3）在实验界面上点“生成数据”，让系统生成待编码的随机数据；也可在界面上直接双击所显示的数据，修改其值。

（4）在界面上点击下发“原始数据”，该数据将被送入单片机（或 CPLD）进行卷积编码，经过编码的数据被送回学生平台并显示在“编码数据”栏。

（5）学生可以在噪声一栏加入差错比特，然后点击“加噪声”，再点击“加噪数据”，将加入噪声的信息比特下发到单片机（或 CPLD）进行 Viterbi 译码。

（6）译码以后的数据被回显在解码数据一栏，同时，误码比特也被统计并显示。

（7）（可选）利用 CPLD 实现 Viterbi 译码时，学生自己编写 ACS 功能部分的程序，综合适配后，下载到 CPLD 中，然后重复①～⑥步骤，进行验证。

Viterbi 解码算法的基本步骤如下：

（1）从某一时间单位 $j=m$ 开始，对进入每一状态的所有长为 j 段分支的部分路径，计算部分路径度量。对每一状态，挑选并存储一条有最大度量的部分路径及其部分度量，称此部分路径为留选（幸存）路径。

（2）j 增加 1，把此时刻进入每一状态的所有分支度量和同这些分支相连的前一时刻的留选路径的度量相加，得到了此时刻进入每一状态的留选路径，加以存储并删去其他所有的路径。因此留选路径延长了一个分支。

若 $j<L+m$，则重复以上步骤，否则停止，译码器得到了有最大路径度量的路径。

上面的过程可以简单地总结为“加、比、选”（也称 ACS）。如果假设输入到编码器的信息序列 $M=$（10111000），由编码器输出的码序列应该是 $C=$（11，10，00，01，10，01，11）。如果加入两位错误比特，送入译码器的序列 $R=$（10，10，00，01，10，01，11），则译码的过程如图 2.2.5 所示：

最后的译码估值信息序列是 $M=$（1011100），可见，加入的两个错误比特得到了纠正。

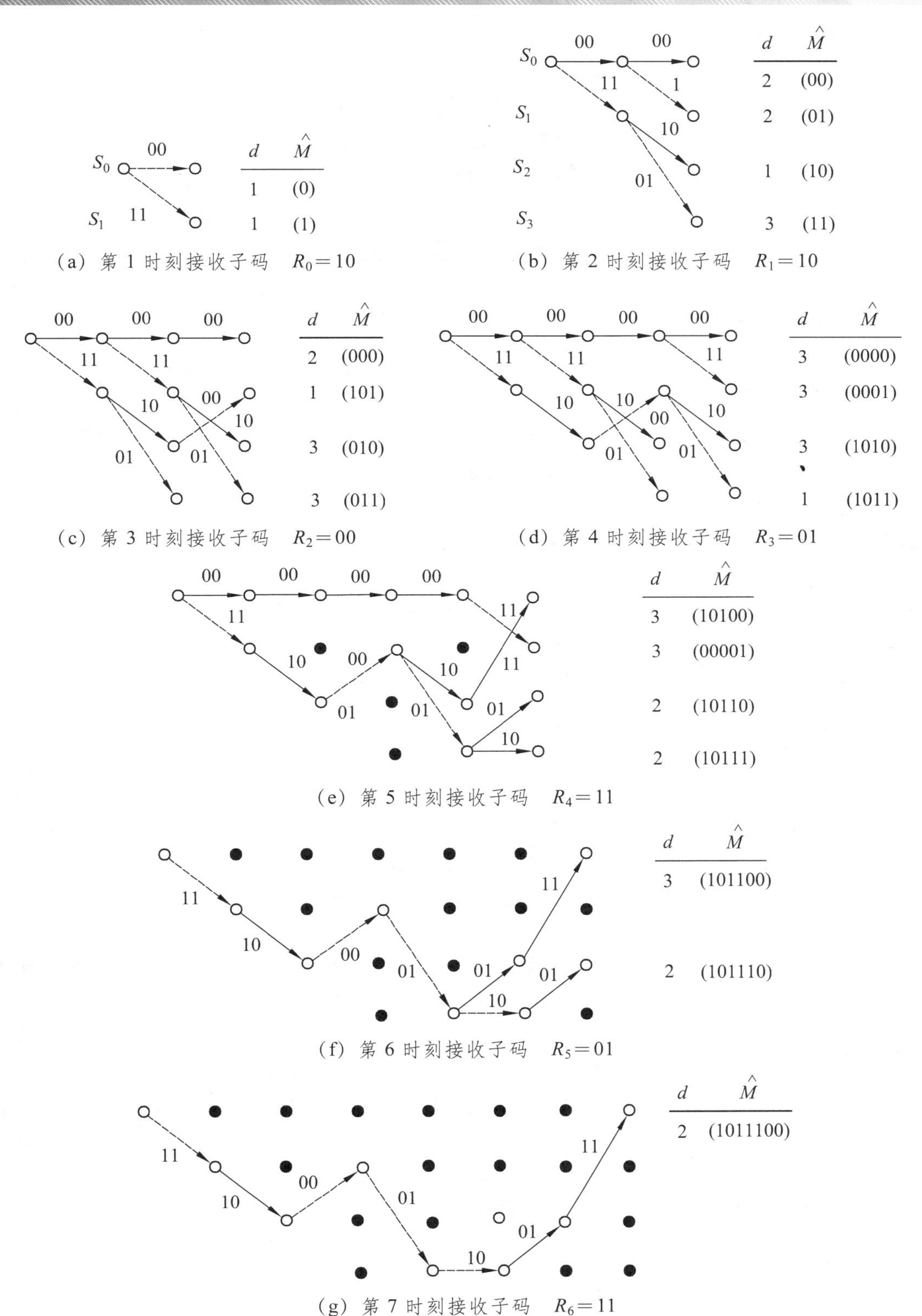

(a) 第 1 时刻接收子码　$R_0=10$

(b) 第 2 时刻接收子码　$R_1=10$

(c) 第 3 时刻接收子码　$R_2=00$

(d) 第 4 时刻接收子码　$R_3=01$

(e) 第 5 时刻接收子码　$R_4=11$

(f) 第 6 时刻接收子码　$R_5=01$

(g) 第 7 时刻接收子码　$R_6=11$

图 2.2.5　译码过程图

四、项目过关训练

（1）记录加入分散的随机差错的一次实验数据。

（2）记录加入一个突发差错但差错比特总数和 1 相同的实验数据。

（3）比较上述两组数据的纠错性能，说明原因。

任务 3　调制技术

一、数字调制技术简述

（一）调制技术的基本概念

调制技术，就是把基带信号变换成适合在信道传输的信号的技术，利用基带信号控制高频载波的参数（振幅、频率和相位），使这些参数随基带信号的变化而变化。基带信号是原始的电信号，一般是指基本的信号波形，在数字通信中则指相应的电脉冲。用来控制高频载波参数的基带信号称为调制信号。未调制的高频振荡信号称为载波（可以是正弦波，也可以是非正弦波，如方波、脉冲序列等）。被调制信号调制过的高频振荡信号称为已调波或已调信号。已调信号通过信道传送到接收端，在接收端经解调后恢复成原始基带信号。解调是调制的反变换，是从已调波中提取调制信号的过程。

调制技术的目的就是对信源信息进行处理，使信号适合在空中长距离传输。

（二）调制技术的基本功能要求

移动通信面临的无线信道问题有：频率资源有限、干扰和噪声影响大、存在着多径衰落。再者，通信的最终目的是远距离传递信息，但由于传输失真、传输损耗以及保证带内特性等原因，基带信号是无法在无线信道上进行长距离传输的。

针对上述问题，移动通信对调制解调技术的功能要求有：

（1）长距离传输，要求频谱搬移，将传送信息的基带信号搬移到相应频段的信道上进行传输。

（2）频谱资源有限，要求高的带宽效率，即单位频带内传送尽可能高的信息率（bit/s/Hz）。

（3）用户终端小，要求高的功率效率，增强抗非线性失真能力。

（4）邻道干扰，要求低的带外辐射。

（5）多径信道传播，要求对多径衰落不敏感，抗衰落能力强。

（6）干扰受限的信道，要求增强信号的抗干扰性，即功率有效性。采用调制技术，已调信号的波功率谱主瓣占有尽可能的信号能量，且波瓣窄；另外带外衰减大，旁瓣小，这样对其他信号干扰小。

（7）产业化问题，要求成本低，易于实现。

（三）调制技术的分类

1. 按调制信号性质分类

按照调制信号的性质可以把调制技术分为模拟调制和数字调制，这也是最基本的、最常见的调制技术分类方法。模拟调制一般指调制信号和载波都是连续波（信号）的调制方式，它有调幅（AM）、调频（FM）和调相（PM）三种基本的形式。数字调制一般指调制信号是离散的，而载波是连续信号的调制方式。

数字信号的调制与解调是移动通信中的一项关键技术，对改善信道的传输性能起着重要的作用。数字调制的原理就是用基带信号（数字信号）去控制载波的某个参数，使之随着基带信号的变化而变化。传输数字信号时有三种基本的调制方式：幅度键控、频移键控、相移键控。若调制信号（即基带信号）为二进制数字信号时，载波的幅度、频率或相位只有两种变化，此时，数字调制技术被分别称为二进制幅度键控、二进制频移键控、二进制相移键控。数字调制技术的分类，如图 2.3.1 所示。

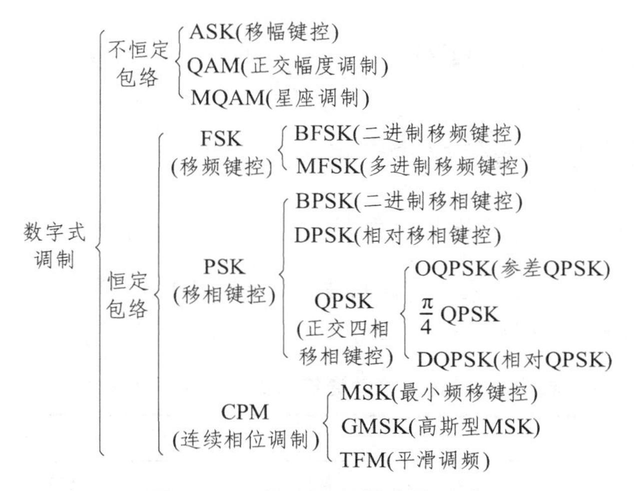

图 2.3.1　数字调制技术的分类

2. 按载波形式分类

按照载波的形式可以把调制技术分为连续波调制和脉冲调制两类。脉冲调制是指用脉冲信号控制高频振荡信号的参数。此时，调制信号是脉冲序列，载波是高频振荡信号的连续波。脉冲调制又可分为模拟式和数字式两类。模拟式脉冲调制是指用模拟信号对脉冲序列参数进行调制，有脉幅调制（PAM）、脉宽调制（PDM）、脉位调制（PPM）和脉频调制（PFM）等。数字式脉冲调制是指用数字信号对脉冲序列参数进行调制，有脉码调制（PCM）和增量调制（ΔM）等。

3. 按传输特性分类

按照传输特性可以把调制技术分为线性调制和非线性调制。广义的线性调制，是指已调波中被调参数随调制信号成线性变化的调制过程。狭义的线性调制，是指把调制信号的频谱搬移到载波频率两侧而成为上、下边带的调制过程。此时只改变频谱中各分量的频率，但不改变各分量振幅的相对比例，使上边带的频谱结构与调制信号的频谱相同，下边带的频谱结构则是调制信号频谱的镜像。狭义的线性调制有调幅（AM）、抑制载波的双边带调制（DSB-SC）和单边带调制（SSB）。

（四）调制技术的主要性能指标

数字调制技术的性能指标主要有功率有效性 η_P 和带宽有效性 η_B。

1. 功率有效性 η_P

功率有效性反映了数字调制技术在低功率电平情况下保证系统误码性能的能力，可表述成在接收机输入端特定的误码概率下，每比特的信号能量与噪声功率谱密度之比。

$$\eta_P = \frac{E_b}{N_o} \tag{2.3.1}$$

2. 带宽有效性 η_B

带宽有效性反映了数字调制技术在一定的频带内容纳数据的能力，可表述成在给定的带宽条件下每赫兹的数据通过率。由（2.3.2）式可知，提高数据率意味着减少每个数字符号的脉冲宽度。

$$\eta_B = \frac{R}{B} \quad (\text{bit/s/Hz}) \tag{2.3.2}$$

二、数字调制在移动通信中的应用

（一）常见移动通信系统采用的调制技术

目前，各类移动通信系统所采用的调制技术如表 2.3.1 所示。本模块主要介绍 GMSK、BPSK、QPSK、OQPSK、π/4 DQPSK 等目前移动通信系统常用的调技术。

表 2.3.1 各类移动通信系统采用的调制技术

标 准	服务类型	调制技术
GSM	蜂 窝	GMSK
DCS-1800	蜂 窝	GMSK
IS-95	蜂 窝	上行：OQPSK，下行：BPSK
PHS	无 绳	π/4 DQPSK
TD-SCDMA	蜂 窝	QPSK
WCDMA	蜂 窝	上行：BPSK，下行：QPSK
CDMA2000	蜂 窝	QPSK

（二）常见数字调制技术简介

1. 最小频移键控（MSK）

在数字信号的载波传输中，如果已调信号的包络恒定，就会对信道的非线性不敏感，不会因为信道的非线性作用而发生明显的频谱扩散，从而减小已调信号带外频谱对相邻信道的干扰。为了提高数字调制的频率利用率，基本的方法是减小信号所占的带宽，使其信号频谱的主瓣窄，信号功率谱密度集中在频带之内。要使信号的带外剩余能量尽可能低，副瓣占的功率谱密度小，相位连续变化起着举足轻重的作用。对于数字移动通信来说，包络恒定、相位连续变化的数字调制技术是人们所寻求的。最小频移键控（MSK）就是这样一种数字调制技术。MSK 相位连续且具有最小调频指数为 0.5 的频移键控信号，满足两个信号正交的条件，频偏最小，包络恒定，故被称之为最小频移键控（MSK）。

MSK 是一种特殊的 2FSK，也是用两个不同的频率分别传送二进制数字信息，其特点是除了它的最小调频指数为 0.5 以外，它的两种频率的信号在一个码元期间内所积累的相位差必须严格地等于 π/2，以保证在码元转换时刻已调信号的相位是连续的。

MSK 已调信号的时域表达式可表示为

$$s_{\mathrm{MSK}}(t)=d_{2k}\cos\left(\frac{\pi}{2T_{\mathrm{b}}}t\right)\cos\omega_{\mathrm{c}}t-d_{2k+1}\sin\left(\frac{\pi}{2T_{\mathrm{b}}}t\right)\sin\omega_{\mathrm{c}}t \tag{2.3.3}$$

式中，T_{b} 表示输入数据流的比特宽度。

MSK 信号的调制原理如图 2.3.2 所示。MSK 信号的解调，可以采用相干解调，也可采用非相干解调，电路形式亦有多种。非相干解调不需复杂的载波提取电路，但性能稍差。相干解调电路，必须产生一个本地相干载波，其频率和相位必须与载波的频率和相位保持严格的同步。

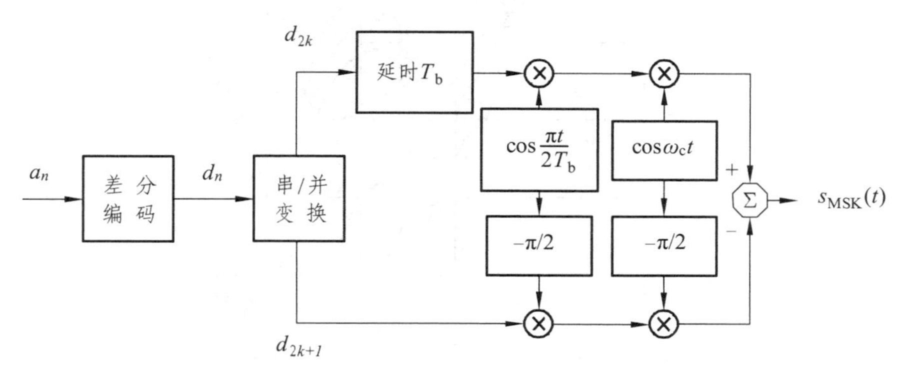

图 2.3.2　产生 MSK 信号的正交调制器

2. 高斯滤波最小频移键控（GMSK）

MSK 信号虽然具有频谱特性和误码性能好的优点，但它占用带宽较宽，其频谱的带外衰减仍不够快，以致在 25 kHz 信道间隔内传输 16 Kb/s 的数字信号时，不可避免地会产生邻频道干扰。因此，必须设法对 MSK 的调制方式进行改进，使其在保持 MSK 信号基本特性的基础上，尽可能加速信号带外频谱的衰减。

为了解决上述问题，可用高斯低通滤波器（这个滤波器通常称为“预调滤波器”）先对原始数据进行滤波，再进行 MSK 调制，这就是所谓“高斯滤波最小频移键控”，简记为 GMSK，如图 2.3.3 所示。用这种方法可以做到在 25 kHz 信道间隔内传输 16 Kb/s 的数字信号时，邻频道辐射功率低于−60～−70 dBm，并保持较好的误码性能。

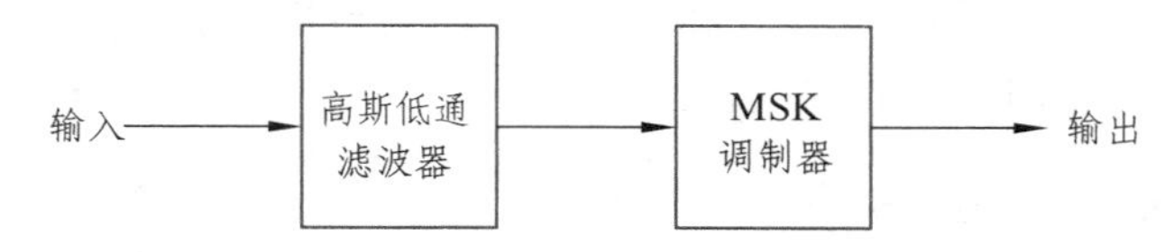

图 2.3.3　采用高斯低通滤波器构成的 GMSK 发射的原理框图

为了抑制高频成分、防止过量的瞬时频率偏移以及进行相干检测，高斯低通滤波器必须满足以下要求：

（1）带宽窄，且是锐截止的；

（2）具有较低的过脉冲响应；

（3）能保持输出脉冲的面积不变。

GMSK 信号的解调与 MSK 信号完全相同。

图 2.3.4 表示出了 GMSK 信号的功率谱密度。图中，横坐标为归一化频率 $(f-f_c)T$，纵坐标为归一化功率谱密度，参变量 B_bT_b 为高斯低通滤波器的归一化 3 dB 宽度 B_b 与码元长度 T_b 的乘积。$B_bT_b=\infty$ 的曲线是 MSK 信号的功率谱密度。由此可见，GMSK 信号的频谱随着 B_bT_b 值的减小变得紧凑起来。

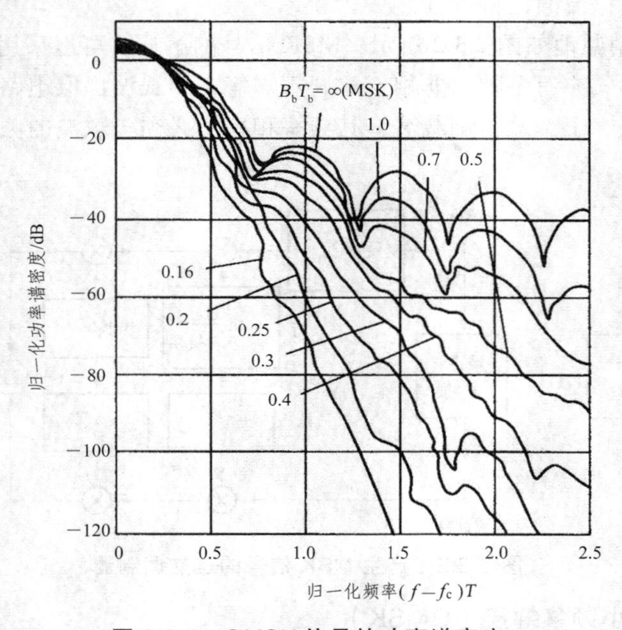

图 2.3.4 GMSK 信号的功率谱密度

需要指出的是，GMSK 信号频谱特性的改善是通过降低误比特率性能来换取的。前置滤波器的带宽越窄，输出功率谱就越紧凑，误比特率性能就变得越差。不过，当 $B_bT_b=0.25$ 时，误比特率性能的下降并不严重。

高斯滤波最小频移键控（GMSK）方式实现简单，在 MSK 调制器前端设置高斯滤波器即可实现，主要应用于 TDMA 数字移动通信系统，是 GSM 的优选方案。

3. 二进制相移键控（BPSK 或 2PSK）

二进制相移键控调制的相位变化是以未调制载波的相位作为参考基准的，利用载波相位的绝对值传送数字信号“1”和“0”，故又称为二进制绝对相移键控。

若二进制相移键控已调信号的时域表达式为

$$s_{\mathrm{BPSK}}(t)=\left[\sum_n a_n g(t-nT_b)\right]\cos\omega_c t \tag{2.3.4}$$

式中，a_n 为双极性数字信号，有

$$a_n=\begin{cases}1\text{，出现概率为 }p\\0\text{，出现概率为 }1-p\end{cases} \tag{2.3.5}$$

在某个信号间隔内观察 BPSK 已调信号，若 $g(t)$ 是幅度为 1，宽度为 T_s 的矩形脉冲，则有

$$S_{BPSK}(t) = \pm\cos\omega_c t = \cos(\omega_c t + \varphi_1), \varphi_1 = 0或\pi \tag{2.3.6}$$

当数字信号传输速率 $(1/T_s)$ 与载波频率有确定的倍数关系时，典型的波形如图 2.3.5 所示。

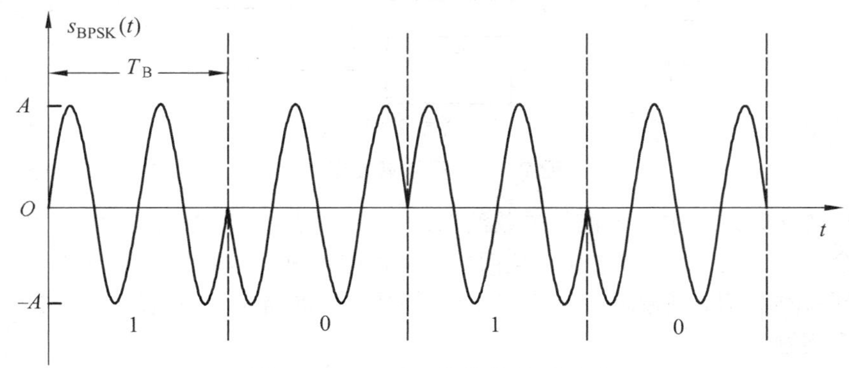

图 2.3.5　BPSK 信号的典型波形

BPSK 调制器可以采用相乘器，也可以用相位选择器来实现，如图 2.3.6 所示。

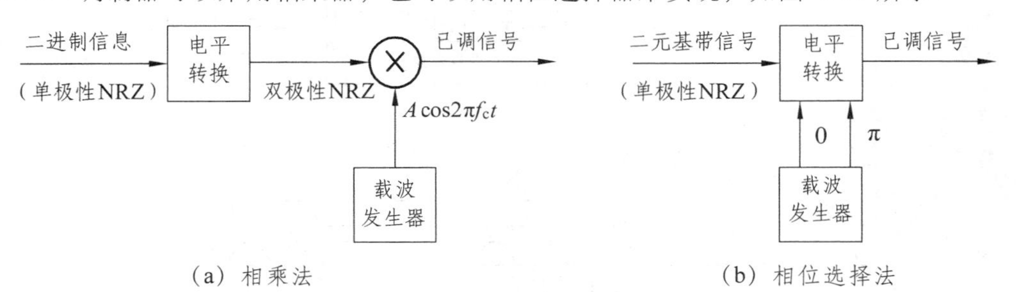

图 2.3.6　BPSK 调制器

BPSK 解调必须采用相干解调。在相干解调中，如何得到同频同相的载波是个关键的问题。由于 BPSK 信号是抑制载波双边带信号，不存在载频分量，因而无法从已调信号中直接用滤波法提取本地载波，只有采用非线性变换才能产生载波分量。常用的载波恢复电路有两种，一种是图 2.3.7（a）所示的平方环电路；另一种是图 2.3.7（b）所示的科斯塔斯环（Costas）电路。

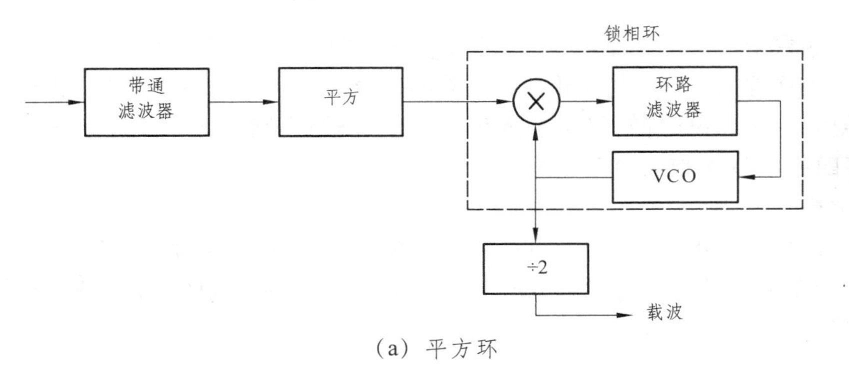

(a) 平方环

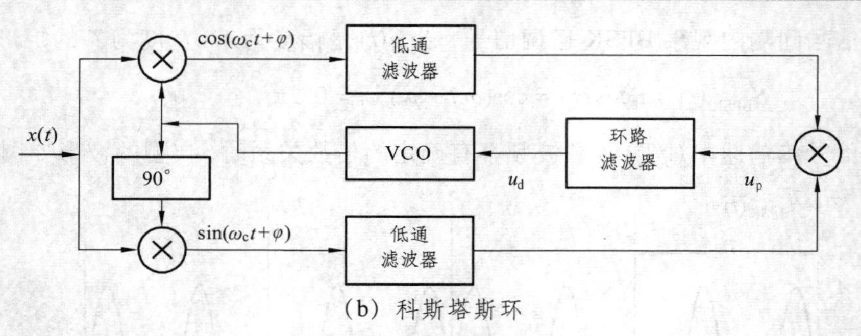

（b）科斯塔斯环

图 2.3.7　载波恢复电路

在 BPSK 的接收过程中，若恢复的载波相位发生变化（0°变为π或π变为 0°），则恢复的数字信息就会发生 0 变 1，或 1 变 0，从而造成错误的恢复，这就是相位模糊问题。在 BPSK 系统中这一现象称为倒π现象或反向工作现象，如图 2.3.8 所示。在实际中经常用差分相移键控来解决这个问题。

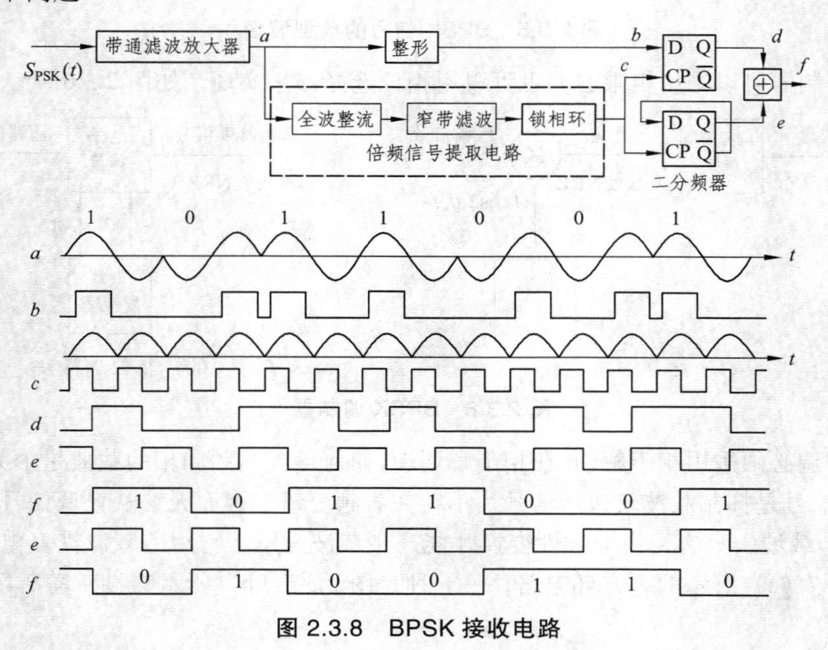

图 2.3.8　BPSK 接收电路

相移键控在数据传输中，尤其是在中速和中高速的数传机（2 400～4 800 bit/s）中有广泛的应用。由于相移键控有很好的抗干扰性，在有衰落的信道中也能获得很好的效果，二进制相移键控主要应用于 IS-95 蜂窝移动通信系统的下行链路调制。

4. 偏移四相相移键控（OQPSK）

（1）四相相移键控 QPSK。

四相相移键控 QPSK 具有较高的频谱利用率、很强的抗干扰性及较高的性能价格比。QPSK 是利用载波初相位在（0，2π）中以π/2 等间隔取 4 种不同值来表征四进制码元的 4 种状态信息，它的一般表达式为

$$s(t)=\sum_{n}\cos\left(\omega_{c}t+\varphi_{n}\right)g\left(t-nT_{s}\right) \tag{2.3.7}$$

式中，φ_n 是代表信息的相位参数，它共有四种相位取值，在任一码元的持续时间内，φ_n 将取其一。当 $\varphi_n = \frac{\pi}{4}(2n+1), n=0$，1，2，3 时，QPSK 系统称为 π/4 QPSK 系统；当 $\varphi_n = \frac{\pi}{2}$，$n=0$，1，2，3 时，该系统称为 π/2 QPSK 系统。无论哪种系统，QPSK 系统均可以看成是载波相位相互正交的两个 BPSK 信号之和，即

$$s_{\mathrm{I}}(t) = \sum_k I_k g(t-kT_{\mathrm{s}}), \qquad s_{\mathrm{Q}}(t) = \sum_k Q_k g(t-kT_{\mathrm{s}}) \tag{2.3.8}$$

式中

$$I_k = \cos\varphi_k, \quad Q_k = \sin\varphi_k \tag{2.3.9}$$

把 φ_k 与二进制信息对应，可得如下的对应关系：

$0° \rightarrow 00$		$45° \rightarrow 00$
$90° \rightarrow 01$	或	$135° \rightarrow 01$
$180° \rightarrow 10$		$225° \rightarrow 10$
$270° \rightarrow 11$		$315° \rightarrow 11$

根据式（2.3.8）、式（2.3.9）以及相位与二进制信息的对应关系，可得 π/4 QPSK 系统调制器的方框图如图 2.3.9 所示，图中略去了相乘器前电平变换电路。其中串/并变换电路将串行输入的二进制信息序列变换成两路并行的二进制序列 $\{b_k\}$、$\{c_k\}$。显然 QPSK 信号包含同相与正交两个分量，每个分量都是用宽度为 T_{s} 的二进制序列分别进行键控。码元宽度 T_{s} 为输入信息序列 $\{a_1\}$ 比特宽度 T_{b} 的两倍。

QPSK 相干解调器的工作原理如图 2.3.10 所示。输入 QPSK 已调信号 $s(t)$ 送入两个正交乘法器，载波恢复电路产生与接收信号载波同频同相的本地载波，并分为两路，其中一路经移相 90°后产生正交相干载波。将此两路信号分别送入两个正交乘法器。经低通、取样判决后产生两路码流 $\{b_k\}$、$\{c_k\}$，再经并/串转换后恢复数据流 $\{a_k\}$。取样判决器的判决准则是根据调制器的工作原理确定的。

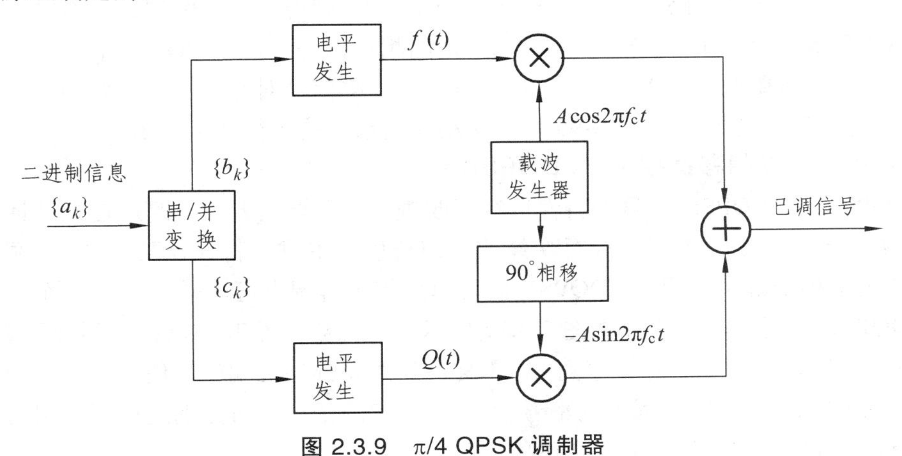

图 2.3.9　π/4 QPSK 调制器

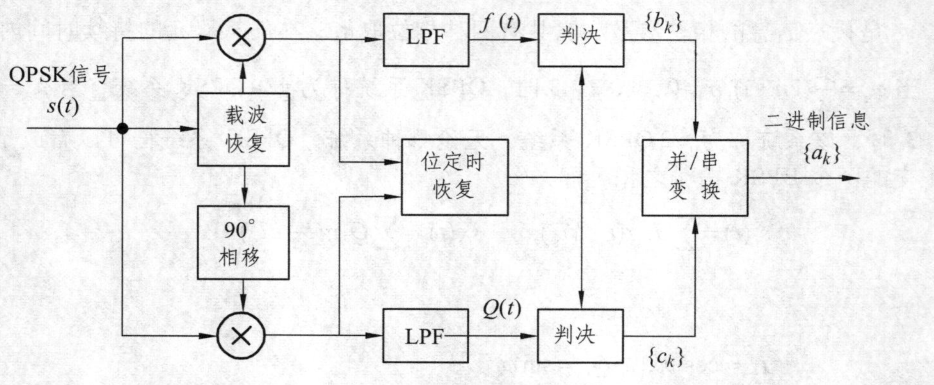

图 2.3.10 QPSK 相干解调器

（2）偏移四相相移键控调制 OQPSK。

OQPSK 信号产生时，是将输入数据经数据分路器分成奇偶两路，并使其在时间上相互错开一个码元间隔，然后再对两个正交的载波进行 BPSK 调制，叠加成为 OQPSK 信号，调制过程如图 2.3.11 所示。

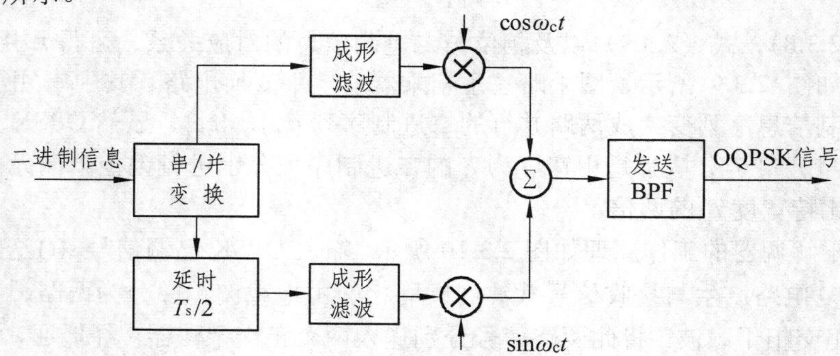

图 2.3.11 OQPSK 信号调制器

OQPSK 在其中一条支路上加入了一个比特的时延，使得两个支路的数据不会同时发生变化，因而 OQPSK 不可能像 QPSK 那样产生 ±π 的相位跳变，仅产生 ±π/2 的相位跳变，因此 OQPSK 的频谱旁瓣要低于 QPSK 信号的旁瓣。OQPSK 信号对邻道的辐射要小，抗干扰能力强，但传输速率低，主要应用于 IS-95 蜂窝移动通信系统的上行链路调制。

5. π/4 差分四相相移键控（π/4 DQPSK）

π/4 DQPSK 是对 QPSK 信号的特性进行了改进的一种调制方式，改进之一是将 QPSK 的最大相位跳变 ±π，降为 ±3π/4，从而改善了 π/4 DQPSK 的频谱特性；改进之二是解调方式，QPSK 只能用于相干解调，而 π/4 DQPSK 既可以用相干解调也可以采用非相干解调。

π/4 DQPSK 信号产生原理图如图 2.3.12 所示，输入数据经串/并转换之后得到同相通道 I 和正交通道 Q 的两种非归零脉冲序列 S_I 和 S_Q。通过差分相位编码，使得在 $kT_s \leqslant t<(k+1)T_s$ 时间内，I 通道的信号 I_k 和 Q 通道的信号 Q_k 发生相应的变化，再分别进行正交调制之后合成为 π/4 DQPSK 信号。（T_s 是 s_I 和 s_Q 的码宽，$T_s=2T_b$。）

π/4 DQPSK 的信号表达式为

$$s(t)=I(t)\cos\omega_c t-Q(t)\sin\omega_c t \tag{2.3.10}$$

式中，$I(t)$、$Q(t)$分别为数字脉冲I_k、Q_k通过低通滤波器所得信号，且有

$$I_k = \cos\theta_k = I_{k-1}\cos\Phi_k - Q_{k-1}\sin\Phi_k \tag{2.3.11}$$

$$Q_k = \sin\theta_k = I_{k-1}\sin\Phi_k - Q_{k-1}\cos\Phi_k \tag{2.3.12}$$

式中

$$\theta_k = \theta_{k-1} + \Phi_k$$

Φ_k与I、Q支路信号s_{I}、s_{Q}的关系：

$s_{\mathrm{I}}=s_{\mathrm{Q}}=1$时，$\Phi_k = \pi/4$

$s_{\mathrm{I}}=-1$，$s_{\mathrm{Q}}=1$时，$\Phi_k = 3\pi/4$

$s_{\mathrm{I}}=s_{\mathrm{Q}}=-1$时，$\Phi_k = -3\pi/4$

$s_{\mathrm{I}}=-1$，$s_{\mathrm{Q}}=-1$时，$\Phi_k = -\pi/4$

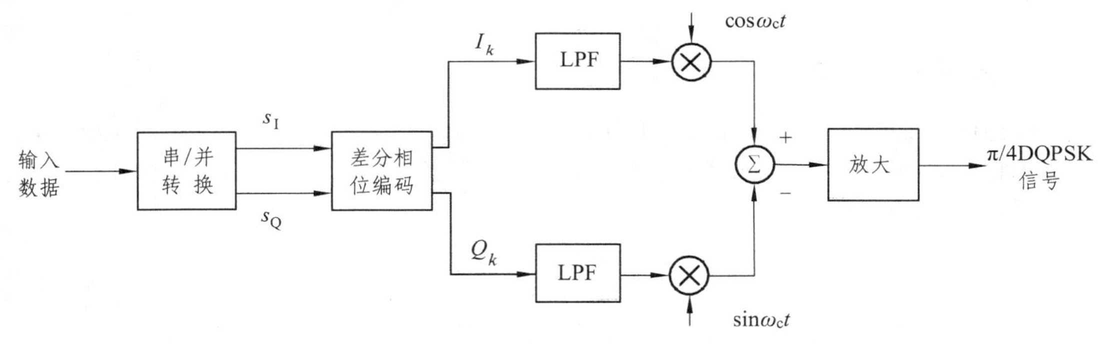

图 2.3.12　π/4 DQPSK 信号产生原理框图

π/4 DQPSK 调制技术主要应用于美国的 IS-136 数字蜂窝系统、日本的个人数字蜂窝系统 PDC 和美国的个人接入通信系统 PACS 中。

任务 4　扩频调制与应用

一、扩频调制简介

目前所有调制方案的一个主要设计思想就是最小化传输带宽，其目标是提高频带利用率。然而，由于带宽是一个有限的资源，且窄带化调制已接近极限，就只有压缩信息本身的带宽了。于是调制技术又向着相反的方向发展——采用宽带调制技术。

扩频通信技术是一种以信道带宽来换取信噪比的改善的信息传输方式，其信号所占有的频带宽度远大于所传信息必需的最小带宽；频带的扩展是通过一个独立的码序列来完成，用编码及调制的方法来实现的，与所传信息数据无关；在接收端则用同样的码进行相关同步接收、解扩及恢复所传信息数据。

（一）扩频的概念

扩频就是将数据信号介入带有白噪声特性的伪随机序列进行传输，使传输信号带宽达到原数据所需最小带宽的数百、上千万倍以上。

若 W 代表系统占用带宽或信号带宽，B 代表信息带宽，则一般认为：$W/B=1\sim2$，为窄

带通信；$W/B \geqslant 50$，则为宽带通信；$W/B \geqslant 100$，即为扩频通信。扩频通信系统用 100 倍以上的信号带宽来传输信息，旨在有力地克服外来干扰，特别是故意干扰和无线多径衰落，保证在强干扰条件下也能安全可靠地通信。

（二）扩频的分类

按结构和调制方式，大体可以将扩频分为以下几类：

（1）直接序列扩频（DS-SS）：包括 CDMA（码分多址）；

（2）跳频（FH）：包括慢跳频（SFH）CDMA 和快跳频（FFH）系统；

（3）时跳扩频（TH）；

（4）混合扩频方式。

（三）扩频通信系统的组成

扩频通信系统的基本组成如图 2.4.1 所示。扩频通信系统除了具有一般通信系统所具有的信息调制和射频调制外，还增加了扩频调制，即增加了扩频调制和扩频解调部分。信号在扩频通信系统中的处理流程如下：

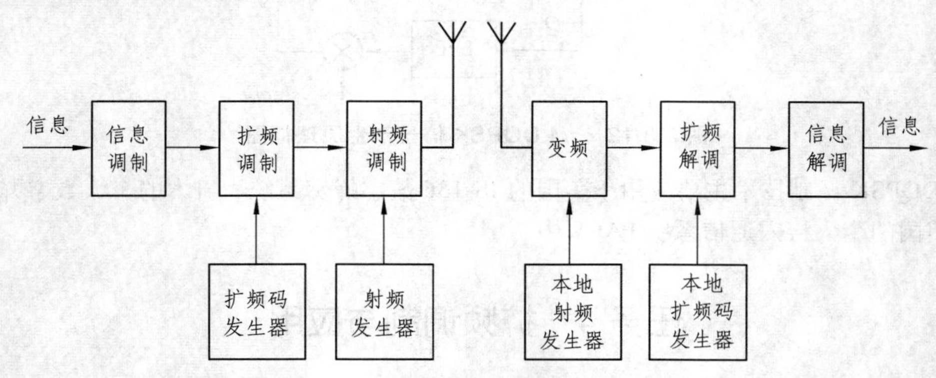

图 2.4.1 扩频通信系统基本组成框图

（1）发送端。

信息调制：输入的窄带有用信号先经过信息调制，形成数字信号。

扩频调制：用由扩频码发生器产生的扩频码序列去调制数字信号，以展宽信号的频谱，形成扩频信号。

射频调制：为适应无线传播信道的要求，射频调制器对扩频信号进行调制，然后成为射频调制信号发送到无线信道。

（2）无线信道中。

射频调制信号被加入宽带噪声（在 CDMA 系统中还有其他用户产生的多址干扰）和窄带强脉冲干扰，变为混合信号。

（3）接收端。

射频解调：通过接收端变频器后对接收到的混合信号进行载波解调，将混合信号中心频率从射频降到一个适合接收系统工作的中频频率。

扩频解调：通过扩频解调器，用与发送端相同的本地扩频码（PN 码）对接收信号进行相关解扩，产生解扩信号。在解扩过程，有用信号因与扩频码相关被解扩提取；窄带干扰信号因不相关反而被扩频码扩频，降低了功率谱密度，宽带噪声与扩频码不相关，不能被解扩提取。

窄带滤波：解扩信号通过中频窄带滤波输出窄带信号，包括在带内的有用信号、宽带噪声和窄带干扰。

信息解调：通过中频窄带滤波输出的窄带信号经过信息解调，恢复成原始信息输出。

（四）扩频通信的主要指标

衡量扩频通信系统的主要性能指标是系统的处理增益和抗干扰容限。

（1）扩频处理增益（G_p）。

扩频处理增益（Spread Process Gain）或称为处理增益，是指扩频信号的带宽（即扩展后的信号带宽）与信息带宽（即扩展前的信息带宽）之比，即

$$G_p = W / B \tag{2.4.1}$$

在工程上常以分贝（dB）表示为

$$G_p = 10\lg(W / B) \tag{2.4.2}$$

式中　W——扩频信号的带宽（Hz）；

B——信息带宽（Hz）。

例如，某扩频系统，W＝20 MHz，B＝10 kHz，则 G_p＝33 dB。说明这个系统在接收机的射频输入端和基带滤波器输出端之间有 33 dB 的信噪比增益改善程度。

（2）抗干扰容限（M_j）。

抗干扰容限是在保证系统正常工作的条件下，接收机输入端能承受的干扰信号比有用信号高出的分贝（dB）数。表示扩频通信系统能在多大干扰环境下正常工作的能力。抗干扰容限表示为

$$M_j = G_p - [(S / N)_{out} + L_s] \tag{2.4.3}$$

式中　M_j——系统的抗干扰容限（dB）；

$(S/N)_{out}$——接收机的输出信噪比（dB）；

L_s——系统的损耗（dB）。

例如，某扩频系统的处理增益为 30 dB，接收机的输出信噪比≥10 dB，系统损耗为 3 dB，由式（2.4.3）可以求得抗干扰容限

$$M_j = 30 - (10 + 3) = 17 \quad \text{(dB)}$$

它表明如果干扰输入功率超过信号功率 17 dB，系统就不能正常工作；否则，在二者之差不大于 18 dB 时，即使信号被一定的噪声或干扰淹没，该系统仍能正常工作。换句话说，该系统能够在接收输入信噪比大于或等于－17 dB 的环境下正常工作。

保证通信系统要正常工作，必须在输出端有一定的信噪比，如：GSM 蜂窝移动通信系统的信噪比为 10 dB，CDMA 蜂窝移动通信系统的信噪比为－7 dB。由于还需扣除系统内部信噪比的损耗，因此需引入抗干扰容限。抗干扰容限直接反映了扩频通信系统接收机允许的极限干扰强度，它往往比处理增益更能确切的表征系统的抗干扰能力。

（五）扩频通信的主要优点

扩频通信在发送端以扩频编码进行扩频调制，在接收端以扩频码序列进行扩频解调，这一过程使其具有诸多优良特性。

（1）抗干扰能力强。

扩频通信在传输时所占有的带宽相对较宽，在接收端采用相关检测的方法来解扩，使有用宽带信息信号恢复成窄带信息信号。而对于各种形式的干扰，只要波形、时间和码元稍有差异，解扩后仍然保持其宽带性。针对这一特点，就可以采用窄带滤波技术提取出有用的信息信号。因此扩频通信信噪比高，抗干扰能力强。

（2）提高了频率利用率。

由于系统本身的抗干扰能力强，所以扩频通信的发送功率可以很低（1～650 mW），系统可以工作在信道噪声和热噪声背景中，易于在同一地区重复使用同一频率，也可与现今各种窄带通信系统共享同一频率资源，大大提高了频率利用率。

（3）保密性好。

由于扩频信号被扩展在很宽的频带上，单位频带内的功率很小，即信号功率谱密度很低，所以，在信道噪声和热噪声的背景下，信号被淹没在噪声之中，别人一般很难发现有信号存在，再加上不知道扩频编码，就很难进一步检测出有用信号。所以说它的保密性好，具有很低的被截获概率。

（4）可以实现码分多址。

如果许多用户共享同一频带，则可以提高频带的利用率。正是扩频通信给频率复用和多址通信提供了基础。充分利用不同码型扩频编码之间的相关特性，给不同用户分配不同的扩频编码，就可以区分不同用户的信号。众多用户只要配对使用自己的扩频编码，就可以互不干扰地同时使用同一频率进行通信，从而实现频率复用和码分多址。

（5）抗衰落、抗多径干扰。

扩频信号的频带扩展使信号分布在很宽的频带内，信号的功率谱密度降低，而多径效应产生的频率选择性衰落只会造成传输的小部分频谱衰落，不会造成信号严重变形，因此扩频系统具有抗频率选择性衰落的能力。在移动通信中，多径干扰是一个是很严重且必须解决的问题。系统常采用分集技术和梳状滤波器来提高抗多径干扰能力。

（6）能精确定时和测距。

利用电磁波的传播特性和扩频通信 PN 码的相关性，可以精确测出两物体之间距离，使精确定时和测距得以实现。

二、扩频调制在移动通信中的应用

扩频调制在移动通信中的常见应用方式有直接序列扩频（DS-SS）和跳频（FH）技术两种。

（一）直接序列扩频

1. 直接序列扩频的含义

所谓直接序列（DS）扩频，就是直接用具有高码率的扩频码序列在发送端去扩展信号的频谱，接收端再用相同的扩频码序列进行解扩，把展宽的扩频信号还原成原始的信息。

2. 直扩系统的构成原理

使用伪随机码作为扩频码直接扩展频谱的通信系统称为直接序列扩频通信系统，简称直扩系统，或伪噪声（PN）扩频系统。直扩系统的组成结构如图 2.4.2 所示。

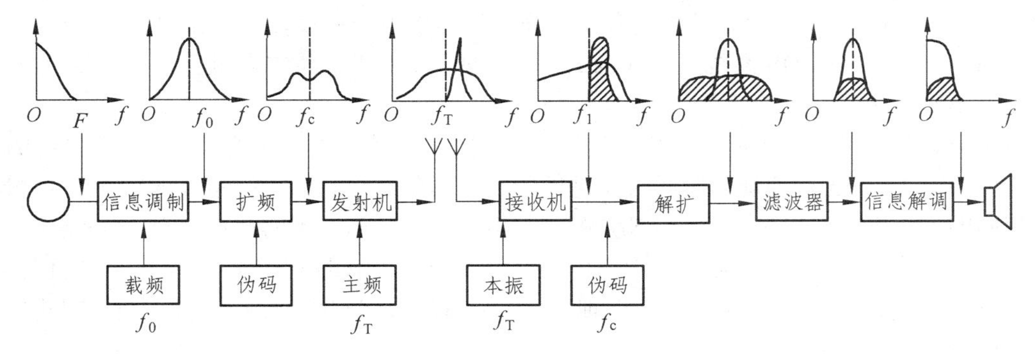

图 2.4.2　直扩系统的组成原理框图

系统结构与扩频通信系统基本组成结构相似。发送端包含信息调制、扩频、发射机三部分，直扩利用载频（f_0）完成窄带信息调制，利用载频（f_c）完成频谱扩展，利用载频（f_T）完成射频调制，再进行放大、发射，通过辐射天线在无线信道上传输，传输过程中受到外来各种干扰信号的影响。在接收端包含接收机、解扩、滤波及信息解调部分，完成发送端的反变换。接收的信号经过射频解调变为中频信号，频谱还原；经过中频窄带滤波器，滤除通带外的干扰信号成分；最后通过窄带信息解调还原等功能。

在直扩系统中，主要环节是完成扩频、解扩处理，对伪随机码有严格的要求：伪随机码的比特率应能满足扩展带宽的需要；伪随机码的自相关要大，且互相关要小；伪随机码应具有近似噪声的频谱性质，即近似连续谱，且均匀分布等。

3. 直扩系统的特点

（1）频谱的扩展是直接由高码率的扩频码序列进行调制而得到的。

（2）扩频码序列多采用伪随机码，又称为伪噪声（PN）码序列。

（3）扩频调制方式多采用二进制相移键控（BPSK）或四相相移键控（QPSK）调制。扩频和解扩的调制解调器多采用平衡调制器，制作简单又能抑制载波。

（4）模拟信息调制多采用频率调制（FM），数字信息调制多采用脉冲编码调制（PCM）或增量调制（AM）。

（5）接收端多采用本地伪随机码序列对接收信号进行相关解扩，或采用匹配滤波器来解扩信号。

（6）扩频和解扩的伪随机码序列应有严格的同步，码的搜捕和跟踪多采用匹配滤波器或利用伪随机码优良的相关特性在延迟锁相环中实现。

4. 直扩系统的局限性

直扩系统的局限性在于：

（1）它是一个宽带系统，虽然可与窄带系统电磁兼容，但不能与其建立通信。另外，对模拟信源（如语音）需作预先处理（如语音编码）后，方可进行扩频。

（2）直扩系统的接收机存在明显的远近效应。

(3) 直扩系统的处理增益受限于码片（chip）速率和信源的比特率。处理增益受限，意味着抗干扰能力受限和多址能力的受限。

5. 典型的 DS-CDMA 通信系统的应用

码分多址直接序列扩频（DS-CDMA）通信系统是码分多址（CDMA）和直接序列扩频（DS）相融合的产物。CDMA 通信系统中的各用户同时工作于同一载波，占用相同的带宽，各用户之间必然相互干扰，而 DS 系统具有很强的抗干扰能力，因此，将二者融合便可实现互补。具体实现方案有两种。

方案一：如图 2.4.3 所示，发端的用户信息数据 d_i 直接与相对应的高速 PN 码（PN_i 码）相乘（或模 2 加），进行地址调制同时又进行了扩频调制。在收端，扩频信号经与发端 PN 码完全相同的本地 PN 码 PN_k（$PN_k=PN_i$）解扩，相关检测得到所需的用户信息 r_k（$r_k=d_i$）。在这种系统中，系统中的 PN 码不是一个，而是一组正交性良好的 PN 码组，其两两之间的互相关值接近于 0。该 PN 码既用来作用户的地址码，又用于加扩和解扩，但这样的码型很难找到，实现较困难。

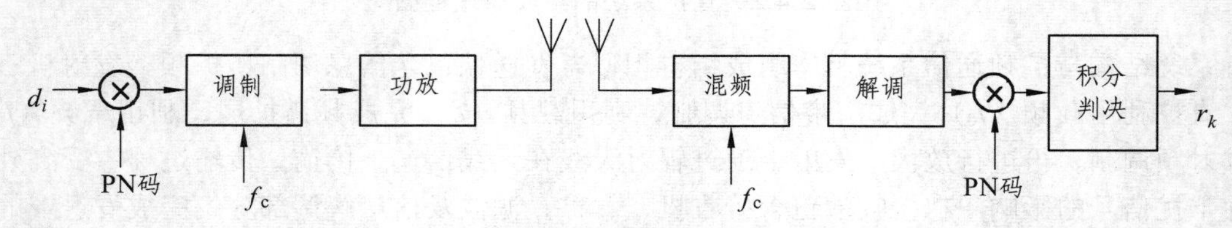

图 2.4.3 DS-CDMA 通信系统构成方案一

方案二：如图 2.4.4 所示，发端的用户信息数据首先与相对应的地址码相乘（或模 2 加），进行地址码调制；再与 PN 码相乘（或模 2 加），进行扩频调制。在收端，扩频信号经过由本地产生的与发端 PN 码完全相同的 PN 码解扩后，再与相应的地址码 W_k（$W_k=W_i$）进行相关检测，得到所需的用户信息 r_k（$r_k=d_i$）。这种系统中的地址码是一组正交码，而 PN 码在系统中只有一个（不是一组），用于加扩和解扩，以增强系统的抗干扰能力。该方案地址码与扩频码分开，实现较容易。但整个系统较复杂，尤其是同步系统。

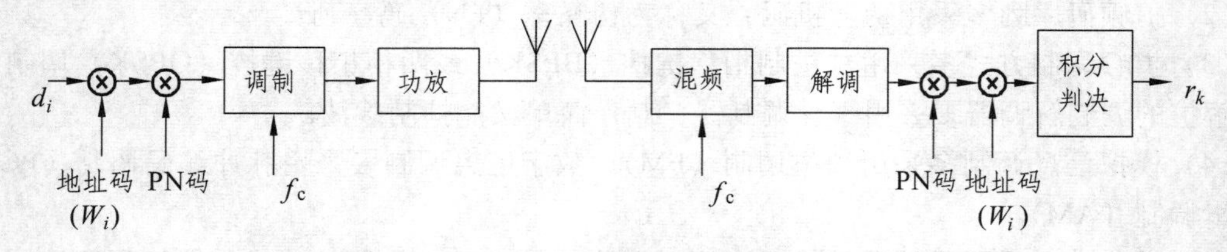

图 2.4.4 DS-CDMA 通信系统构成方案二

需要指出的是，地址码目前采用具有良好自相关特性和处处为 0 的互相关性的沃尔什码，但是该码组内的各码所占频谱带宽不相同，不能用作扩频码。扩频码一般采用一种周期性的近似随机噪声的脉冲信号，即伪随机码（PN 码）。PN 码具有良好的相关特性，并且同一码组内的各码所占的频谱宽度可以做到很宽并且相等。但是 PN 码由于互相关性不是处处为 0，所以同时用做扩频码和地址码时，系统的性能将受到影响。

PN 序列有一个很大的家族，包含很多码组，例如 m 序列、M 序列、Gold 序列、GL（Gold-Link）序列、R-S 序列、DBCH 序列，等等。

（二）跳　频

1. 跳频的定义

跳频（Frequency Hopping，FH）是指用一定码序列进行选择的多频率频移键控，即通信使用的载波频率受一组快速变化的 PN 码控制而随机地跳变。这种载波变化规律，通常叫做“跳频图案”。跳频实际上是一种复杂的频移键控。

2. 跳频的分类

跳频分为慢跳频和快跳频。慢跳频是指跳频速率低于信息比特速率，即连续几个信息比特跳频一次，通常为每秒几十跳；慢跳频比较容易实现，但抗干扰性能也比较差。快跳频是指跳频速率高于信息比特速率，即每个信息比特跳频一次以上，通常为每秒几千跳；快跳频的抗干扰性和隐蔽性能比较好，但解决既能快速跳变又有高稳定度的频率合成器比较困难。

3. 跳频系统的构成原理

FH 系统的构成如图 2.4.5 所示。

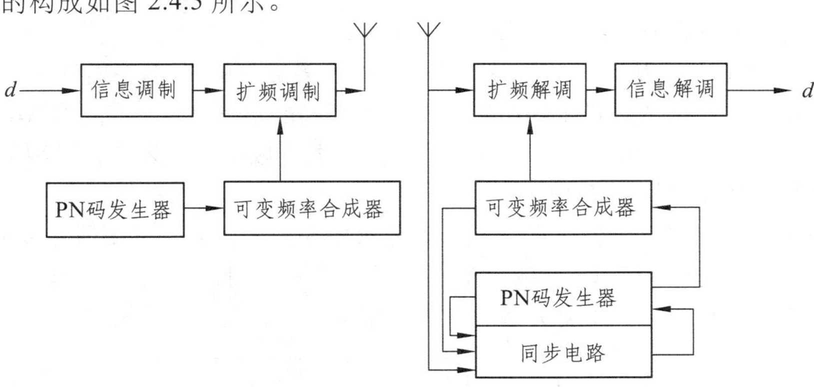

图 2.4.5　FH 系统的构成

在发送端，信息数据 d 经信息调制变成带宽为 B 的基带信号后，进入扩频调制。频率合成器在 PN 码发生器的控制下，产生随机跳变的载波频率，扩频调制后产生带宽为 W（W/B）的波形 FH，实现了频谱扩展。在接收端，为了解出 FH 信号，本地产生一个与发端完成相同的本地 PN 去控制本地频率合成器，使本地频率合成器输出信号，本地 FH 始终与接收到的载波频率相差一个固定中频，接收到的 FH 信号与本地 FH 进行混频解扩，得到一个中心频率固定不跳变的信号中频，经过信息解调电路，解调出发端所发送的信息数据 d。工作过程中的波形变化如图 2.4.6 所示。

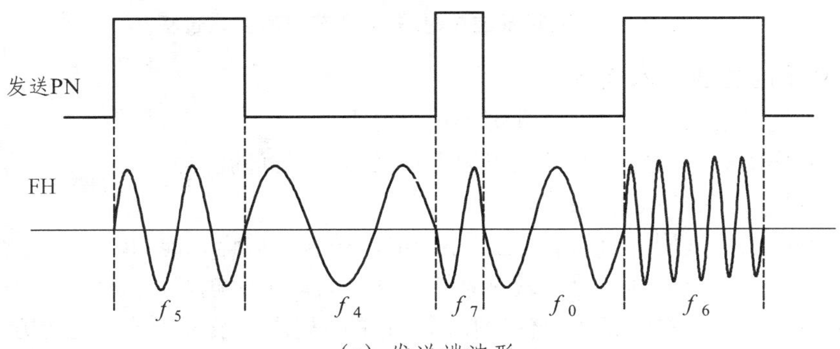

(a) 发送端波形

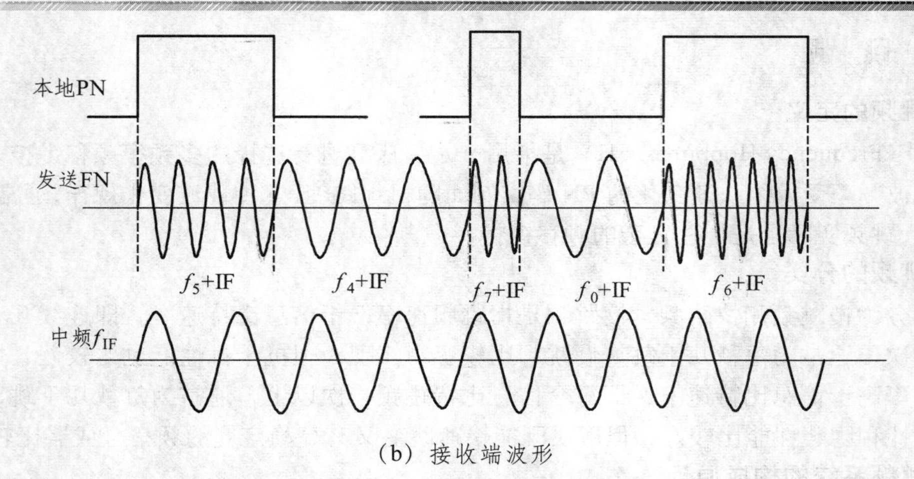

（b）接收端波形

图 2.4.6 跳频系统工作过程的波形示意图

下面给出跳频系统在时域-频域范围的变化过程。

由图 2.4.7（a）可知，从时域上看跳频信号是一个多频率的频移键控信号；从频域上看跳频信号的频谱是一个在很宽频带上随机跳变的不等间隔的频率信号。载波频率跳变次序为：$f_5 \to f_4 \to f_7 \to f_0 \to f_6 \to f_3 \to f_1$。由图 2.4.7（b）可知，从时间-频率域上来看，跳频信号是一个时-频矩阵，每个频率持续时间为 T_c 秒。

为了提高频带利用率，不但要尽量减小相邻频率的间隔，而且又要避免或减少邻近信道的干扰。频率间隔应选择 $1/T_c$（T_c 为频率停留时间，即跳频时间间隔），使一载波频率的峰值为其他频率的零点，构成频率正交关系，避免了相互干扰，便于信号分离。

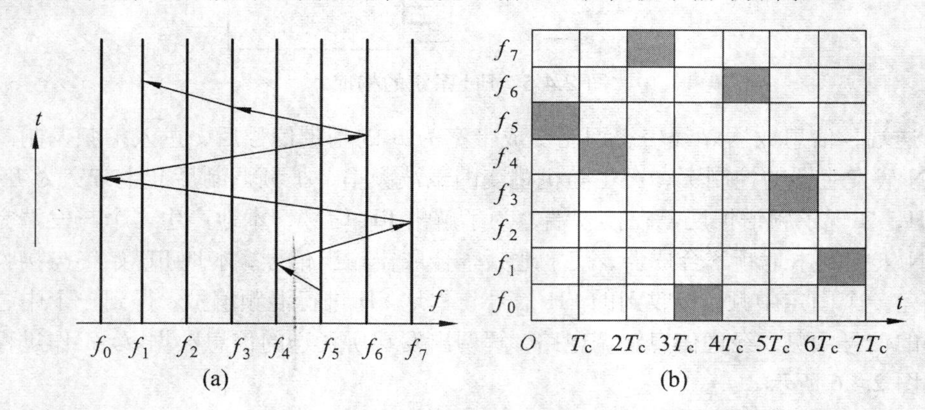

图 2.4.7 跳频系统在时域-频域范围的变化过程

4. 跳频系统的主要技术指标

（1）跳频带宽：它决定了抗部分频带干扰的能力。

（2）跳频频率的数目：它决定了抗单频干扰及多频干扰的能力。

（3）跳频速率：它决定了抗跟踪式干扰的能力。

（4）跳频码的长度（周期）：它决定了系统的抗截获（破译）能力。

（5）跳频系统的同步时间：希望跳频系统的同步时间越短越好。

一个跳频系统的各项技术指标应依照使用的目的、要求以及性能价格比等方面综合考虑。

5. 典型跳频技术的应用

跳频技术作为扩频通信技术的一种类型，有很强的抗单频、部分带宽干扰的能力，与现有窄带系统兼容，且无明显的远近效应，广泛应用于抗干扰和保密性的通信系统中。跳频技术首先被用于军事通信，后来在 GSM 标准中被采用，目前 GSM 网络采用慢跳频技术方案实现扩频调制。

任务 5　实践——调制与解调

一、GMSK 调制与解调

（一）实训目的

（1）了解 GMSK 技术在移动通信系统中的应用；
（2）掌握 GMSK 调制解调数据传输过程；
（3）掌握高斯低通滤波器的实现原理。

（二）实训原理

实验采用调相法，用高斯滤波器作为 MSK 的前置滤波器，原理框图如图 2.5.1 所示。

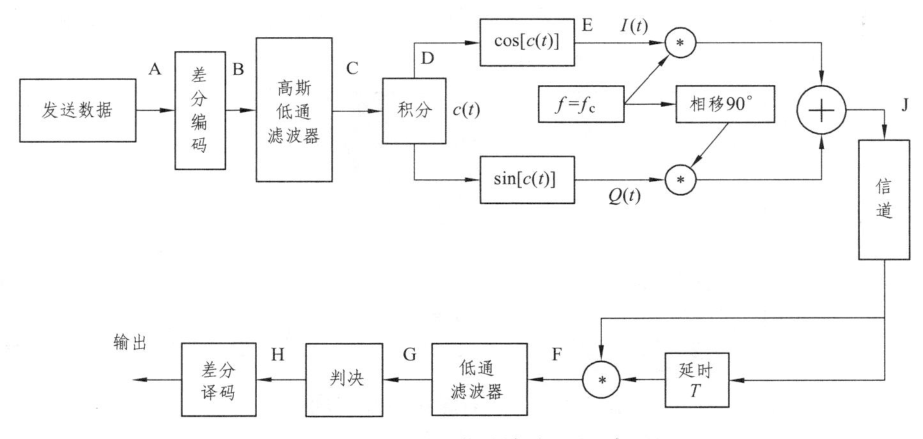

图 2.5.1　GMSK 调制解调原理框图

高斯低通滤波器的冲击响应满足式（2.5.1）。

$$g(t)=\frac{1}{2T}\left[Q\left(2\pi B_{\mathrm{b}}\frac{t-T/2}{\sqrt{\ln 2}}\right)-Q\left(2\pi B_{\mathrm{b}}\frac{t+T/2}{\sqrt{\ln 2}}\right)\right] \tag{2.5.1}$$

式中，$Q(t)$ 表示 Q 函数，B_{b} 是低通滤波器的带宽，T 是码元时间，$T=1/200\ 000$。通过计算，得到高斯滤波器特性，如图 2.5.2 所示。

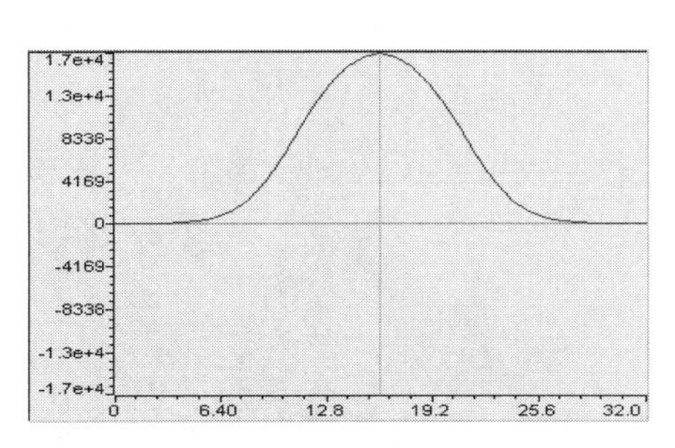

图 2.5.2　高斯低通滤波器冲击响应图

（三）实训步骤

（1）启动实验箱，在主界面上选择实验“GMSK 调制”，进入“GMSK 调制”界面。

（2）点击“系统模型”按钮，弹出“GMSK 调制原理框图”窗口，熟悉 GMSK 调制原理；关闭该窗口。

（3）输入原始数据。原始数据产生方式有两种：自动和手动。选中“自动”方式时，原始数据由系统自动生成；未选中“自动”方式时，将会出现数据输入窗口，根据窗口提示输入 16 进制原始数据，点击“返回”按钮完成输入。

（4）点击“初始化”按钮，调制过程开始。

（5）根据系统模型，在画面右上方选择需要观察的信号点对应的字母（如要观察发送数据的波形，点击字母“A”），观察调制过程中信号点的波形；可通过页面下方按钮选择“放大”、“缩小”或“移动”观察波形。也可以选择通过示波器观察各信号点。先将示波器的输入端与实验板上“观察端 M”（在实验箱最右边偏上的位置，为 D/A 转换器的输出口）连接，根据系统模型，在画面右上方选择需要观察的信号点对应的字母（如要观察发送数据的波形，点击字母“A”），在示波器上观察调制过程中信号点的波形。

（四）实训范例

假设 A 点一组输入数据为{1，0，1，1，1，0，1，1，0，0，0，0，1，1，1，1，1，0，0，0…}，经过差分编码后 B 点输出为{−1，−1，1，−1，1，1，−1，1，1，1，1，1，−1，1，−1，1，−1，−1，−1，−1…}，通过高斯低通滤波器后，C 点输出波形如图 2.5.3 所示（从绿线开始，前面是位同步码，以下相同）。

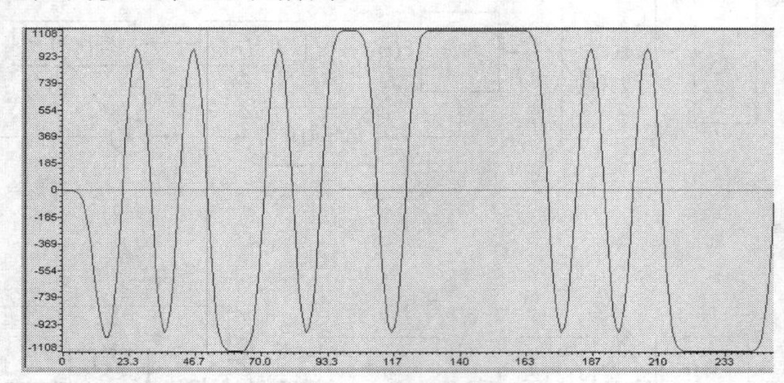

图 2.5.3 高斯滤波器输出图

附加相位通过积分获得，所以 D 点输出的相位如图 2.5.4 所示。

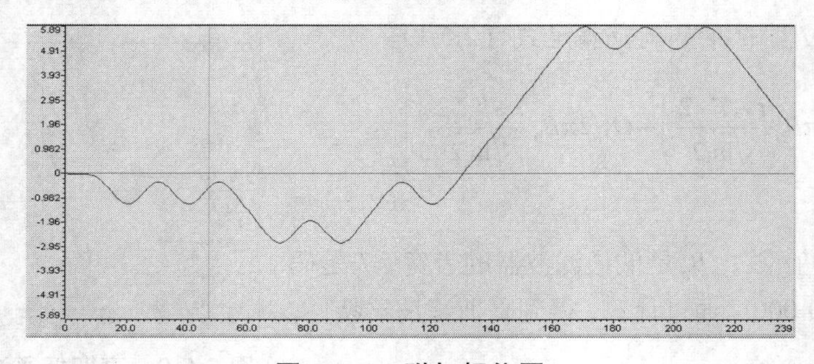

图 2.5.4 附加相位图

对积分输出的附加相位信号求余弦函数和正弦函数可以分别获得 I 路和 Q 路的基带信号，其中 I 路的波形即 E 点的波形，如图 2.5.5 所示。

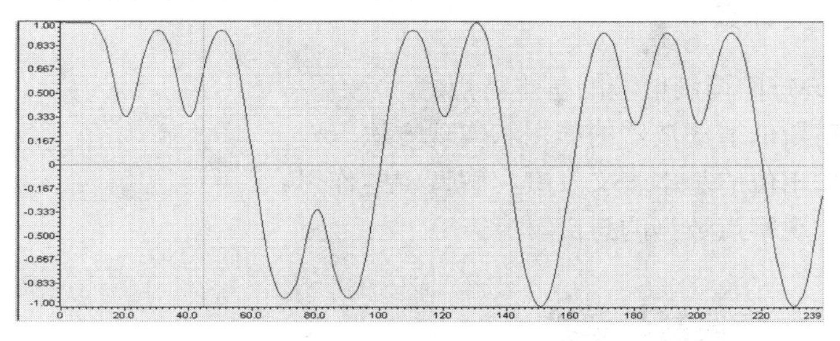

图 2.5.5　I 路基带信号图

J 点为调制输出波形，如图 2.5.6 所示。

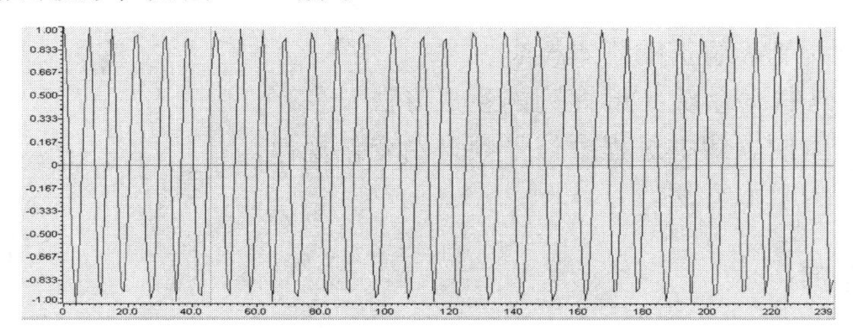

图 2.5.6　调制信号图

F 点为延时信号与原信号相乘，如图 2.5.7 所示。

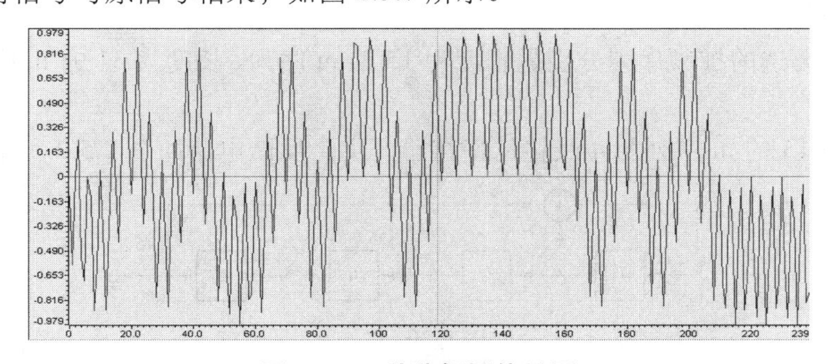

图 2.5.7　差分解调信号图

差分信号通过低通滤波器，滤除高频分量，获得 G 点输出如图 2.5.8 所示。

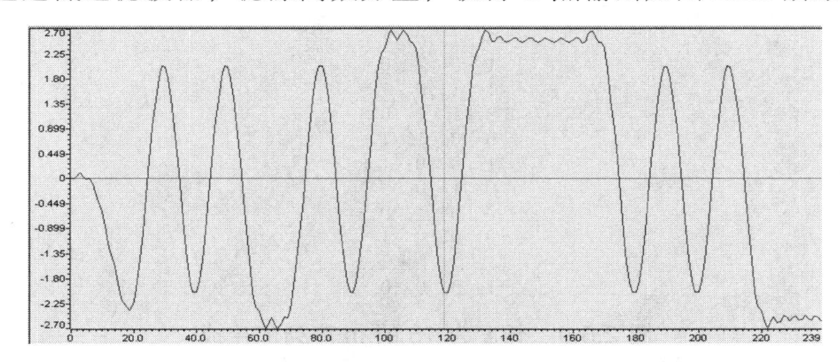

图 2.5.8　低通滤波器输出信号图

对 G 点信号进行位同步，并判决后输出 H，差分译码获得解调结果。

（五）项目过关训练

（1）试说明 GMSK 调制信号的基本特点。
（2）试说明高斯低通滤波器的作用和实现方法。
（3）理解附加相位的基本含义及其在解调中的作用。
（4）理解各个观察点数据的意义。

二、CDMA 扩频调制与解扩

（一）实训目的

（1）了解扩频调制、解扩的基本概念；
（2）掌握 PN 码的概念以及 m 序列的生成方法；
（3）掌握扩频调制、解扩过程中信号频谱的变化规律；
（4）掌握解扩的基本方法。

（二）实训原理

m 序列是最长线性反馈移位寄存器序列的简称，它是由带线性反馈的移位器产生的周期最长的一种序列。如果把两个 m 序列发生器产生的优选对序列模二相加，则产生一个新的码序列，即 Gold 码序列。

实验中三种可选的扩频序列分别是长度为 15 的 m 序列、长度为 31 的 m 序列以及长度为 31 的 Gold 序列。

（1）长度为 15 的 m 序列由 4 级移位寄存器产生，反馈电路如图 2.5.9 所示。

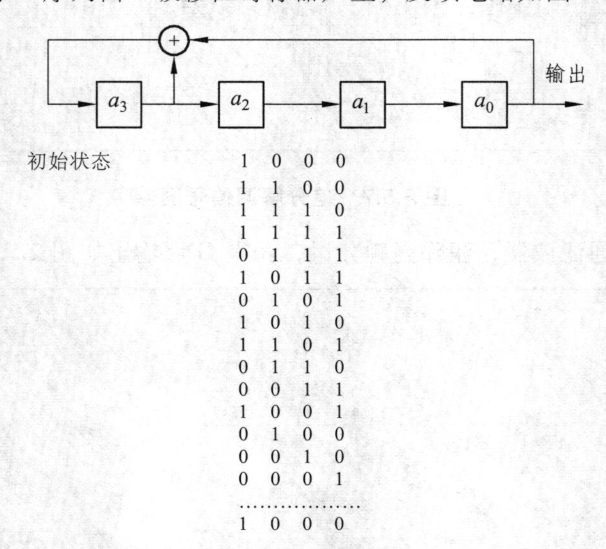

图 2.5.9 长度为 15 的 m 序列的生成

（2）长度为 31 的 m 序列由 5 级移位寄存器产生，反馈电路如图 2.5.10 所示。

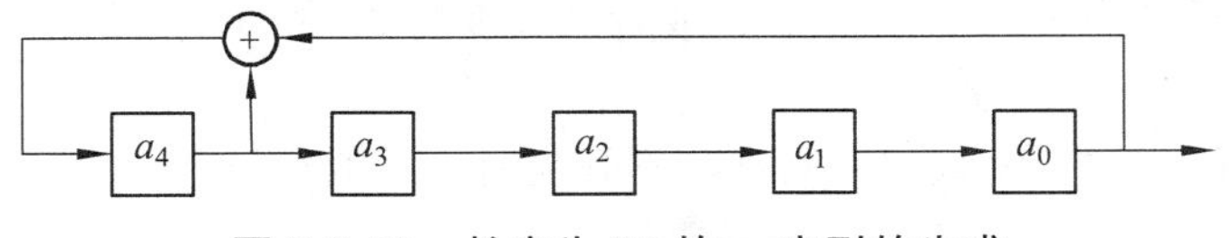

图 2.5.10　长度为 31 的 m 序列的生成

需要说明的是，反馈电路如何连接由 m 序列生成多项式确定，生成多项式不同，反馈电路的连接方式也不同。图 2.5.10 仅为可产生长度为 31 的 m 序列的反馈电路连接方式之一。

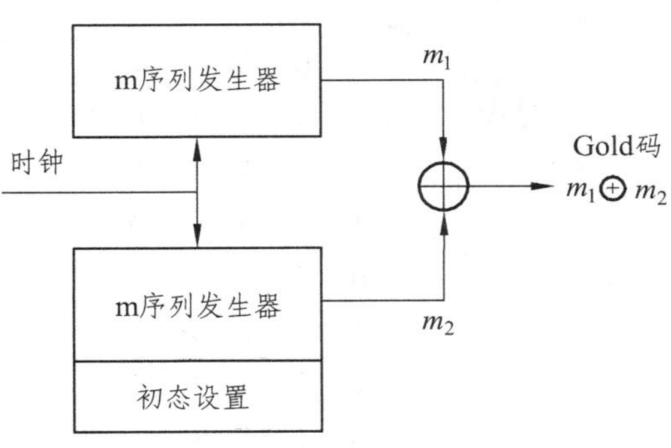

图 2.5.11　Gold 码发生器

（3）长度为 31 的 Gold 序列。Gold 序列是 Gold 于 1967 年提出的，它是用一对优选的周期和速率均相同的 m 序列模二加后得到的。其构成原理如图 2.5.11 所示。

两个 m 序列发生器的级数相同，即 $n_1 = n_2 = n$。如果两个 m 序列相对相移不同，所得到的是不同的 Gold 码序列。对 n 级 m 序列，共有 $2^n - 1$ 个不同相位，所以通过模二加后可得到 $2^n - 1$ 个 Gold 码序列，这些码序列的周期均为 $2^n - 1$。以长度为 31 的 Gold 序列为例，其生成器如图 2.5.12 所示，其中 $g_1(p)$ 和 $g_2(p)$ 为 m 序列的生成多项式。

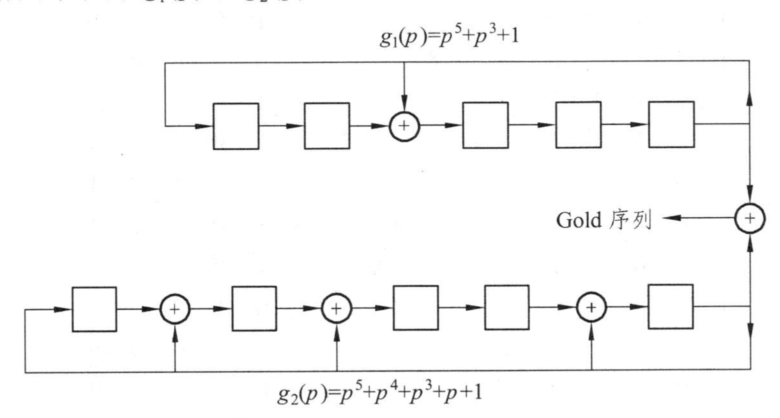

图 2.5.12　长度为 31 的 Gold 序列生成器

（三）实训步骤

（1）在主界面上选择“扩频调制”实验。

（2）选择“手动输入”或“随机生成”产生原始数据。

（3）可选择“长度为 15 的 m 序列”，或者“长度为 31 的 m 序列”，或者“长度为 31 的 gold 序列”。

（4）观察扩频后的数据，并可用频谱分析仪器观察频谱变化；红色曲线表示原始信号，绿色曲线表示扩频信号。我们可以发现，扩频后，频谱展宽。

（5）在主界面上选择“解扩”实验。

（6）选择“手动输入”或“随机生成”产生原始数据。

（7）可选择“长度为 15 的 m 序列”，或者“长度为 31 的 m 序列”，或者“长度为 31 的 Gold 序列”。

（8）设定解扩码相位，比较相位同步、不同步时解扩的结果。

（四）实训范例

假设产生的两组 m 序列为：

1	0	0	0	0		1	0	0	0	0
0	1	0	0	0		0	1	0	0	0
0	0	1	0	0		0	0	1	0	0
1	0	0	1	0		0	0	0	1	0
0	1	0	0	1		0	0	0	0	1
1	0	1	0	0		1	1	1	0	1
1	1	0	1	0		1	0	0	1	1
0	1	1	0	1		1	0	1	0	0
0	0	1	1	0		0	1	0	1	0
1	0	0	1	1		0	0	1	0	1
1	1	0	0	1		1	1	1	1	1
1	1	1	0	0		1	0	0	1	0
1	1	1	1	0		0	1	0	0	1
1	1	1	1	1		1	1	0	0	1
0	1	1	1	1		1	0	0	0	1
0	0	1	1	1		1	0	1	0	1
0	0	0	1	1		1	0	1	1	1
1	0	0	0	1		1	0	1	1	0
1	1	0	0	0		0	1	0	1	1
0	1	1	0	0		1	1	0	0	0
1	0	1	1	0		0	1	1	0	0
1	1	0	1	1		0	0	1	1	0
1	1	1	0	1		0	0	0	1	1
0	1	1	1	0		1	1	1	0	0
1	0	1	1	1		0	1	1	1	0
0	1	0	1	1		0	0	1	1	1
1	0	1	0	1		1	1	1	1	0
0	1	0	1	0		0	1	1	1	1
0	0	1	0	1		1	1	0	1	0
0	0	0	1	0		0	1	1	0	1
0	0	0	0	1		1	1	0	1	1

则生成长度为31的Gold序列为

{0, 0, 0, 0, 0, 1, 1, 1, 0, 0, 0, 0, 1, 0, 0, 0, 0, 1, 1, 0, 0, 1, 0, 0, 1, 0, 1, 1, 1, 1, 0}

扩频码序列同步是扩频系统特有的，也是扩频技术中的难点。CDMA系统要求接收机的本地扩频码与接收到的扩频码在结构、频率和相位上完全一致，否则就不能正常接收所发送的信息，接收到的只是一片噪声。若实现了收发同步但不能保持同步，也无法准确可靠地获取所发送的信息数据。因此，扩频码序列的同步是CDMA扩频通信的关键技术。

实验中，解扩码相位可以改变。当解扩码相位为“0”时表示解扩码和扩频码同步，无相位差，这时候观察到正确的解扩结果，且频谱恢复到原始信号的较窄的频谱；当解扩码相位不为“0”时，观察到解扩的结果不正确，频谱也不能正确恢复。

（五）项目过关训练

（1）试说明扩频码在移动通信中的应用。

（2）扩频码的种类有哪些？有何特点？如何产生？

（3）扩频后信号频谱发生怎样的变化？

（4）设定解扩码相位，观察“频谱分析仪”上信号频谱的变化。红色曲线表示原始信号的频谱，绿色曲线表示扩频信号的频谱，蓝色曲线表示解扩信号的频谱。

（5）试说明解扩的基本原理。

（6）为什么接收机中的扩频码需要进行准确同步？

（7）正确解扩和不正确解扩后，信号的频谱有何变化？请画出示意图。

过关训练

一、填空题

1. 移动通信的编码技术包括（　　）和（　　）两大部分。

2. 语音编码的意义在于（　　），压缩语音编码的码速率，（　　）。

3. 信道编码按功能分可以分为（　　）、（　　）和（　　）。

4.（　　）被确定为第三代移动通信系统（IMT-2000）的信道编码方案之一。

5. 调制技术，就是把基带信号变换成适合信道传输的技术，利用基带信号控制高频载波的（　　）、（　　）或（　　），使这些参数随基带信号变化的过程。

二、名词解释

语音编码　信道编码　交织编码　卷积码　Turbo码　ARQ　BPSK　扩频

三、简答题

1. 语音编码有哪几种方式？

2. 简述Turbo编码的基本原理。

3. 简述GSM系统RPE-LTP语音编码器的基本原理。

4. 简述GSM系统信道编码的过程。

5. 按照结构和调制方式分，扩频有哪几类？

模块三 移动通信组网技术

【问题引入】

移动通信网络要在任何时间、任何地点为用户提供服务，这就要求移动通信网络的组网具有特殊的方式。无线网、业务网和信令网的组网方式如何？信道资源如何利用？噪声和干扰如何应对解决？这些都是本模块需要涉及与解决的问题。

【内容简介】

本模块介绍了无线组网的相关技术、信道资源的利用、移动业务与信令网组网的相关技术、外部环境噪声及各类干扰的产生与应对措施等。其中无线组网技术、信道资源利用的相关话务理论计算和噪声及干扰的应对措施为重要内容。

【学习要求】

识记：蜂窝、区域、噪声与干扰的概念。

领会：信道容量的估算、移动业务网与信令网的组网。

应用：小区频率的配置、话务理论、外部环境噪声及各类干扰的应对措施。

任务1 无线组网技术

一、移动通信网的体制

移动通信网的体制划分多种多样，按多址方式不同，可分为 FDMA、TDMA、CDMA、SDMA 等；按无线区域覆盖范围的大小不同，可分为大区制、小区制两种基本形式。这里重点从覆盖范围的大小这一角度进行讲解。

（一）大区制移动通信网络

1. 大区制的含义

大区制就是在一个服务区域（如一个城市）内只有一个基站，并由它负责移动通信的联络和控制。

2. 大区制的结构与技术要求

大区制的结构如图 3.1.1 所示。通常为了扩大服务区域的范围，基站天线架设得都很高，发射机输出功率也较大（一般在 200 W 左右），其覆盖半径一般为 30～50 km。但因为电池容量有限，通常移动台发射机的输出功率较小，故移动台距基站较远时，移动台可以收到基站发来的信号（即下行信号），但基站却收不到移动台发出的信号（即上行信号）。为了解决两个方向通信不一致的问题，可以在适当地点设立若干个分集接收站（R），以保证在服务区内的双向通信质量。

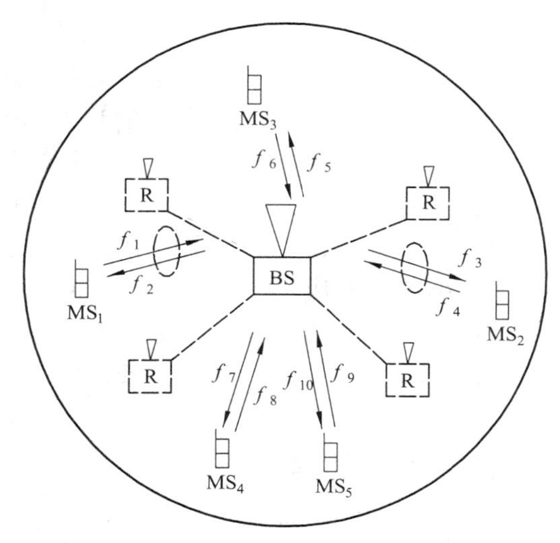

图 3.1.1　大区制移动通信示意图

在大区制中，为了避免相互之间的干扰，在服务区内的所有频道（一个频道包含收、发一对频率）的频率都不能重复。例如，移动台 MS_1 使用了频率 f_1 和 f_2，那么，另一个移动台 MS_2 就不能再使用这对频率了，否则将产生严重的干扰。因而这种体制的频率利用率及通信的容量都受到了限制，满足不了用户数量急剧增长的需要。

3. 大区制的应用

大区制结构简单、投资少、见效快，所以在用户较少的地域，这种体制目前仍得到一定的运用。此外，根据我国具体情况，在开展移动通信业务的初期，由于用户较少，且主要集中在经济欠发达的县市地区，为节约初期工程投资，通常也按大区制设计考虑。但是，从长远规划来说，为了满足用户数量增长的需要，提高频率的利用率，应采用小区制的办法。

（二）小区制蜂窝移动通信网络

1. 小区制的含义

小区制就是把整个服务区域划分成若干小区，每个小区分别设一个基站来负责本区移动通信的联络和控制；同时，又可在移动业务交换中心的统一控制下，实现小区之间移动用户通信的转接以及移动用户与市话用户的联系。

采用小区制组网，整个移动通信网络的覆盖区域可以看成是由若干正六边形的无线小区相互邻接而构成的网状服务区。由于这种服务区的形状很像蜂窝，故称之为蜂窝式移动通信系统，与之相对应的网络称为蜂窝式网络。

2. 小区制的结构与技术要求

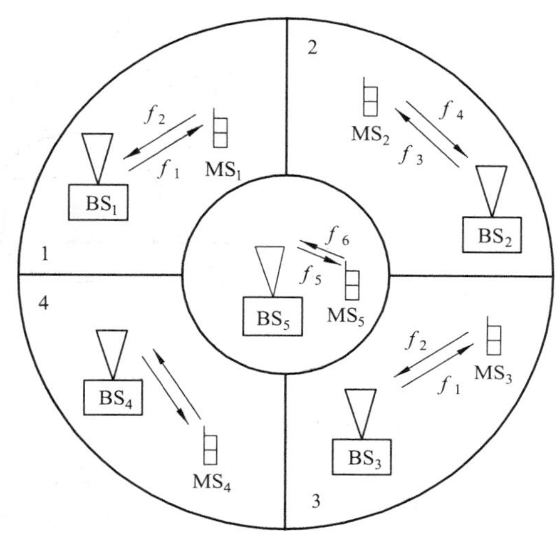

图 3.1.2　小区制移动通信示意图

小区制的整个服务区域被划分成若干小区，每个小区各设一个小功率基站，基站天线架设得都比较高，发射功率一般为 5～10 W，以满足各无线小区移动通信的需要。

小区制的结构如图 3.1.2 所示，整个服务区域分为五块，每个小区各设一个小功率基站（BS_1～BS_5），发射功率一般为 5～10 W。由于空间距离的存在，不同的基站可以使用相同的频率，例如，移动台 MS_1 在 1 小区使用的收发频率分别为 f_1 和 f_2 时，而在 3 小区的另一移动台 MS_3 也可使用这对频率进行通信。这是由于 1 区与 3 区相距较远，隔着 2、4、5 区，且功率小，即使使用相同频率也不

会互相干扰。同理，不难得出图 3.1.2 的情况，只需 3 对频率（即 3 个频道），就可与 5 个移动台通话。而原大区制要与 5 个移动台通话，必须使用 5 对频率。

很明显，小区制提高了频率的利用率，而且由于基站功率减小，也使相互间的干扰相应减少了。但是这种体制，在移动台通话过程中，从一个小区转入另一个小区的概率增加了，移动台需要经常地更换工作频道。无线小区的范围越小，通话中转换频道的次数就越多，这样对控制交换功能的要求就提高了，再加上基地数量的增加，建网的成本也高。

3. 小区制的应用

随着移动用户数量的增长，无线网络的扩容，大区制逐渐变为小区制；移动户数量较大时，多采用此方式组网，因此这种体制适用公共移动通信系统。

二、移动通信服务区

服务区是指移动台可以获得通信服务的区域。无线组网服务区的划分主要有带状服务区和面状服务区。

（一）带状服务区

1. 带状服务区的结构

所谓带状服务区是指无线电磁场覆盖呈带状的区域，结构如图 3.1.3 所示。这种区域的划分按照纵向排列进行，整个系统是许多细长区域环连而成。因为这种系统呈链状，故也称“链状网”。在业务区比较狭窄时基站可以使用方向性强的天线（定向天线）。

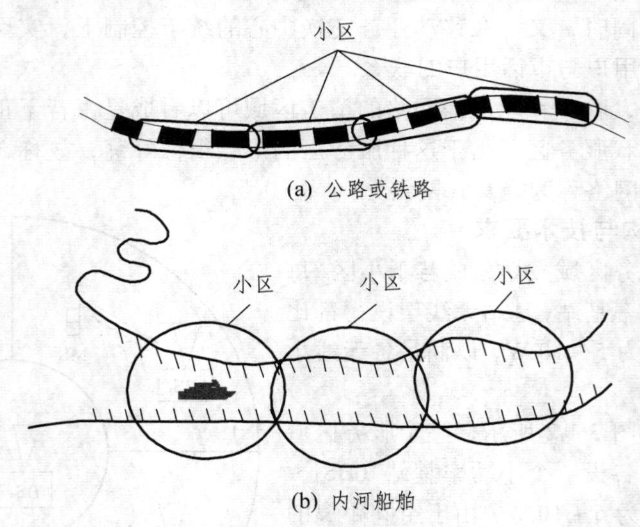

图 3.1.3 带状服务区示意图

2. 带状服务区的小区频率配置方法

为了避免相邻小区使用同一频率而造成电波相互干扰（即同频干扰），往往把各相邻小区用两个频率（A、B）（或 A 频率群与 B 频率群）依次配置，称为二频制。同理，当 A、B、C 三个频率时，称为三频制。有的国家（如德国）把 A 区域频率定为 f_1，B 区域频率定为 f_2，C

区域频率定为 f_3，f_1、f_2、f_3 都为固定台频率，移动台频率采用 f_4，共同组成一组，称为四频制，如图 3.1.4 所示。

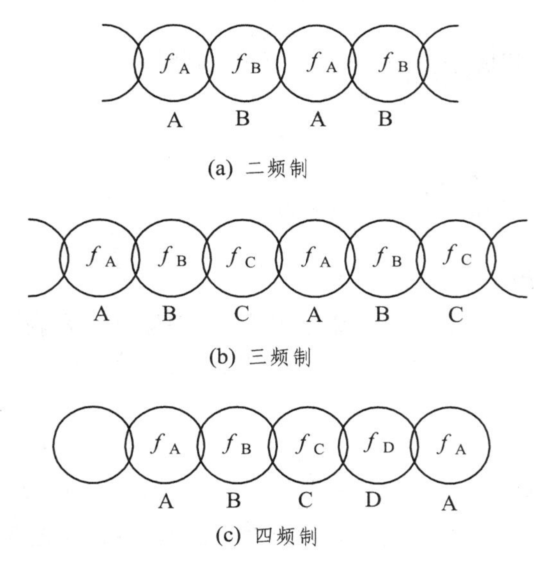

图 3.1.4　带状服务区频率配置方式

配置频率时，首先考虑通信质量，那么采用四频制组网最为合适；其次考虑系统容量，那么采用二频制组网最为合适，其频率的利用率最高；在实际组网的过程中，要兼顾通信质量和系统容量，因此建议采用三频制组网方式。

3. 组网中同频干扰的影响

在移动通信中，由于移动台经常处于运动状态，所以在基站与移动台之间的电波传播状况也随时随地发生变化，以致小区域与小区域之间很难找到一个明显的分界线。但为了在区域的边缘地区也能保证通信不中断，往往在设计时要考虑一定的场强交叠区。这个交叠区的大小与地形、地物有密切关系。一般希望相邻两个区域的场强交叠有一适当的深度，使得移动台接收一个区域的基站的信号很差，而接收另一区域的基站的信号却很好（移动台对两个基地台的通话都不良的概率等于分别对每一个基地台不良的概率之积，一般很小），这样就可以调整交叠深度，减少可能出现的弱电场地带。但是在二频制的情况下，交叠过深就会导致更加严重的越区干扰，如图 3.1.5 所示，越区干扰最严重出现在区域的端点上。

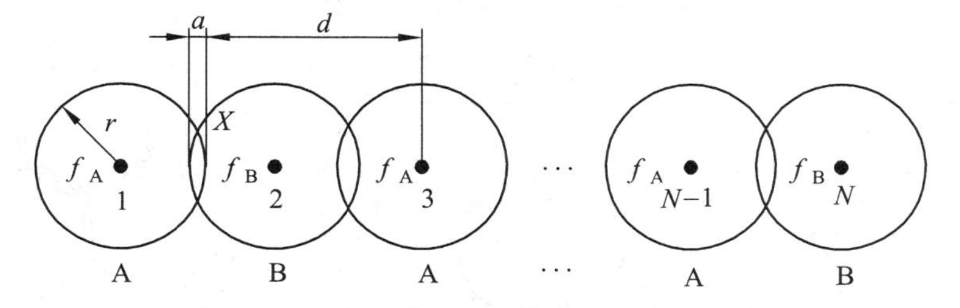

图 3.1.5　有用信号和干扰信号的传播距离

这时干扰信号 D 和有用信号 S 之比与其传播距离有如下关系：

$$D/S = r/[(2n-1)r - na] \qquad (n\text{ 频制时}) \tag{3.1.1}$$

式中，r 为基站到边界的距离（即基站的场强作用之半径）；a 为交叠距离。

式（3.1.1）是按平面大地计算电波传播距离来处理的，若用 dB 表示则为

$$D/S = 40\lg\frac{r}{(2n-1)r-na} \quad (n\text{ 频制时}) \tag{3.1.2}$$

若无重叠区时，即 $a=0$ 时，则为

$$D/S = -40\lg\frac{1}{2n-1} \quad (n\text{ 频制时}) \tag{3.1.3}$$

4. 带状服务区的应用

带状服务区主要应用于覆盖沿海区域或内河道的船舶通信、高速公路的通信和铁路沿线上的列车无线调度通信，其业务范围是一个狭长的带状区域。

（二）面状服务区

1. 面状服务区的结构

所谓面状服务区是指无线电磁场覆盖呈宽广平面的区域，如图 3.1.6 所示。

在面状服务区中，每个无线小区使用的无线频率，不能同时在相邻区域内使用，否则将产生同频干扰。有时，由于地形起伏大，即使隔一个小区还不能使用相同的频率，而需要相隔两个小区才能重复使用。如果从减小干扰的角度考虑，重复使用的频率最好是三个或三个以上的小区为好。但从无线频率的有效利用和成本来说是不利的。

图 3.1.6 面状服务区结构图

2. 构成小区的几何图形

由于电波的传播与地形地物有关，所以小区的划分应根据环境和地形条件而定。为了研究方便，假定整个服务区的地形地物相同，并且基站采用全向天线，它的覆盖区域形状大体上是一个圆，即无线小区是圆形的。当研究多个小区彼此邻接来覆盖整个区域的情况时，用圆内接正多边形近似地代替圆。由圆内接多边形彼此邻接构成平面时，只能是正三角形、正方形或正六边形，如图 3.1.7 所示。这三种正多边形交叠区域的特性归纳见表 3.1.1。

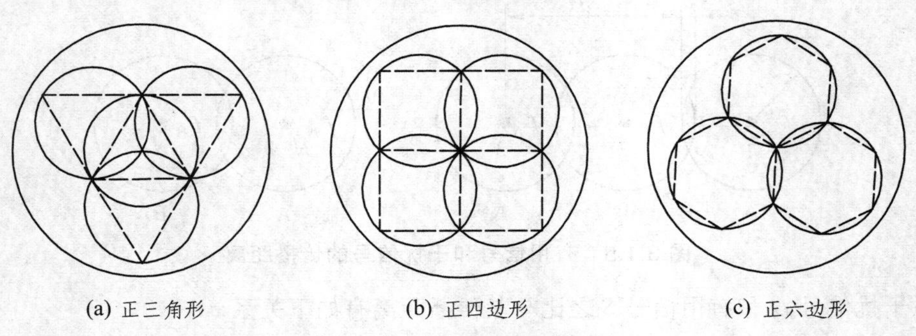

(a) 正三角形　(b) 正四边形　(c) 正六边形

图 3.1.7 构成小区的几何图形

表 3.1.1　正多边形交叠区域的特性比较

小区特征 \ 小区形状	正三角形	正方形	正六边形
小区覆盖半径	r	r	r
相邻小区的中心距离	r	$1.41r$	$1.73r$
单位小区面积	$1.3r^2$	$2r^2$	$2.6r^2$
交叠区域距离	r	$0.59r$	$0.27r$
交叠区域面积	$1.2\pi r^2$	$0.73\pi r^2$	$0.35\pi r^2$
最少频率个数	6	4	3

由图 3.1.7 和表 3.1.1 比较可知，正六边形的中心间隔最大，覆盖面积最大，交叠区面积小，交叠区域距离、所需的频率个数最少。因此，对于同样大小的服务区域，采用正六边形构成小区制所需的小区数最少；由于交叠距离最小，将使位置登记等有关技术问题较易解决。由此可知，面状区域组成方式最好是正六边形，而正三角形和正方形因为交叠面积较大，一般不采用。

3. 蜂窝小区的种类

（1）宏蜂窝小区：属于较大的无线小区。

① 覆盖要求：

· 基站覆盖半径大多为 1～25 km；

· 基站的发射功率较大，一般在 10 W 以上；

· 基站天线较高。

② 覆盖特征：

· 网络存在“盲点”。由于网络漏覆盖或障碍物阻挡，造成通信质量很差。

· 网络出现“热点”。由于某些场所业务量过大，造成业务负荷的不均匀分布。

③ 应用场合：

· 宏蜂窝覆盖半径大，一般应用于网络建设初期。

· 一般话务量较少而地域广的地区也可以采用宏蜂窝，如边远山区、人口较少的农村地区等。

（2）微蜂窝小区：属于较小的无线小区。

① 覆盖要求：

· 基站覆盖半径大多为 30～300 m；

· 基站的发射功率较小，一般在 1 W 以下；

· 基站天线相对较低，位于地面 5～10 m。

② 覆盖特征：消除了网络中的“盲点”和“热点”。

③ 应用场合：微蜂窝一般用于宏蜂窝覆盖不到或有较大话务量的地点，如地下会议室、娱乐室、地铁、隧道等。

（3）微微蜂窝：属于更小的无线小区。

① 覆盖要求：

· 基站覆盖半径一般只有 10～30 m；

· 基站发射功率更小，大约为几十毫瓦；

· 天线一般装于建筑物内业务集中地点。

② 覆盖特征：消除了网络中的“盲点”和“热点”。

③ 应用场合：它主要用来解决人群密集的室内“热点”的通信问题，如商业中心、会议中心等。

(4) 智能蜂窝：属于新的蜂窝形式，基站采用具有高分辨阵列信号处理能力的自适应天线系统。

① 覆盖要求：

· 上行链路采用自适应天线阵接收技术；

· 下行链路将信号的有效区域控制在移动台附近半径为 100～200 个波长的范围内；

② 覆盖特征：

· 上行链路降低多址干扰，增加系统容量；

· 下行链路减小同道干扰，提高通信质量。

③ 应用场合：智能蜂窝可以是宏蜂窝，也可以是微蜂窝或微微蜂窝，适用于各种场合。

4. 单位无线区群的构成方法

单位无线区群反映了蜂窝移动通信网的组网特征：先由若干个正六边形小区构成单位无线区群，再由单位无线区群组成服务区。其中构成单位无线区群是关键。

(1) 单位无线区群的构成条件：

① 若干单位无线区群能彼此邻接；

② 相邻单位无线区群区中的同频小区中心间隔距离相等。

满足以上两个条件可得关系式如下：

$$N = i^2 + ij + j^2 \tag{3.1.4}$$

式中，N 为构成单位无线区群的正六边形的数目；i、j 均为正数，包括零在内，但 i、j 不能同时为零。

(2) 单位无线区群的构成图形。

由式 (3.1.4) 可确定 N=1，3，4，7，9，12，13，…对应的常见的单位无线区群构成图形如图 3.1.8 所示。

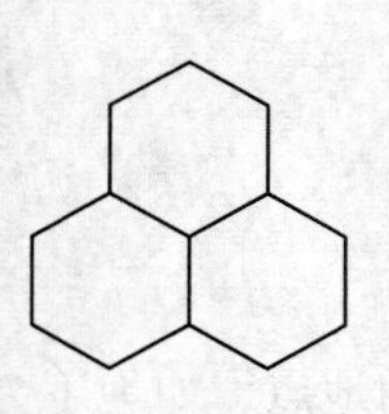

N=3, j=1, i=1

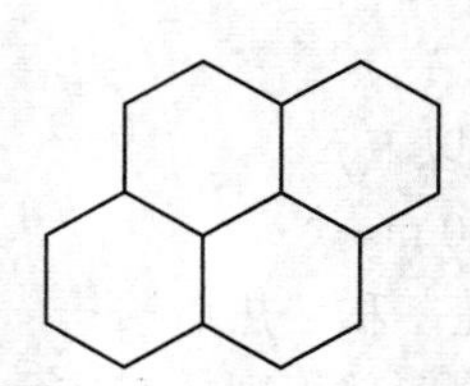

N=4, j=2, i=0

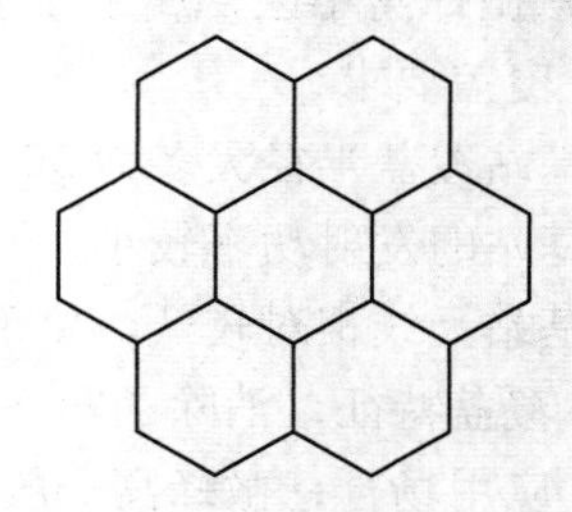

N=7, j=2 , i=1

图 3.1.8 常见的单位无线区群图形

单位无线区群内各小区都分配有一个波道组，且互不相同，再由单位无线区群彼此邻接构成更大的服务区，如图 3.1.9 所示。

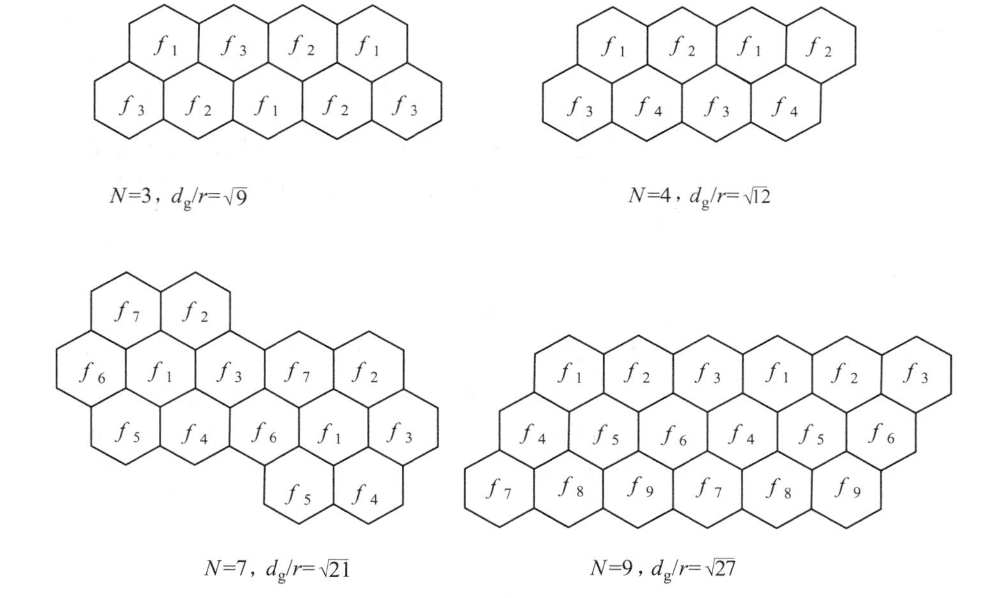

图 3.1.9　单位无线区群频率重复利用示意图

从图 3.1.9 可见，蜂窝移动通信网的最大特点为频率重复利用，但相同频率的小区基站中心间距（d_g）应小于同频复用距离。d_g 取决于单位无线区群中无线小区数（N）和无线小区半径（r）；d_g、r 与 N 三者的关系满足关系式（3.1.5）。

$$d_g/r=\sqrt{3N}\quad \text{或} \quad d_g=\sqrt{3N}\,r \tag{3.1.5}$$

由式（3.1.5）可见，N 取值越大，d_g 就越大，则同频干扰越小，通信质量越好；N 取值越小，d_g 就越小，则同频干扰越大，但频率的利用率提高。

5. 基站激励方式

在各种蜂窝中，由于基站所设位置的不同而有两种不同的激励方式。

（1）中心激励方式。

在设计时，若基站位于小区的中心，则采用全向天线实现小区的覆盖，称之为“中心激励”方式，如图 3.1.10（a）所示。

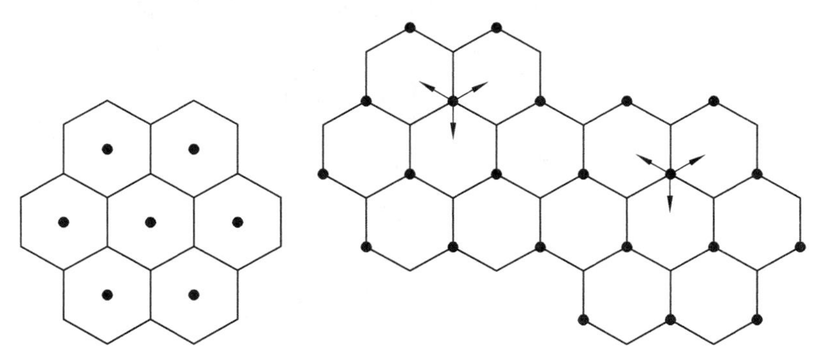

(a)　中心激励方式　　(b)　顶点激励方式

图 3.1.10　基站激励方式

（2）顶点激励方式。

若在每个蜂窝相同的三个角顶上设置基站，并采用三个互成 120°扇形覆盖的定向天线，同样能实现小区覆盖，称之为“顶点激励”方式，如图 3.1.10（b）所示。

由于“顶点激励”方式采用定向天线，对来自 120°主瓣之外的同频道干扰信号来说，天线的方向性能提供一定的隔离度，降低了干扰，因而允许以较小的同频道复用比（D/r）工作，构成单位无线区群的无线小区数 N 可以降低。

6. 小区分裂

小区分裂是提升系统容量的措施之一。以上的分析是假定整个服务区的容量密度（用户密度）是均匀的，所以无线小区的大小相同，每个无线小区分配的信道数也相同。但是，就一个实际的通信网来说，各地区的容量密度通常是不同的。例如，市区密度高，郊区密度低。为了适应这种情况，对于容量密度高的地区，应将无线小区适当地划小一些，或分配给每个无线小区的信道数应多一些。当容量密度不同时，无线区域划分的一个范例如图 3.1.11 所示，图中的数字表示信道数。

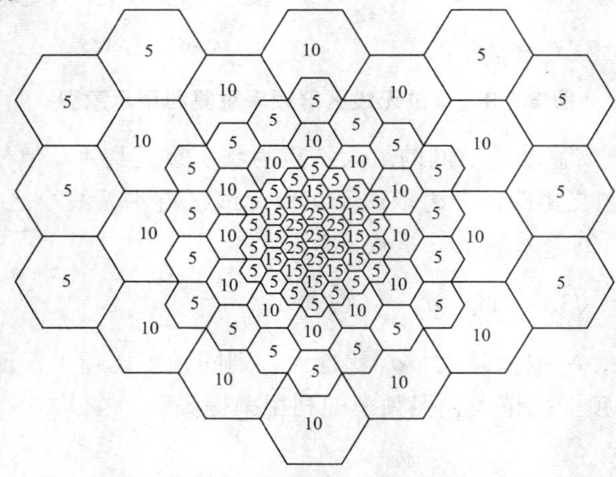

图 3.1.11　容量密度不同时无线区域划分的范例

考虑到用户数量随时间的增长而不断增长，当原有无线小区的容量密度高到出现话务阻塞时，可以将原无线小区再细分为更小的无线小区，以增大系统的容量。其划分方法是：将原来有的无线小区一分为三或一分为四，图 3.1.12 所示是一分为四的情形。

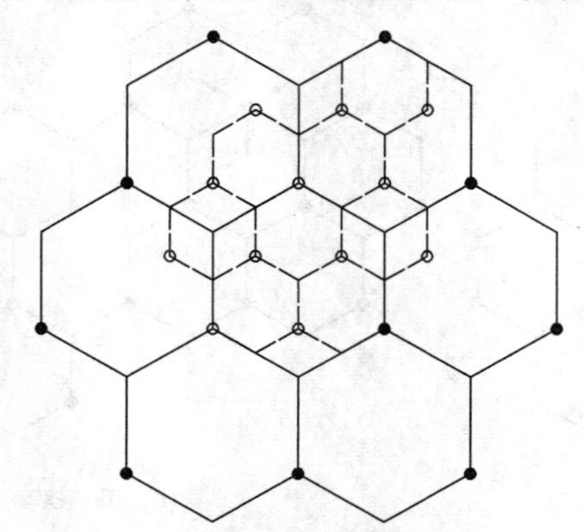

图 3.1.12　无线小区分解图示

三、区域定义

在小区制移动通信网中，基站很多，移动台又没有固定的位置，移动用户只要在服务区域内，无论移动到何处，移动通信网必须具有交换控制功能，以实现位置更新、越区切换和自动漫游等功能。

在 GSM 通信系统中，区域定义如图 3.1.13 所示。

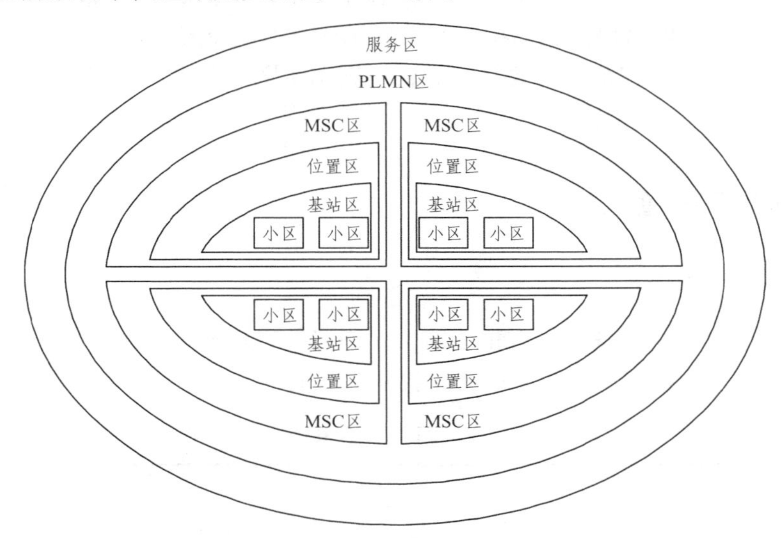

图 3.1.13　GSM 区域定义

1. 服务区

服务区是指移动台可获得服务的区域，即不同通信网（如 PLMN、PSTN 或 ISDN）用户无需知道移动台的实际位置而可与之通信的区域。

一个服务区可由一个或若干公用陆地移动通信网（PLMN）组成，地理上它可以是一个国家的一部分，也可以是若干个国家。

2. PLMN 区

PLMN 区是由一个公用陆地移动通信网（PLMN）提供通信业务的地理区域。PLMN 可以认为是网络（如 ISDN 或 PSTN）的扩展，一个 PLMN 区可由一个或若干个移动业务交换中心（MSC）组成。在该区内具有共同的编号制度和共同的路由计划。MSC 构成固定网与 PLMN 之间的功能接口，用于呼叫接续等。

3. MSC 区

MSC 区是由一个移动业务交换中心所控制的所有小区共同覆盖的区域，是构成的 PLMN 网的一部分。一个 MSC 区可以由一个或若干个位置区组成。

4. 位置区

位置区是指移动台可任意移动且不需要进行位置更新的区域。位置区由一个或若干个小区（或基站区）组成。为了呼叫移动台，可在一个位置区内所有基站同时发送寻呼信号。

5. 基站区

位于同一基站的一个或数个基站收发信台（BTS）包括的所有小区所覆盖的区域，即为基站区。

6. 小　区

采用基站识别码或全球小区识别码进行识别的无线覆盖区域，即为小区。采用全向天线时，小区即为基站区。采用定向天线时，通常小区即为扇区，一个基站区可以含有多个小区。

总之，无线区域的划分和组成，应综合考虑地形地物、容量密度、通信容量、有效利用频谱等因素。尤其是当整个服务区的地形地物复杂时，更应根据实际情况划分无线区，先利用五十万分之一（或百万分之一）的地形图作整体安排，初步确定基站位置及无线区大小，找出几种可能的方案；然后根据现场调查和勘测，从技术、经济、使用、维护等几方面考虑，确定一个最佳的区域划分和组网方案；最后，根据无线区的范围和通信质量要求进行电磁波传播链路的相关计算。

四、小区频率配置

（一）工作频段的分配

不同的移动通信系统设备，均有相应的工作频段，移动通信运营商是在本国无线电委员会统一分配的频段下经营移动通信业务的。我国移动通信系统频段分配情况如表 3.1.2 所示。

表 3.1.2　我国移动通信系统频段分配

网络及设备		工作频段/MHz	
		MS 发→BS 收	BS 发→MS 收
GSM900	设　备	890～915	935～960
	中移动	890～909	935～954
	中联通	909～915	954～960
CDMA800	设　备	824～849	869～894
	中国电信	825～835	870～880
DSC1800	中移动	1710～1720	1805～1815
	中联通	1740～1750	1825～1835

（二）频率配置的方法

频率配置主要解决如何将给定的工作频段划分为相应的频率并分配到一个区群各小区的问题。常见的配置方式有三种方法：差值阵列法、分区分组分配法和等频距分配法。对于大容量的公众移动通信系统，主要是采用等频距分配法。下面对等频距分配法进行举例分析。

等频距分配法的公式如下：

$$\left.\begin{aligned} f_{上}(n) &= f_1 + (n-1)\Delta f \\ f_{下}(n) &= f_{上(n)} + \Delta M \end{aligned}\right\} \tag{3.1.6}$$

式中，Δf 为频率间隔；ΔM 为收发信频率间隔；n 为频率序号，频率序号所对应的具体频率为 $f_{上}(n)$、$f_{下}(n)$。

以 GSM900 系统为例，频道序号 1～124 与频道标称中心频率的关系为

$$f_{上}(n)=890.2+(n-1)\times 0.2 \quad (\text{MHz})$$
$$f_{下}(n)=f_{上}(n)+45 \quad (\text{MHz})$$

根据公式（3.1.6）可得频率分组与频率序号的关系（见表 3.1.3）。

表 3.1.3　频率分组与频率序号的关系

组号	1	2	3	4	5	6	7	8	9	10	11	12
频率序号	1	2	3	4	5	6	7	8	9	10	11	12
	13	14	15	16	17	18	19	20	21	22	23	24
	25	26	27	28	29	30	31	32	33	34	35	36
	37	38	39	40	41	42	43	44	45	46	47	48
	49	50	51	52	53	54	55	56	57	58	59	60
	61	62	63	64	65	66	67	68	69	70	71	72
	73	74	75	76	77	78	79	80	81	82	83	84
	85	86	87	88	89	90	91	92	93	94	95	96
	97	98	99	100	101	102	103	104	105	106	107	108
	109	110	111	112	113	114	115	116	117	118	119	120
	121	122	123	124								

（三）频率配置的应用

对于图 3.1.14（a）所示无线区采用全向天线辐射，小区的频率配置可从表 3.1.2 的 12 组频率中任选 7 组频率，主要应用于用户密度比较小的模拟移动通信系统。

对于图 3.1.14（b）所示无线区采用 3 个 120°的定向天线辐射，小区的频率配置可使用表 3.1.2 的 12 组频率，主要应用于数字移动通信系统，GSM 系统普遍采用。

对于图 3.1.14（c）所示无线区采用 3 个 120°的定向天线辐射，小区的频率配置可从表 3.1.2 的 12 组频率中任选 9 组频率，主要应用于数字移动通信系统，用户密度比较大或扩容的场合。

对于图 3.1.14（d）所示无线区采用 6 个 60°定向天线辐射，小区的频率配置可使用表 3.1.2 的 12 组频率，主要应用于数字移动通信系统，要求基站功能比较完善。

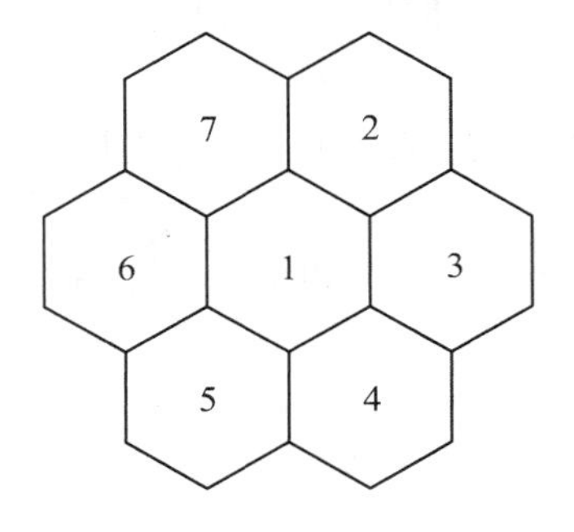

(a) 7×1的复用模式

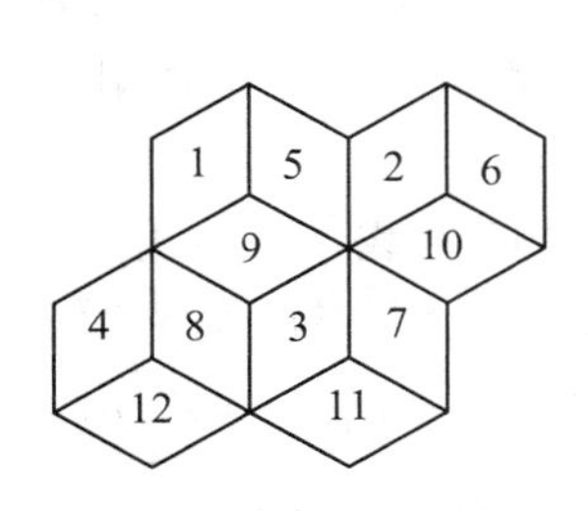

(b) 4×3的复用模式

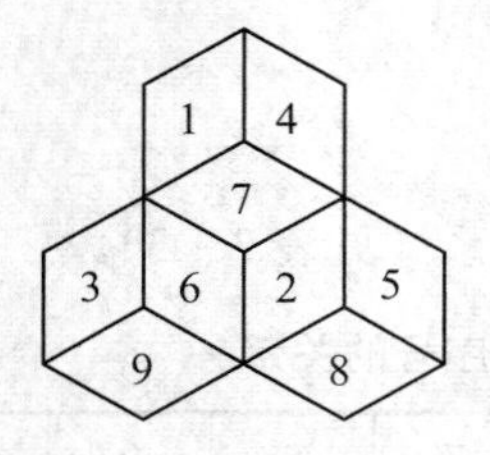

(c) 3×3的复用模式

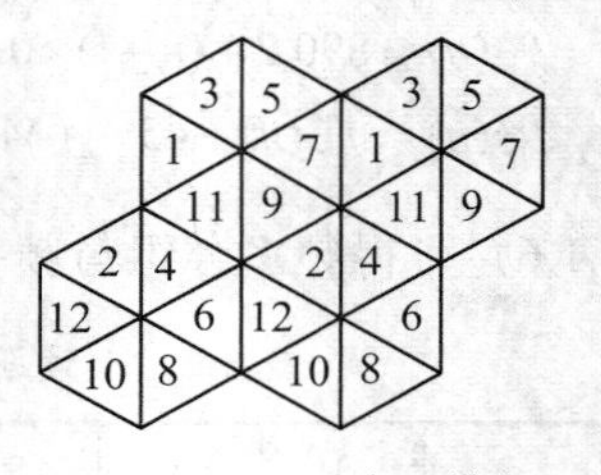

(d) 2×6的复用模式

图 3.1.14 常见基本复用模式图

（四）干扰保护比

同频干扰保护比：C/I（载频/干扰）⩾9 dB。

邻频干扰保护比：C/I（载频/干扰）⩾－9 dB。

载频偏离 400 kHz 时的干扰保护比：C/I（载频/干扰）⩾－41 dB。

工程设计时需对以上各 C/I 值另加 3 dB。

任务 2 信道资源的利用

随着各种移动通信网的建立，特别是公众移动通信业务的发展，信道数目有限和移动用户数量急剧增加的矛盾愈来愈大。解决移动通信的信道拥塞问题，一是开发新的频段，二是采用各种有效利用频率的措施。移动通信发展的过程，就是克服信道拥塞，有效利用频率的过程。而且，这仍是今后移动通信发展中的关键问题之一。

一、话务理论的基本概念

1. 呼叫话务量（A）

话务量是用来描述信道业务繁忙程度的量。定义为每小时呼叫次数与每次呼叫的平均占用信道时间的乘积，即

$$A=C\times T \tag{3.2.1}$$

式中 C——每小时的平均呼叫次数；

T——每次呼叫占用信道的时间（h），包括接续时间和通话时间；

A——呼叫话务量（爱尔兰，Erl）。

如果在一个小时之内不断地占用一个信道，则其呼叫话务量为 1 Erl。它是一个信道具有的最大话务量。

例如，设有 100 对线（中继线群）上平均每小时有 2 100 次占用，平均每次占用时间为 2 min，则此中继线群上完成的话务量为

$$A=2\,100\times 1/30=70\quad (\text{Erl})$$

2. 无线信道呼损率（B）

在一个电话网络中，由于用户数大于信道数，不能保证每个用户的呼叫都是成功的。对

于一个用户而言，呼叫中总是存在着一定比例的失败呼叫，简称为呼损。

呼损率是指呼叫损失的概率，又称服务等级。定义为呼损的话务量与呼叫话务量之比，即

$$B=\Delta A/A\times 100\% \tag{3.2.2}$$

式中　ΔA ——呼损的话务量，即总的话务量减去呼叫完成的话务量；

B ——无线信道呼损率。

在公众移动通信系统工程设计时，B 一般要求小于 5%。

3. 忙时集中率（K）

忙时集中率是衡量通信系统繁忙程度的重要标志之一。

根据话务统计，每天 24 h 当中，在某些时间段，话务比较繁忙。例如，通常上班时间 8：00～9：00 或下班时间 18：00～20：00 这些时间段话务比较繁忙，而在深夜系统通常处于非繁忙状态。所以进行系统分析的时候，在忙时的通信问题能够解决的话，则整个系统能正常运行。

忙时集中率定义为忙时话务量与全日话务量之比，即

$$K=\text{忙时话务量}/\text{全日话务量}$$

4. 忙时平均话务量（A_a）

忙时平均话务量是指一天当中最忙的时段所对应的平均话务量，即

$$A_a=C\times T\times K/3\ 600 \tag{3.2.3}$$

式中　C ——每天平均呼叫次数；

T ——每次呼叫平均占线时间（s）；

A_a ——用户忙时平均话务量（Erl/户）。

例如，某用户每天平均呼叫 3 次，即 $C=3$；每次呼叫平均占用 2 min，即 $T=120$ s；忙时集中率 $K=10\%$，则

$$A_a=\frac{3\times 120\times 10\%}{3\ 600}=0.01 \quad (\text{Erl/户})$$

在公众移动通信系统工程设计时，A_a 一般取 0.03 Erl/户。

5. 信道利用率

信道利用率是移动通信系统的一个重要参数，它是系统信道利用程度的度量。当信道数一定时，话务量越大，说明信道利用的程度越高。因此信道利用率定义为每个信道话务量的多少，即

$$\eta=A'/N=(1-B)A/N \tag{3.2.4}$$

式中　η ——系统的信道利用率；

A' ——系统完成话务量；

N ——系统总的信道数；

B ——无线信道呼损率。

根据上述公式可知，呼损率越小，信道利用率越高。在呼损率相同的条件下，随着信道数的增加，信道利用率有明显降低。

6. 通信概率

通信概率也称为可通率，它指呼叫成功的概率。对于公众移动电话业务，在城市无线覆盖区的边缘通信概率为 90%；在市郊或农村地区，无线覆盖区的边缘通信概率为 50%～90%。目前实际移动通信网络在市区、市郊或农村地区的通信概率均高于这些指标。

二、信道容纳用户的估算

1. 爱尔兰呼损概率表

爱尔兰呼损概率表描述的是呼损率、话务量和信道数三者之间的关系。

在电话系统中，不断有用户发出呼叫，也随时有用户结束通话。所以单位时间内的呼叫次数和通话时长都是随机变量。在前面话务量计算时，使用了它的均值，这只是随机变量的一个统计特性，要想更深入地研究这些随机变量，必须用它们的分布函数或概率密度来描述。在话务理论中，爱尔兰分布最符合多信道公用电话系统的实际情况，由此总结计算出爱尔兰呼损概率表（见表 3.2.1）。

表 3.2.1 爱尔兰呼损概率表

N \ *A* \ *B*	0.5%	1%	2%	5%	7%	10%
1	0.005	0.010	0.020	0.053	0.075	0.111
2	0.105	0.153	0.223	0.381	0.470	0.595
3	0.349	0.455	0.602	0.899	1.057	1.271
4	0.701	0.869	1.092	1.525	1.748	2.045
5	1.132	1.361	1.657	2.218	2.504	2.881
6	1.622	1.909	2.276	2.960	3.305	3.758
7	2.157	2.501	2.935	3.738	4.139	4.666
8	2.730	3.128	3.627	4.543	4.999	5.597
9	3.333	3.783	4.345	5.370	5.879	6.546
10	3.961	4.461	5.084	6.216	6.776	7.511
11	4.610	5.160	5.842	7.076	7.687	8.487
12	5.279	5.876	6.615	7.950	8.610	9.474
13	5.964	6.607	7.402	8.835	9.543	10.470
14	6.663	7.352	8.200	9.730	10.485	11.473
15	7.376	8.108	9.010	10.633	11.434	12.484
16	8.100	8.875	9.828	11.544	12.390	13.500
17	8.834	9.652	10.656	12.461	13.353	14.522
18	9.578	10.437	11.491	13.385	14.321	15.548
19	10.331	11.230	12.333	14.315	15.294	16.579
20	11.092	12.031	13.182	15.249	16.271	17.613

续表 3.2.1

N \ B (A)	0.5%	1%	2%	5%	7%	10%
21	11.860	12.838	14.036	16.189	17.253	18.651
22	12.635	13.651	14.896	17.132	18.238	19.692
23	13.416	14.470	15.761	18.080	19.227	20.737
24	14.204	15.295	16.631	19.031	20.219	21.784
25	14.997	16.125	17.505	19.985	21.215	22.833
26	15.795	16.959	18.383	20.943	22.212	23.885
27	16.598	17.797	19.265	21.904	23.213	24.939
28	17.406	18.640	20.150	22.867	24.216	25.995
29	18.213	19.487	21.039	23.833	25.221	27.053
30	19.034	20.337	21.932	24.802	26.228	28.113

2. 系统用户数的计算

描述系统容量大小可以采用话务量和系统用户数，对于移动通信系统一般采用系统用户数进行描述比较直观。

计算系统的容量是以业务信道数给定为前提的，计算的步骤如下：

① 利用爱尔兰表，通过系统要求的呼损率 B 及系统所具有的无线业务信道数 N，查出整个系统的话务量 A；

② 根据条件计算忙时平均话务量 A_a；

③ 计算给定的业务信道所容纳的总用户数 M，其中，$M=A/A_a$；

④ 确定每个业务信道所容纳的用户数 $m=M/N$。

【例】 某移动通信系统，每天每个用户呼叫 10 次，每次平均占用信道时间为 80 s，呼损率要求为 10%，忙时集中率为 $K=0.125$，问给定 8 个信道能容纳多少用户？平均每个信道的用户数是多少？系统的信道利用率又为多少？

【解】 根据信道数 N 与呼损率 B，查表 3.2.1 得：$A=5.597$ Erl。

用户忙时的话务量：

$$A_a=C\times T\times K\div 3\,600=10\times 80\times 0.125\div 3\,600=0.027 \quad (\text{Erl/户})$$

系统所容纳的总用户数为

$$M=5.597\div 0.027=207.3 \quad (\text{户})$$

平均每个信道容纳的用户数为

$$m=M/N=207.3\div 8=25.9 \quad (\text{户/信道})$$

系统的信道利用率为

$$\eta = A'/N=(1-B)A/N=(1-10\%)\times 5.597/8=62.9\%$$

即在给定的 8 个信道中，系统能容纳的总用户数为 207.3 个移动用户，平均每个信道的用户数是 25.9 个移动用户，系统的信道利用率为 62.9%。

【例】 某移动通信网络工程设计时，若基站规划为 3 个扇区，无线网服务等级 GOS=2%，据统计，基站覆盖区内有移动用户 1 500 个，假设每个用户忙时的话务量为 0.03 Erl/户，3 个扇区的话务负荷分别为：1 扇区占 12%，2 扇区占 32%，3 扇区占 56%，试配置该基站各扇区载波的数量。

【解】 确定基站总的话务负荷：

$$0.02 \times 1200 = 30\ (\text{Erl})$$

确定每个扇区的话务负荷：

1 扇区　$30 \times 12\% = 3.6\ (\text{Erl})$

2 扇区　$30 \times 32\% = 9.6\ (\text{Erl})$

3 扇区　$30 \times 56\% = 16.8\ (\text{Erl})$

查爱尔兰表（注意在查表过程中找表中与上一步骤计算结果较接近的数字）可知 1 扇区需要配置 8 条业务信道，2 扇区需要配置 16 条业务信道，3 扇区需要配置 24 条业务信道。

根据移动通信技术体制标准，对控制信道的配置为：1 个载波配置 1 条控制信道，2～3 个载波配置 2 条控制信道，4 个载波配 3 条控制信道，5～8 个载波配置 4 条控制信道。可以计算出每个扇区应配置的信道数：

1 扇区　$8+4 \times 1 = 12$

2 扇区　$16+4 \times 2 = 24$

3 扇区　$24+4 \times 3 = 36$

因此，该基站的 3 个扇区应配置的载波数为 12/24/36/,即 1/2/3。

三、空闲信道的选取应用

在现代移动通信系统中，移动台在实现信道占用时，都是采用自动方式来实现的。自动方式是由控制中心自动发出信道指定命令，移动台自动调谐到被指定的空闲信道上通话。因此，每个移动台必须具有自动选择空闲信道的能力。信道的自动选择方式有两类：一类是标明空闲信道方式，另一类是专用信道呼叫方式。

（一）标明空闲信道方式

标明空闲信道方式即由一空闲信号标志空闲信道，根据基站发射空闲信号标志的方式可分为循环定位方式、循环不定位方式和循环分散定位方式等。

1. 循环定位方式

该方式下，呼叫与通话在同一信道上进行。基站每次在一个空闲信道上发出空闲信号后，所有未通话的移动台都会自动对所有信道扫描搜索，一旦在哪个信道上收到空闲信号，就停在该信道上，处于守听状态。当该信道被占用，则所有未通话的移动台又自动地切换到新的有空闲信号的信道上去。如果基站全部信道都被占用，发不出空闲信号，所有未通话的移动台就不停地扫描各个信道，直到收到基站发来的空闲信号为止。

若移动台平时都停在一个空闲信道上且同时起呼的概率较大，容易发生“同抢”信道的现象，因此，这种方式适用于用户数少的系统。

2. 循环不定位方式

这种方式下，基站在所有空闲信道都发出空闲信号，不通话的移动台进行信道的自动扫描搜索，移动台停靠空闲信道具有随机性，从而解决了循环定位方式中“同抢”信道的现象。但这种方式下又会出现接续时间过长的现象，尤其是当移动台处于被呼状态时。这时基站需要发射一个调配指令，要求所有空闲的移动台重新扫描停靠到指定的信道上，然后基站才发送选呼信号。因此，这种方式不大适合于大容量系统。

3. 循环分散定位方式

该方式解决了循环不定位方式中的“接续时间过长”的现象。这种方式是基站在所有空闲信道上都发出空闲信号，移动台同样进行自动扫描并停在搜寻到的空闲信道上，移动台停靠具有分散性。当移动台摘机呼叫时，已停留在相应的空闲信道上不需要搜索，可立即发出呼叫；移动台被呼时，基站需要在所有空闲信道上发送呼叫信号。该方式既可解决“同抢”现象，又可解决“接续时间过长”的现象，是一种较好的指配方式，但稍微复杂些。

（二）专用信道呼叫方式

专用信道呼叫方式是在系统中设置专用呼叫信道，专门用于处理呼叫及指定话音信道。移动台平时都停在呼叫信道上守听。呼叫信号通过专用呼叫信道发出。控制中心通过专用呼叫信道分别给主叫和被呼移动台指定当前的某一空闲信道，移动台根据指令转入指定的空闲信道上通话。采用这种方式的优点是处理呼叫的速度快。但是，当共用信道数较少时，呼叫信道不能充分利用。因此，它适用于大容量移动电话系统。

四、信道的分配方式

在蜂窝移动通信系统中，整个系统的服务区被分成许多个小区。每个小区有若干个基站，每个基站有许多不同的信道。因此一个移动通信系统中常常需要许多组信道。在相邻的系统中，还要使用不同的信道组。这些信道组如何规划？这是信道分配技术所关心的问题。就系统而言，信道分配技术使用的好坏，既与系统的可靠性有关，又与频率资源的利用率有关。从多种方法中选择出最佳信道分配方式是移动通信系统设计的重要问题之一。

目前常用的有三种信道分配方式，即固定信道分配、动态信道分配和混合信道分配方式。

1. 固定信道分配方式

固定信道分配方式是把某个（些）信道固定分配给某个小区。对于固定信道分配方式，小区之间的频率配置是固定的。当位于某小区的移动台发起呼叫时，该小区的基站就为它服务，这时移动交换中心就在分配给小区的信道中搜索空闲信道。如果能搜索到空闲信道，就可以进行呼叫，否则用户就会听到忙音。

固定信道分配方式的优点是信道分配方法相对固定，分配技术成熟，已在许多移动通信系统中使用。缺点是信道的利用率较低，当话务量增加时，容易造成阻塞。

2. 动态信道分配方式

上面介绍的固定信道分配方式，无论采用什么具体方法都是将某一组信道固定配置给某一基站。这种方式只能适应移动台业务分布相对固定的情况。事实上，移动台的地理分布是经常会发生变化的，如早上从住宅区向商业区移动，傍晚又反向移动，发生交通事故或集会时又向某处集中，此时某一小区业务量增大，原来配置的信道可能就不够用了，而相邻小区原来配置的信道可能有空闲。由于是固定信道分配，小区之间的信道无法相互调剂，因此频率的利用率会受到一定的影响，这是固定信道分配方式的缺点。

动态信道分配方式是根据用户话务量随时间和位置的变化情况，对信道进行动态分配。即不将信道固定分配给某一个小区，移动台在小区内可使用系统内的任意一个信道。要做到这一点，移动通信交换中心在分配空闲信道时，要注意满足同信道复用规则，以免发生同频干扰。若找不到这样的空闲信道，则该小区就无法为新发起的呼叫提供服务；反之，如果有多个信道同时可供使用，就需要从中挑选出一个信道。

动态信道分配方式的优点是可以使有限的信道资源得以充分的利用。但是在采用动态分配方式时，需要混合使用任意信道的天线共用设备，而且在每次呼叫时，需要高速处理横跨多个基站的庞大算法。为了解决庞大的算法问题，目前正在进行神经元网络处理方法的研究。

3. 混合信道分配方式

在实际应用中还经常采用固定分配与动态分配混合使用的方案，即混合信道分配方法。该方法是将系统的总信道分成 A、B 两组，先将 A 组作为固定信道分配到各基站，B 组则作为动态信道在 A 组信道忙时被系统中各基站共用。当有移动台发起呼叫时，如果该小区内有空闲的固定信道，则这个信道立即服务于发起的呼叫；如果没有固定信道是空闲的，就按动态分配的方法寻找 B 组中的空闲信道，在这种混合信道的分配方式中，系统的软件编程要做到：占用了固定信道的某用户通话一结束，空闲出的信道还应设置为固定信道，此时系统要检查该小区内有无占用动态分配信道。如果有，则应立即退出该信道，由刚空闲下来的固定信道取代它，从而使固定信道得到最充分的利用，而动态信道则工作于话务量最大的小区。

任务 3　移动业务与信令组网技术

一、业务网组网方案

在确定业务网的组网方案时，应考虑以下原则：网络结构尽量简单、清晰，便于实施；建网初期的网络结构应具有较大的灵活性，便于向终期网络结构过渡；兼顾技术、经济的合理性，在采用先进技术的同时，尽量节省投资；便于维护管理。

根据上述原则，2G 移动通信业务网的组网有如下两种方案。

方案一：采用三级网络结构，即全网设置一级汇接中心（$TMSC_1$）、二级汇接中心（$TMSC_2$）和本地移动业务交换中心（MSC）。该方案具体网络结构如图 3.3.1 所示。

（1）在业务量大的省会或直辖市（如北京、沈阳、南京、上海、西安、成都、广州、武汉等）成对设置一级汇接中心，一级汇接中心之间以网状结构互连，一级汇接中心一般情况下是单独设置的（不带用户的）移动业务汇接中心。

（2）各省会成对设置二级汇接中心与其相应的一级汇接中心相连。

（3）当地有国际局时，一级汇接局直接连到国际局；如果没有，则通过固话网中的一级汇接与国际局相连。

（4）移动业务交换中心至少与两个二级汇接中心相连，若两个移动业务交换中心之间有较大业务量时，可建立话音专线。

方案二：采用两级网络结构，即全网划分汇接中心和本地移动交换中心。每个移动端局至少连接两个汇接局。两级汇接中心，根据业务量的大小，可以是不带用户的单独的汇接中心，也可以既作为移动端局（与基站相连，带移动用户）又作为汇接中心的移动交换局。该方案具体网络结构如图 3.3.2 所示。

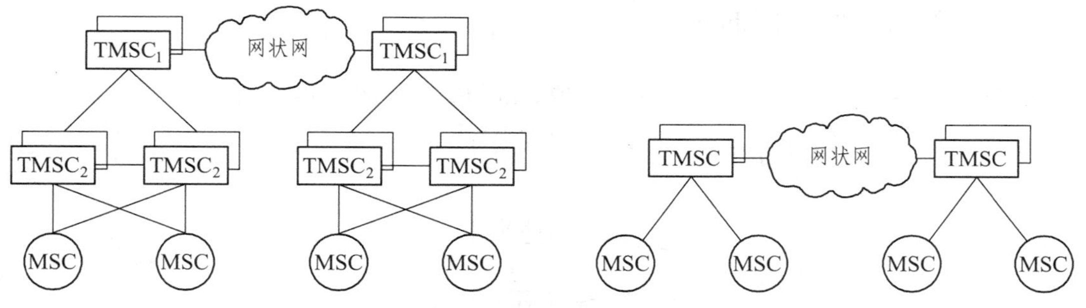

图 3.3.1　三级业务网结构示意图　　　　图 3.3.2　两级业务网结构示意图

（1）全网分为汇接局层面和端局层面，各省会城市设一对汇接局，所有汇接局以网状结构互连。

（2）移动业务交换中心至少与两个以上的二级汇接中心相连，若任何两个移动业务交换中心之间有较大业务量时，可建立话音专线。

对于这两种方案的选择，在建网初期用户容量不大时，采用方案一，电路利用率较高。随着业务量的增加，可以采用逐步增加一级汇接中心（兼二级汇接中心）的方法，由三级网络向二级网络平滑过渡。

二、信令网组网方案

目前移动通信信令网采用 NO.7 信令网，在确定信令网的组网方案时，信令网的等级结构主要取决于信令网所要容纳的信令点的数量以及信令转接设备的容量，同时还要兼顾经济性、管理灵活性等因素。

根据信令网的等级不同，移动信令网的组网可有如下两种方案：

方案一：采用三级信令网结构，即全网设置高级信令转接点（HSTP）、低级信令转接点（LSTP）和信令点（SP）。该方案具体网络结构如图 3.3.3 所示。

（1）各省会城市成对设置 HSTP，HSTP 之间以网状结构互连。

（2）各省内分信令区成对设置 LSTP，LSTP 与其

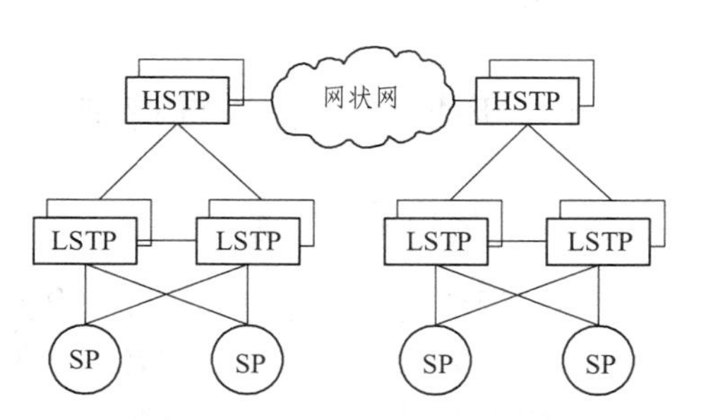

图 3.3.3　三级信令网结构示意图

相应的 HSTP 相连。

(3) 每个信令点（SP）至少与两个低级信令转接点（LSTP）相连，任意两个信令点之间信息量很大时，可建立直达信令链路。

方案二：采用两级信令网结构，即全网设置信令转接点（STP）和信令点（SP）。

目前信令网采用三级结构，但为了向二级结构过渡，降低建网费用，仍然要严格控制 LSTP 的数量，各省应尽量选用大容量 LSTP 设备以减少 LSTP 的数量，对于一对 LSTP 就可满足信令需求的省、自治区、直辖市，当其 HSTP 独立出来以后，在容量允许的情况下，HSTP 应兼容 LSTP，形成 STP、SP 的两级结构。

三、业务网与信令网的关系

在移动通信系统中，业务网的各网元与信令网的关系如图 3.3.4 所示。

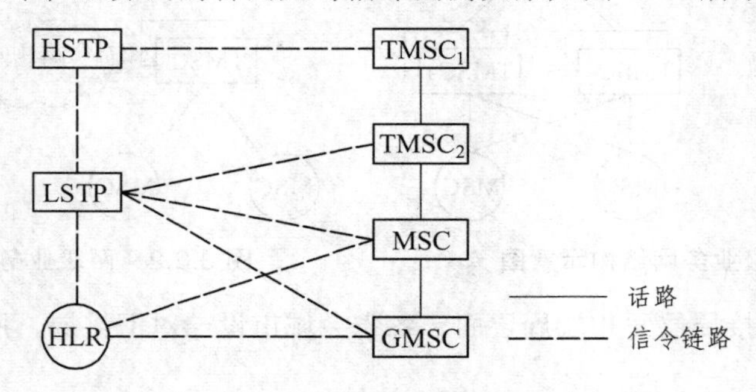

图 3.3.4 业务网与信令网的关系

业务网和信令网相对独立，但也存在着密切的联系。业务网和信令网目前都为三级与二级混合网络。在业务网中需要处理信令消息，各网元都可以看成是信令网中的信令点（SP）。HSTP 汇接 LSTP 及 $TMSC_1$ 的信令业务，LSTP 汇接 $TMSC_2$、MSC、GMSC 和其他 SP（如 HLR 等）的信令业务。

任务 4 环境噪声和干扰

环境噪声和干扰是使通信性能变差的重要原因，为了保证接收质量，必须研究噪声和各种干扰对接收质量的影响，进而分析得出相应的对抗措施。

一、环境噪声及对抗措施

（一）环境噪声

移动通信的环境噪声大致分为自然噪声和人为噪声。自然噪声包括大气噪声、银河噪声、太阳噪声；人为噪声包括汽车及其他发动机点火系统噪声，通信电子干扰、工业、科研、医疗、家用电器设备干扰，电力线干扰。

人为噪声多属于冲击性噪声，大量的噪声混合在一起还可能形成连续的噪声或者连续噪声叠加冲击性噪声。由频谱分析结果可知，这种噪声的频谱比较宽，且强度随频率升高而降低。根据研究统计的数据，环境噪声对移动通信的影响如图 3.4.1 所示。图中，纵坐标用超过 kT_0B_r 的 dB 数表示，k 为玻尔兹曼常数，$k=1.38\times10^{-23}$ J/K，T_0 为绝对温度，$T_0=290$ K，B_r 为接收机带宽，$B_r=16$ kHz。图 3.4.1 所示曲线适合于工业国家，而对我国目前的工业水平和汽车数量而言，噪声的强度要略低一些。从图中可见，人为噪声对移动通信的影响必须予以考虑，而自然的噪声则可以忽略。

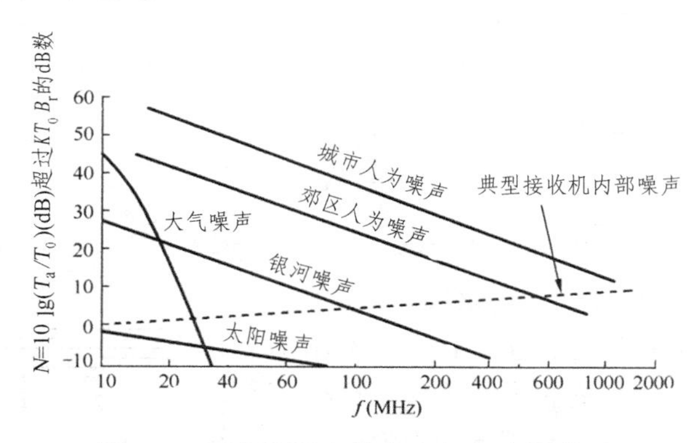

图 3.4.1　人为噪声的功率与频率的关系

（二）对抗措施

对陆地移动通信而言，最主要的人为噪声是汽车点火系统的火花噪声，为了抑制这种噪声的影响，可以采取必要的屏蔽和滤波措施，在接收机里采用噪声限制器和噪声熄灭器是行之有效的方法。

二、干扰简析及对抗措施

移动通信系统处在强干扰背景下工作，归纳起来有互调干扰、邻道干扰、同频干扰、码间干扰、多址干扰等形式。

（一）互调干扰及对抗措施

1. 互调干扰

互调干扰是当有多个不同频率的信号加到非线性器件上时，非线性变换将产生许多组合频率信号，其中的一部分可能落到接收机的通带内且有一定强度，对有用信号所形成的干扰。互调干扰是蜂窝移动通信系统中最主要的干扰形式。

产生互调干扰的条件是：存在非线性变化器件，使输入信号混频产生互调成分；输入信号频率必须满足其组合频率能落到接收机的通带内；输入信号功率足够大，能够产生幅度较大的互调干扰成分。

从互调干扰产生的条件可知，偶数阶的组合频率都远离有用信号的频率，不可能落到接收机的通带内，形成互调干扰。而奇数阶的组合频率就有可能落到接收机的通带内，形成互

调干扰。在奇数阶互调干扰中，最主要的是三阶互调干扰，至于五阶或五阶以上的基数干扰由于能量很小，一般工程设计中，其影响可以忽略。

假设多信道移动通信网络中各无线电波信道频率和信道序号的关系为

$$f_x = f_0 + C_x \cdot \Delta f \tag{3.4.1}$$

式中，f_x 为无线电波信道频率；f_0 为起始频率；Δf 为信道间隔；C_x（1，2，…，n）是信道序号。因此，各无线电波信道频率可以用信道序号表示。若有 n 个信道，则信道序列号为：C_1，C_2，…，C_i，…，C_j，…，C_k，…，C_n。

则产生三阶互调干扰的充分条件为

$$\begin{cases} C_x = C_i + C_j - C_k \\ d_{ix} = d_{ki} \end{cases} \tag{3.4.2}$$

式中，d 为信道序号差值；d_{ix} 则表示信道序号 C_i 和 C_x 的差值。

因此，在具体判断某个预选的信道组之间是否存在三阶互调干扰关系时，只需要确定信道组中任意两信道序号有没有相同的差值即可，如果有相同的差值，则表示该信道组存在三阶互调干扰；如果没有相同的差值，则表示该信道组不存在三阶互调干扰。

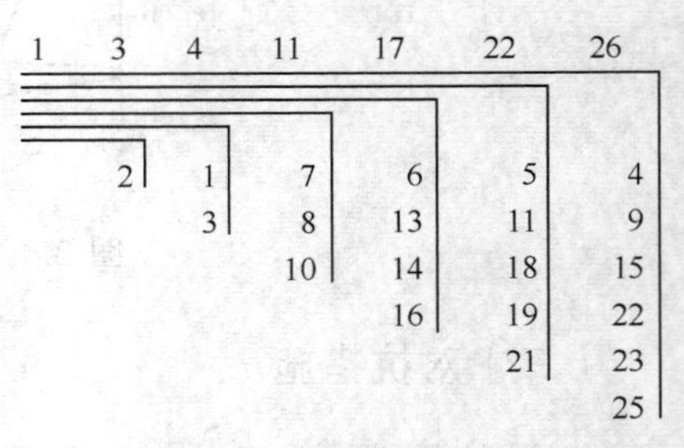

图 3.4.2 差值阵列法

【例】给定 1，3，4，11，17，22，26 信道，问是否存在三阶互调干扰？

【解】根据三阶互调的充分条件，建立如图 3.4.2 所示的差值阵列法，其信道序号差值如图所示，图中无相同差值，则表示 1，3，4，11，17，22，26 信道组成的信道组无三阶互调。

根据产生三阶互调干扰的充分条件，确定的无三阶互调的信道组如表 3.4.1 所示。

表 3.4.1 无三阶互调信道组

需用频道数	最少需占用频道数	无三阶互调信道序号	频道利用率
3	4	1 2 4	75%
4	7	1 2 5 7 1 3 6 7	57%
5	12	1 2 5 10 12 1 3 8 11 12	42%
6	18	1 2 9 13 15 18 1 2 5 11 16 18 1 2 5 11 13 18	33%
7	26	1 2 3 12 21 24 26 1 3 4 11 17 22 26 1 2 5 11 19 24 26 1 3 8 14 22 23 26 1 4 5 13 19 24 26 1 2 12 17 20 24 26 1 5 10 16 23 24 26	27%

由表 3.4.1 可见，当选择无三阶互调信道组工作时，在占用的频段内，只能使用一部分频道，因而频道利用率不高。而且，需用的频道数越多，频道利用率越低。

需要指出的是，选用无三阶互调信道组时，三阶互调产物仍然存在，只是不落到本系统的工作频道内而已，对本系统以外的系统仍然能够构成干扰。

2. 对抗措施

由于发射机高频滤波器及天线馈线等元器件的接触不良或拉线天线及天线螺栓等金属构件由于锈蚀而造成的接触不良，在发射机强射频场的作用下会产生互调干扰，因此需要采取适当的措施加强维护，使部件接触良好，避免互调干扰的产生。

此外，在系统规划设计时，只要合理地分配频道，选择无三阶互调的信道组，合理设置基站布局和覆盖控制，就不会产生严重的互调干扰。

（二）邻道干扰及对抗措施

1. 邻道干扰

邻道干扰又叫邻频干扰，是一种来自相邻的或相近的频道的干扰，相近的频道可以是相隔几个频道。邻道干扰主要来自两个方面：一是由于工作频带紧邻的若干个频道的信号扩展超过限定的宽度，对相邻频道的干扰，即边带扩展干扰；二是由于噪声频谱很宽，部分噪声分量存在于与噪声频率邻近的频带内，即边带噪声干扰。

（1）边带扩展干扰。

边带扩展干扰是指信号频谱超出了限定的宽度，落到邻频道而造成的干扰。在多频道工作的移动通信系统中，基站发信机的边带扩展对工作与邻频道的移动台接收机的干扰并不严重，即使当移动台靠近基站时，移动台接收到的有用信号也远远大于邻道干扰。此外由于收发双工频段间隔很大，移动台与移动台之间、基站收发信机之间的邻道干扰可以忽略不计。只有当移动台靠近基站时，移动台的边带扩展会对正在接收邻道微弱信号的基站接收机产生较大的干扰，如图 3.4.3 所示。

（2）边带噪声干扰。

边带噪声主要来源于发射机本身，该噪声频率处于发信载频的两侧，且噪声频谱很宽，可能在数兆范围内对邻道信号的接收产生干扰，如图 3.4.4 所示。

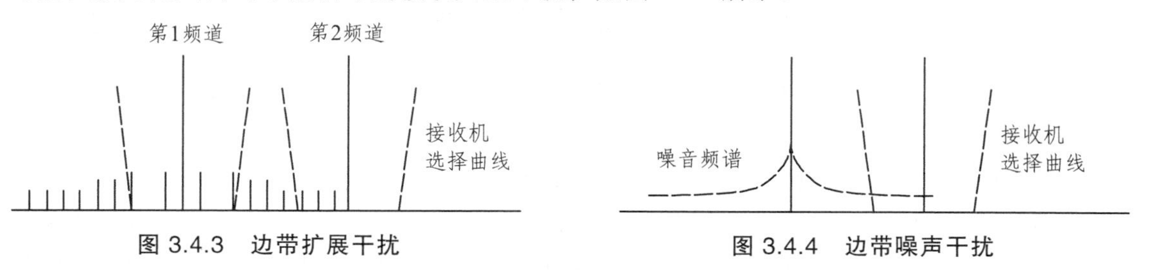

图 3.4.3　边带扩展干扰　　图 3.4.4　边带噪声干扰

2. 对抗措施

（1）提高中频滤波选择性；

（2）自适应地调整移动台发射功率；

（3）选用扩频通信方式；

（4）基站天线采用定向接收；

(5) 从系统和设备上进行改良，减少发射机产生边带噪声等。

（三）同频干扰及对抗措施

1. 同频干扰

同频干扰是指所有落到接收机通带内的与有用信号频率相同的无用信号的干扰，也称为同波道干扰或载波干扰。

这些无用信号和有用信号一样，在接收机中经放大、变频而落到中频通带内，因此只要在接收机输入端存在同频干扰，接收系统就无法滤除和抑制它。存在同频干扰的频率范围是 $f_0 \pm B_r/2$，f_0 为有用信号载波频率，B_r 为接收机中频带宽。

在移动通信中，为了增加系统容量，必须提高频率利用率，采用地理上较高密度的频率重复使用。具体方法是可以将一组频道频率（频道组）分配给相隔一定距离的两个或多个小区使用。这些使用相同频率的小区叫同频小区，同频小区之间存在有同频干扰。自然地，同频小区之间距离越小，空间隔离度越小，同频干扰越大，但频率复用次数增加，频率利用率提高；反之，同频干扰可以减小，但频率利用率亦降低。因此两者要兼顾考虑，在进行蜂窝网的频率分配时，尽量提高频率利用率。对同频干扰和同频复用距离的研究是小区制移动通信网频率分配的依据。

同频道复用距离与以下因素有关：

(1) 调制方式（调相或调频）；

(2) 工作频率电波的传播特征；

(3) 无线小区的半径；

(4) 要求的可靠通信概率（通信可靠度）；

(5) 选用的工作方式（单工或双工）。

2. 对抗措施

(1) 移动台发射功率采用自动控制；

(2) 合理选择基站的位置，改进基站天线方向性，降低天线高度；

(3) 发送同步信号，使各同频源发信频率同步、调制信号的相位一致；

(4) 保持系统中各发信机调制频偏的一致和稳定；

(5) 加强无线电频率资源管理，防止私设电台的现象发生。

（四）码间干扰及对抗措施

1. 码间干扰

在移动通信系统中，数字传输的带宽是有限的，总存在数量不等的频率响应失真，如果有一个脉冲序列通过该带宽受限的实际系统，就会使脉冲展宽，从而产生码元重叠的现象，这就是码间干扰（ISI）。码间干扰会产生两种影响：一是出现传输波形失真，二是叠加有干扰和噪声。

在移动通信环境中，由于传播时延 Δ 引起的码间干扰和信号传输速率及工作频率是无关的，传播时延受带宽限制和多径反射的影响。移动无线环境是无法改变的，必须通过其他措施来应对码间干扰。应用信号波形整形技术和使用均衡器能显著降低码间干扰。

如果信号传输速率 f_b 相对较低，满足

$$1/f_b \gg \Delta \tag{3.4.3}$$

则传播时延的影响可以忽略。

例如，在一个典型的郊区范围内，传播时延为 0.5 μs，信号传输速率为 16 Kb/s，则 $1/f_b$ ＝6.25 μs，远大于传播时延Δ，故由于Δ引起的码间干扰可以忽略。

2. 对抗措施

（1）尽量减少传输距离；

（2）当信号传输速率较低的时候，波形整形技术对码间干扰是有效的；

（3）在接收端，使用均衡器对接收的信号进行均衡处理，降低码间干扰。

（五）多址干扰及对抗措施

1. 多址干扰

在 CDMA 系统中，所有用户都使用相同频率和相同时隙的无线信道，用户之间利用不同的地址码来区分。由于区分用户的地址码互相关性并不完全为零，则用户之间存在着干扰，我们称这类干扰为多址干扰。随着 CDMA 系统用户数量的增加，地址码互相关性不为零所带来的多址干扰也会变大。

多址干扰产生的原因主要有两点：一是由于各用户使用的通信频率相同，在不同用户之间的扩频序列不能进行完全正交，即互相关系数不为零；二是即使扩频序列能正交，但实际信道中的异步传输也会引入相关性。

由于 CDMA 系统是一个干扰受限系统，即干扰的大小直接影响系统容量，因此有效地克服和抑制多址干扰就成为 CDMA 系统中最关键的问题之一。

2. 对抗措施

（1）扩频码的设计。多址干扰产生的根源是扩频码间的不完全正交性，如果扩频码集能在任何时刻完全正交，那么多址干扰就会不复存在。但实际上信道中都存在不同程度的异步性，要设计出在任何时延上都能保持正交性的码集几乎是不可能的，因此需要设计者设计出一种尽可能降低互相关性的工程实用码型。

（2）功率控制。功率控制可以有效地减小远近效应的影响，降低多址干扰，但是不能从根本上消除多址干扰。

（3）前向纠错编码（FEC）。利用编码的附加冗余度纠正因信道畸变而产生的错误比特，已成为提高通信质量的一个重要手段，对于纠正多址干扰引发的错误也同样有效。

（4）空间滤波技术。用智能天线对接收信号进行空域处理可以减小多址干扰对信号的影响，同时采用具有一定方向性的扇形天线也可以抑制某一角度内的其他干扰，而提高系统性能。

（5）多用户检测技术。多用户检测理论和技术的基本思想是利用多址干扰中包含的用户间的互相关信息来估计干扰和降低、消除干扰的影响。

过关训练

一、填空题

1. 移动通信网按照覆盖范围的大小不同可以分为（　　）和（　　）。

2. 无线组网服务区的划分主要有（　　）和（　　）。

3. GSM900移动通信系统上行工作频段为（　　），下行工作频段为（　　）。

4. 对于公众移动电话业务，在城市无线覆盖区的边缘通信概率为（　　）；在市郊或农村地区，无线覆盖区的边缘通信概率为（　　）。

5. 爱尔兰概率呼损表所描述的是（　　）、（　　）和（　　）三者之间的关系。

6. 信道的自动选择方式有二类：一类是（　　），另一类是（　　）。

7. 在蜂窝移动通信系统中，目前常用的主要有三种信道分配方式，即（　　）、（　　）和（　　）。

8. 移动通信系统处在强干扰背景下工作，归纳起来有（　　）、（　　）、（　　）、（　　）和（　　）等形式。

二、名词解释

小区制　带状服务区　智能蜂窝　位置区　呼叫话务量　无线信道呼损率　互调干扰　邻道干扰　码间干扰　多址干扰

三、简答题

1. 构成小区的几何图形为什么采用正六边形？

2. 微蜂窝小区一般应用在什么场合？

3. 什么是小区分裂？

4. 什么是动态信道分配？有什么优点？

5. 试描述业务网和信令网的关系。

6. 互调干扰的解决措施是什么？

7. 什么是多用户检测技术？

模块四　移动通信特有的控制技术

【问题引入】

移动通信与固定通信最大的不同在于移动通信用户在通信过程中的位置不受限制。由于移动通信用户的移动性，使得移动通信系统必须具备固定通信系统所没有的特有控制技术，如位置登记、切换、漫游等。如何完成位置登记、切换和漫游的控制处理？这些都是本模块需要涉及与解决的问题。

【内容简介】

本模块介绍了移动通信中位置登记、切换和漫游的模式及实现过程。其中位置登记、切换和漫游的实现为重要任务内容。

【学习要求】

识记：位置登记、切换、漫游的概念。

领会：位置登记、切换、漫游的模式。

应用：位置登记、切换、漫游的实现。

任务1　位置登记

一、位置登记的模式描述

（一）位置登记的含义

所谓位置登记（或称注册）是通信网为了跟踪移动台的位置，由移动台向网络报告自己的位置信息，网络对其位置信息进行登记的过程。

通过位置登记，网络可以知道移动台的位置、等级和通信能力；可以确定移动台在寻呼信道的哪个时隙中监听，以便有效地向移动台发起呼叫。

（二）位置登记的分类

1. 开机位置登记（位置区登记）

如果移动台是首次开机，那么只要移动台一开机，即可从广播信道上搜索到位置区识别码，并将它提取出来，存储在移动台的存储器中。

如果移动台在关机后在原来所在的位置区重新开机，那么移动台进行位置登记（即 IMSI 可及）。

如果移动台是关机后改变了所在位置区，那么移动台开机后将进行的是位置更新。

2. 关机位置登记

当关机时，移动台不会马上关掉电源，而是先向网络发出关机指令，直到关机位置登记（即 IMSI 不可及过程）完成之后移动台才真正关掉电源。注意，关机位置登记只有移动台在当前服务系统中已经位置登记过才进行。

3. 常规性位置更新

当移动台开机后或在移动过程中，收到的位置区识别码与移动台存储的位置区识别码不一样时，就会发出位置更新请求，并通知网络更新该移动台的新的位置区识别消息。同时，移动台到一个新位置区后，需要为其在当前 VLR 重新登记并从原来 VLR 中删除该移动台的有关信息（位置删除）。

4. 周期性位置更新

周期性位置更新就是使处于待机状态且位置稳定的移动台以适当的时间间隔周期性地进行位置更新。

周期性位置更新的好处在于除了保证系统能经常了解移动台的状态外，还可以保证在移动台关机而系统一直没有收到 IMSI 不可及的消息时，系统不会对移动台不断地进行寻呼。

二、位置登记的实现过程

一次完整的位置登记过程一般包括以下 4 个过程：

① 用户发出位置登记请求和建立登记的过程；

② 完成鉴权、确认的过程；

③ 用户数据登记、更新及通知用户的过程；

④ 删除更新前位置区中该用户数据的过程。

在蜂窝移动通信系统中，目前广泛应用的是一种跨位置区的位置更新和周期性位置更新相结合的方法，具体要根据移动台移动情况和无线传输环境来确定。

【例】 说明不同 MSC/VLR 业务区间的位置更新过程。

【解】 如图 4.1.1 所示，不同 MSC/VLR 业务区间的位置更新过程包括如下 4 个过程。

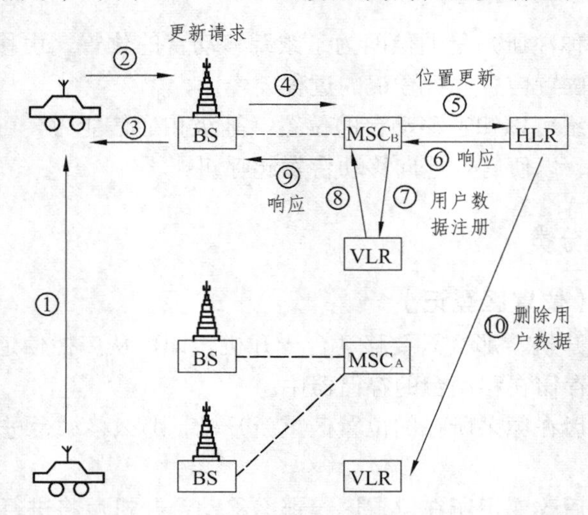

图 4.1.1　不同 MSC/VLR 业务区间的位置更新过程

（1）用户发出位置登记请求和建立登记的过程：

①——移动台（MS）从一个位置区（属于 MSC_A 的覆盖区）移动到另一个位置区（属于 MSC_B 的覆盖区）；

②——通过检测由新基站（BTS）持续发送的广播信息，移动台发现新收到的位置区识别码与目前使用的位置区识别码不同；

③④——移动台通过该新基站（BTS）向 MSC_B 发送一个具有“我在这里”的信息，即位置更新请求消息。

（2）完成鉴权、确认的过程：

⑤——MSC_B 把含有 MSC_B 标志和 MS 识别码的位置更新消息送给 HLR（鉴权或加密计算过程从此时开始）；

⑥——HLR 返回响应消息，其中包含全部相关的用户数据。

（3）用户数据登记、更新及通知用户的过程：

⑦、⑧——在访问的 VLR 中进行用户数据登记；

⑨——通过基站把有关位置更新响应消息送给移动台（如果重新分 IMSI，此时一起送给移动台）。

（4）位置删除的过程：

⑩——通知原来的 VLR 删除有关此移动用户的数据。

任务 2　实践——位置更新

一、实训目的

（1）了解移动通信网络中位置更新的作用及其实现；
（2）掌握 VLR 内部位置更新信令过程及其对 MSC/VLR 参数列表的影响；
（3）掌握跨 VLR 位置更新信令过程及其对 MSC/VLR 参数列表、HLR 参数列表的影响。

二、实训原理

位置更新可简单分为 VLR 内的位置更新和跨 VLR 的位置更新。

1. 移动通信网中移动性管理的作用

为了确认移动台（MS）的位置，每个 GSM PLMN（GSM 公共陆地移动网络）的覆盖区都被分为许多个位置区（LA），一个位置区可以包含一个或多个小区。一个 MSC 可以控制多个位置区，也可以一个 MSC 就控制一个位置区。当移动台由一个位置区移动到另一个位置区时，必须在新的位置区进行登记，也就是说一旦移动台出于某种需要或发现其存储器中的 LAI 与接收到当前小区的 LAI 不一致，就必须通知网络来更改它所存储的移动台的位置信息，这个过程就是位置更新。当移动台从一个小区进入另一个小区后，如果新旧小区处于同一个位置区，移动台是不需要进行位置更新的。只有新旧小区不处于同一个位置区的时候，才触发位置更新过程。用于标志移动台当前所处位置域的标志 LAI 会存储在目前移动台所处区域的

MSC/VLR 中的 VLR 访问位置寄存器数据库中。

当移动台的位置区改变的时候，若新旧两个位置区是由相同的 MSC/VLR 控制的，进行的就是 VLR 内部的更新，这时候 VLR 中有此移动台的记录，接收到移动台的位置更新请求后，VLR 只是将记录中的 LAI 项修改成新的位置区的 LAI，不需要通知 HLR。以上过程称为 VLR 内的位置更新过程。当移动台的位置区改变的时候，若新旧两个位置区是由不同的 MSC/VLR 控制的，进行的位置更新就是跨 VLR 的位置更新。比如当移动台从归属交换局（MSC-H）覆盖范围移动到被访交换局（MSC-V）覆盖范围（就是通常所说的漫游），这时的位置更新就属于跨 VLR 的位置更新。这个更新过程就比较复杂。新的 VLR 通过移动台的 IMSI 知道移动台的 HLR 地址，新的 VLR 将向移动台的 HLR 通知移动台的位置改变。若 HLR 检测到 MS 在新的 VLR 中有权限，将记录新的 VLR 号，并向旧 VLR（PVLR）发送消息删除 MS 的“位置消息”。这样 HLR 就获得了 MS 的最新位置信息。新的 VLR 继续对 MS 进行鉴权和 TMSI 再分配。

在任务一中提到过，位置更新程序包括三类：开、关机位置登记，周期性位置更新和常规性位置更新。本节实验中进行的 VLR 内部的位置更新和跨 VLR 位置更新就属于常规性位置更新。即移动台前后所处的位置区不相同。

2. VLR 内部位置更新的原理及其信令流程

VLR 内部的位置更新是一种最简单的位置更新程序，只在当前所在的 VLR 中进行，而不需通知 HLR。

VLR 内部位置更新的信令流程如图 4.2.1 所示。首先是信令信道的分配过程。之后在初始化过程中，移动台向网络发送 SABM 帧，帧中携带有 LOCATION UPDATING REQUEST 消

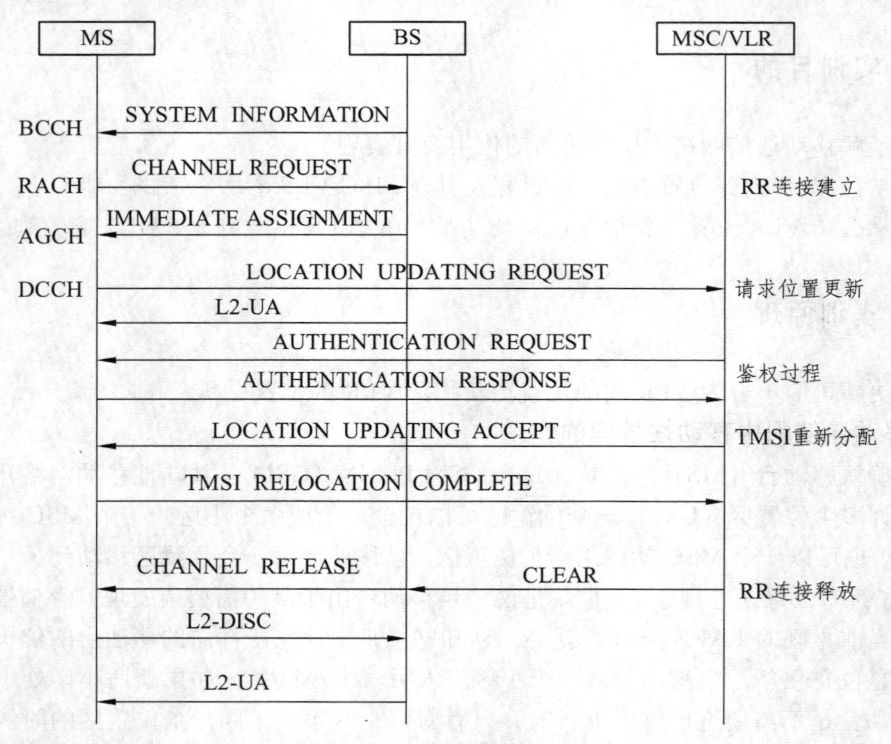

图 4.2.1 VLR 内部位置更新信令流程

息，这个消息中有一个标志位，表明此次接入需要完成的是“正常位置更新”，且该消息中包含 MS 的 TMSI 和 LAI 号。若 MSC 收到了此报文，则通知 VLR 执行位置更新处理。具体的处理过程是先更新 VLR 中对此 MS 的记录，存储新的 LAI 号码然后根据需要向移动台分配一个新的 TMSI 号。接下来 MSC/VLR 向 MS 发送 LOCATION UPDATING ACCEPT 消息，其中包含新分配的 TMSI 号。MS 收到新的 TMSI 号后，向 MSC/VLR 发送 TMSI RELOCATION COMPLETE 消息。最后释放信道，VLR 内位置更新结束。

3. 跨 VLR 位置更新的原理及其信令流程

当移动台的位置区改变的时候，若新旧两个位置区是由不同的 MSC/VLR 控制的，就是进行跨 VLR 的位置更新。跨 VLR 位置更新的信令流程如图 4.2.2 所示。若移动台进入一个小

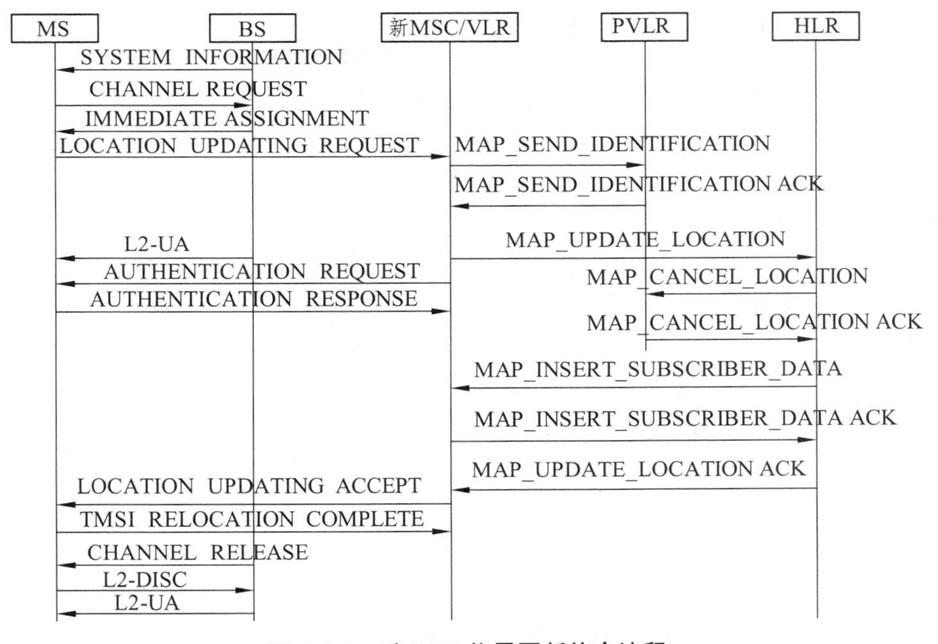

图 4.2.2 跨 VLR 位置更新信令流程

区后发现所存储的 LAI 号与当前的 LAI 号不一致，则将其旧的 LAI 号和存储的 TMSI 号在 LOCATION UPDATING REQUEST 消息中通过 MSC 发送给 VLR。MSC 收到 MS 发送的 LOCATION UPDATING REQUEST 消息后，就要求 VLR 根据 LOCATION UPDATING REQUEST 消息中的参数来进行位置更新的操作。由于是跨 VLR 位置更新，新的 VLR 数据库中没有此 MS 对应的 TMSI 的记录，这时新的 VLR 需要得到此 MS 的 IMSI 和鉴权参数，目的有两个，一个是利用 IMSI 向此 MS 的 HLR 进行位置更新操作，另一个是要对 MS 进行鉴权。信令流程图中 PVLR 表示 MS 以前所在区域的 VLR。新的 VLR 从 PVLR 处得到 IMSI 和鉴权参数的流程为：VLR 根据旧的 TMSI 和 LAI 号码导出前一个 VLR（PVLR）的地址，并向 PVLR 发送 “MAP_SEND_IDENTIFICATION”消息；PVLR 就会向新的 VLR 回发有关移动台的 IMSI 和鉴权参数，这些内容是包含在消息“MAP_SEND_IDENTIFICATION ACK”中的，至此，新的 VLR 就得到了 MS 的 IMSI。接着要进行 HLR 位置更新，流程为：新的 VLR 向 MS 的 HLR 发出位置更新的消息“MAP_UPDATE_LACATION”，在此位置消息中，有 MS 的标志和相关信息以便 HLR 查询数据和建立路径；HLR 收到此消息后，如果新的 MSC/VLR

有正常的业务权限，则 HLR 将存储当前的 VLR 号码，并向 PVLR 中发出“删除位置”消息(MAP_CANCEL_LACATION)；PVLR 收到“删除位置消息”后将删除该 MS 的所有信息，并向 HLR 发回“删除位置确认”(MAP_CANCEL_LACATION_ACK)；在新的 VLR 侧完成鉴权加密后，HLR 通过发起“插入用户数据”的消息（MAP_INSERT_SUBSCRIBER_DATA）的报文，将向该 VLR 提供它所需的用户信息，其中包括鉴权参数等信息；当 HLR 收到 VLR 的响应后，则向该 VLR 发出位置更新确认的消息；然后，新的 MSC/VLR 向 MS 发送 LOCATION UPDATIN ACCEPT 消息，其中包含由 VLR 新分配的 TMSI；MS 于是向 MSC/VLR 回发 TMSI RELOCATION COMPLETE 消息，至此，位置更新结束，释放 RR 信道。

对于以上的信令流程作两点说明：首先，一般来说 VLR 的设置总是跟 MSC 一一对应的，即由一个 MSC 控制的区域会有一个 VLR 数据库，用于记录所有目前处在此 MSC 控制区内的 MS 的位置情况；而 HLR 则是 MS 开户的时候登记的数据库，无论 MS 漫游到什么地方，新的 VLR 都需要向 HLR 进行位置更新，从而使 HLR 始终知道 MS 目前处于哪个 MSC/VLR 里。这样做的目的，是为了方便呼叫一个处于漫游状态的用户。当要呼叫一个处于漫游状态的用户的时候，呼叫建立过程中，主叫的 MSC/VLR（在固定电话拨打移动电话时，则是 GMSC）会根据被叫的手机号码查询被叫用户的 HLR，得到被叫目前所在的 MSC/VLR，从而在主叫的 MSC 和被叫 MSC 之间建立有线的链路。因此，位置更新操作是呼叫能够正常建立的重要前提。其次，在信令流程中，可以看到 MSC、VLR、HLR 之间的信令前有“MAP”的标志，MAP 是 Mobile Application Part 移动应用部分的简称。GSM 网络中，网络子系统中的实体 MSC、VLR、HLR、AUC 等之间的接口均采用了 7 号信令系统。MAP 协议属于七号信令协议层的第七层，即应用层。MAP 的主要功能是支持移动用户位置登记、位置删除、用户业务管理、用户参数管理、漫游、越区切换等。MAP 和网络信令结合，支持 GSM 各项业务和网络功能。

三、实训步骤

（1）通过串行口将实验箱和电脑连接，给实验箱上电。将电脑上的学生平台程序打开，在主界面上双击“移动性管理”实验图标，进入此实验界面。

（2）选择界面上“位置更新模式”为“内部”，进行 VLR 内位置更新实验。点击界面上的“初始化”按钮，看到消息框中出现“初始化完成”。

（3）点击界面上“查看参数列表”按钮，观察 MS 参数状态表、MSC/VLR 参数状态表、HLR 参数状态表。记录 MS 参数状态表的内容，并根据此 MS 的 IMSI 在 VLR 参数状态表、HLR 参数状态表中寻找与本 IMSI 对应的一行记录，并记录下来。

（4）点击界面上的“位置更新”按钮，观察消息框中显示的 VLR 内位置更新信令过程。位置更新过程若正常结束，会弹出“位置更新过程结束”对话框。

（5）点击界面上“查看参数列表”按钮，再次观察 MS 参数状态表、MSC/VLR 参数状态表和 HLR 参数状态表。对比之前记录的参数状态表，可以发现 MS 的 TMSI 和 LAI 都改变了，即 MS 所在的位置区改变了，但由于这两个位置区同处于一个 MSC/VLR 的控制，因此 HLR 参数状态表中 MSC/VLR 识别码没有发生改变。VLR 内位置更新实验结束，若想重复以上过程，可以选择“VLR 内”、“单步”标志，再按动“初始化”按钮，进入单步 VLR 内位置更新过程。点击“位置更新”按钮，并点击“下一步”按钮，信令过程可单步执行。

（6）VLR内位置更新过程结束后，可进行跨VLR位置更新过程。选择界面上的“跨区”，点击“初始化”按钮，看到消息框中出现“初始化完成”，这样就可进行跨VLR的实验。

（7）点击界面上“查看参数列表”按钮，观察MS参数状态表、MSC/VLR参数状态表、漫游MSC/VLR（即MS漫游到的新MSC/VLR）参数状态表和HLR参数状态表。记录MS参数状态表的内容，并根据此MS的IMSI在原MSC/VLR参数状态表、HLR参数状态表中寻找与本IMSI对应的一行记录，并记录下来。同时观察漫游MSC/VLR参数状态列表，可以发现找不到与此IMSI对应的记录。

（8）点击“位置更新”按钮，开始位置更新，信令流程会依次显示在消息框中，当所有信令流程结束时，点击界面上“查看参数列表”按钮，观察参数状态表的变化。可以看到漫游MSC/VLR参数状态表中出现了此MS的记录。HLR中对应于此MS的记录中MSC/VLR的识别码改变了，MSC/VLR参数状态表中，关于此MS的记录项已被删除。同时也可以看到原MS参数状态表中的数据也发生了改变。请对这些参数状态表的改变做相应的记录。

（9）由于底层通信的误码，可能导致位置更新过程失败，这时请记录位置更新过程失败的信令流程，并重新点击“初始化”、“位置更新”按钮进行实验。

四、项目过关训练

（1）记录GSM网络VLR内位置更新的信令流程，并说明VLR内位置更新对MS、MSC/VLR、HLR参数状态表的改变情况。

（2）记录GSM网络跨VLR位置更新的信令流程，并说明跨VLR位置更新对MS、MSC/VLR、HLR参数状态表的改变情况。

（3）比较VLR内位置更新和跨VLR位置更新的异同。

任务3　切　换

一、切换的模式描述

（一）切换的含义

所谓切换是指移动台从一个信道或基站切换到另一个信道或基站的过程。切换是移动通信系统中一项非常重要的技术，切换失败会导致通信失败，会严重影响网络的通信质量。

（二）切换的分类

1. 按无线网络覆盖范围划分

切换允许在不同的无线信道之间进行，也允许在不同的小区之间进行。根据发生切换的实体的覆盖范围的不同，可以分为以下几种类型。

（1）小区内切换：移动台可能在同一个小区（或扇区）执行小区内切换，改变通信所使用的信道，相关的操作只需要在BSC内进行。

(2) BSC 内切换：BSC 内切换是指同一 BSC 所控制的不同小区（基站）之间的信道切换。这种情况发生在移动台进入一个新基站(这个新基站与原来的基站处于同一个 BSC 管辖范围)的服务区时。BSC 内切换也不需要经过 MSC 的处理。

(3) MSC 内切换：MSC 内切换是指同一 MSC 所控制的不同基站子系统之间的信道切换。其中，切换前后的 BSC 在同一个 MSC 管辖范围内。这种情况发生在移动台需要改变基站和 BSC 时。MSC 内切换需要经过 MSC 的处理，MSC 从候选小区中选择一个目标 BSC 供切换使用。

(4) MSC 间切换：MSC 间切换是指同一 PLMN 覆盖区内的不同 MSC 之间的信道切换。当移动台要同时改变 BSC、MSC 时，需要进行 MSC 间切换。这种切换比较困难，引起的话音中断率也比较高。

(5) 网络间切换：网络间切换涉及不同网络间的相互操作，这个切换可能需要跨越不同运营商或不同模式的网络，例如 IS-95 CDMA 网络和 GSM 网络间切换，或者 IS-95 CDMA 网络和 AMPS 模拟网之间的切换。网络间切换不仅需要多模终端，而且需要网络间交换、通话的鉴权计费等比较复杂的技术。

2. 按切换处理过程划分

按照切换处理过程的不同，即按照当前链路是在新链路建立之前还是之后释放可将切换分为硬切换、软切换和更软切换三种类型。

(1) 硬切换。

当移动台从一个基站覆盖区进入另一个基站覆盖区时，先断掉与原基站的联系，然后再与新进入的覆盖区的基站进行联系。把这种“先断后接”的切换方式称为硬切换。硬切换技术主要用于 GSM 及一切转换载频的切换。

硬切换技术的先断开后连接过程，会造成短暂的通信中断，通常人耳是无法察觉的。一般情况下，移动台越区时都不会发生掉话的现象。但当移动台因进入屏蔽区或信道繁忙而无法与新基站联系时，就会产生掉话。

(2) 软切换。

在切换过程中，当移动台开始与目标基站进行通信时并不立即切断与原基站的通信，而是与新的基站连通后再与原基站切断联系，切换过程中移动台可能同时占用两条或两条以上的信道。这种“先通后断”的切换方式称为软切换。

软切换是由 MSC 完成的，软切换提供宏分集的作用，提高了接收信号的质量。软切换被广泛应用于 CDMA 系统中。

(3) 更软切换。

移动台在同一小区的不同扇区之间进行的软切换称为更软切换。这种切换是由 BSC 完成的，并不通知 MSC，应用于 CDMA 系统中。

（三）切换执行的原则

是否进行切换通常根据移动台接收的平均信号强度来确定，也可以根据移动台处的信噪比（或信号干扰比）、误比特率等参数来确定。切换执行的原则有以下几种，现举例说明。

假定移动台从基站 1 向基站 2 运动，其信号强度的变化如图 4.3.1 所示。

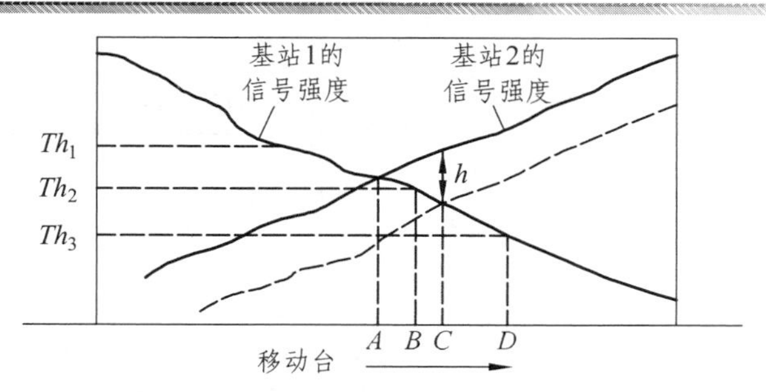

图 4.3.1　越区切换时信号强度的变化情况

【原则 1】相对信号强度标准，即在任何时间都选择具有最强接收信号的基站。如图 4.3.1 中的 A 处将要发生切换。这种原则的缺点是：在原基站的信号强度仍满足要求的情况下，会引发太多不必要的切换。

【原则 2】具有门限规定的相对信号强度标准，即仅允许移动用户在当前基站的信号足够弱（低于某一门限），且新基站的信号强于本基站的信号情况下，才进行切换。如图 4.3.1 所示，在门限为 Th_2 时，在 B 点将会发生切换。

在该方法中，门限选择具有重要作用。如果门限取为 Th_1 则太高，该原则便与原则 1 相同。如果门限取为 Th_3 则太低，会引起较大的越区时延，此时，可能会因链路质量较差而导致通信中断。另一方面，它会引起对同道用户的额外干扰。

【原则 3】具有滞后余量的相对信号强度标准，即仅允许移动用户在新的基站的信号强度比原基站信号强度强很多（即大于滞后余量（Hysteresis Margin））的情况下进行越区切换。例如图 4.3.1 中的 C 点。该技术可以防止由于信号波动引起的移动台在两个基站之间来回切换，即“乒乓效应”。

【原则 4】具有滞后余量和门限规定的相对信号强度标准，即仅允许移动用户在当前基站的信号电平低于规定门限并且新基站的信号强度高于当前基站一个给定滞后余量时进行切换。

二、切换的实现过程

当信号强度满足切换执行的原则时，就要发起切换过程的处理，完成切换的信道转换，执行相应的任务。在数字移动通信系统中，切换过程控制采用移动台辅助的切换（MAHO）方式实现。

（一）GSM 系统的切换过程

GSM 系统的切换过程是由 MS、BTS、BSC 以及 MSC 共同完成。其中，MS 负责测量无线子系统的下行链路性能和从周围小区中接收信号强度；BTS 将负责监视每个被服务的移动台的上行接收电平和质量，同时，它还要在其空闲的话务信道上监测干扰电平；BTS 将把它和移动台测量的结果送往 BSC，最初的判决以及切换门限和步骤是由 BSC 完成；对从其他 BSC 和 MSC 发来的信息，测量结果送往网络 MSC 决定何时进行切换以及切换到哪一个基站。

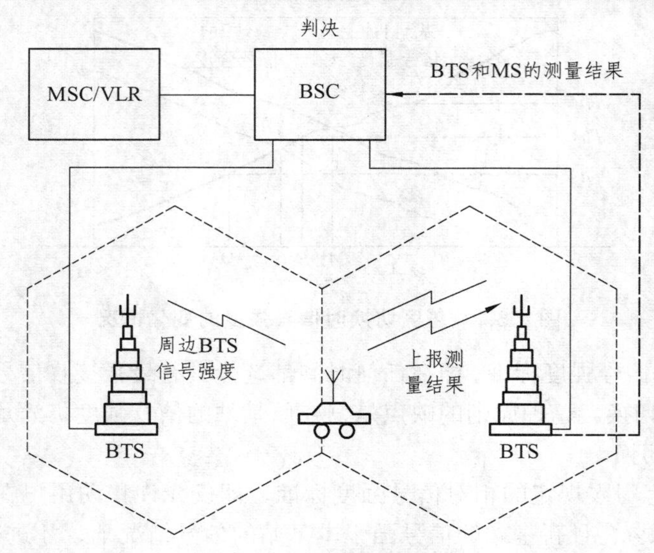

图 4.3.2 切换过程示意图

（二）CDMA 系统的切换过程

在 CDMA 系统中所有 CDMA 小区都采用同一个频率，移动台根据接收到的基站导频信号的不同偏置来区分各个基站。每个小区的导频要与其同一 CDMA 信道中的正向业务信道相配合才有效，当移动台检测到一个足够强度的导频而它未与任何一正向业务信道相配合时，就向基站发送一导频强度测量报告，基站根据此报告决定是否切换。在 CDMA 的切换技术中一个显著的优点是可以使用软切换。CDMA 系统中移动台独特的 RAKE 接收机可以同时接收两个或两个以上基站发来的信号，从而保证了 CDMA 系统能够实现软切换。

任务 4 漫 游

一、漫游的模式描述

（一）漫游的含义

漫游通信就是指在蜂窝移动通信系统中，移动台从归属移动交换区（H-MSC）移动到被访区移动区（V-MSC）后，仍然能够获得通信服务的功能。

（二）漫游的方式

根据系统对漫游的管理和实现的不同，漫游的方式有人工漫游、半自动漫游和自动漫游三种方式。目前，移动通信系统均采用自动漫游方式。

（三）漫游的办理

移动用户可根据用户卡的等级，通过相应的途径申请开通漫游功能。现以中国移动为例，说明漫游业务的办理方法。

全球通用户：可通过营业厅、10086、用户经理、掌上营业厅等办理。

动感地带与神州行用户：仅能通过当地营业厅进行办理。

全球通 VIP 用户：全球通 VIP 指全球通钻石卡、金卡、银卡用户，可以无需缴纳押金和预存款，通过用户经理、营业前台和掌上营业厅、网上营业厅、10086 等进行港澳台漫游业务的开通和取消。全球通 VIP 用户通过短信、快信及 WAP 营业厅办理漫游业务的默认的开通时限为一个月。

入网一年以上的普通全球通用户：用户凭身份证原件或护照，经核实确认用户资料属实完备且在 3 个月内无欠费记录，可无需缴纳押金即可通过营业厅申请开通港澳台漫游功能。

入网一年以下的普通全球通用户、入网 90 天以上的神州行和动感地带用户：用户凭身份证原件或护照，经核实确认用户资料完备属实，在缴纳港澳台漫游押金或者预存一定金额预存款后，可通过营业厅申请开通港澳台漫游功能。

另外，用户可根据实际需要的漫游时间，选择缴纳押金或预存款开通国际漫游业务。

二、漫游的实现过程

（一）与漫游有关的数据

漫游的过程离不开相应的数据支持，如移动漫游号（MSRN）、位置区识别码（LAI）、MSC/VLR 地址、存储在 HLR 和 VLR 中的数据等。

（1）移动漫游号（MSRN）：它是 VLR 所处的地理区域的一个 PSTN/ISDN 号，为临时性用户数据，由被访问 VLR 分配，存储在 HLR 和 VLR 中。用于完成路由重选，把呼叫转移到移动台所位于的 MSC。

（2）位置区识别码（LAI）：用于标志 PLMN 网的位置区码，存于 VLR 中，用来判断是否需要位置登记。

（3）MSC/VLR 地址：用于 MSC/VLR 地址标志，是临时性用户数据，为一个 PSTN/ISDN 号，根据各国要求具有可变长度，存储在 HLR 中。

（4）存储在 HLR 和 VLR 中的数据：存储在 HLR 中的主要数据有国际移动台号（DN）、国际移动台标志（IMSI）、移动台漫游号（MSRN）、VLR 地址、移动台状态数据、其他需要的用户数据；存储在 VLR 中的主要数据有国际移动台号（DN）、国际移动台标志（IMSI）、移动台漫游号（MSRN）、临时移动台标志（TMSI）、位置区识别、其他需要的数据。

（二）漫游执行的事件

当移动用户发生漫游到被访局之后，相当于该局新增加了一个移动用户，与本局的移动用户不同的是新用户为一个临时的移动用户，同样执行位置登记、切换、呼叫处理等事件。

（1）位置登记：其过程与本模块任务一中位置登记的过程相同。

（2）切换：其过程与本模块任务二中切换的过程相同。

（3）呼叫处理：由于漫游用户已经离开其原来所属的交换局，移动用户号码（MSDN）已不能反映其实际位置。因此，呼叫漫游用户应首先查询 HLR 获得漫游号，然后根据漫游号

重选路由。根据发起向 HLR 查询的位置不同，有原籍局重选和网关局重选两种方法。

① 原籍局重选：不论漫游用户现处在何处，一律先根据 MSDN 接其至原籍局的 MSC（HMSC），然后再由原籍局查询 HLR 数据库后重选路由。这种方法的优点是实现简单，计费也简单；缺点是可能发生路由环回。

② 网关局重选：PSTN/ISDN 用户呼叫漫游用户时，不论原籍局在哪里，固定网交换机按就近接入的原则，首先将呼叫接至最近的 MSC（GMSC），然后由 GMSC 查询 HLR 后重选路由。这种方法可以达到路由优化，但是会涉及计费问题。

目前，数字移动通信系统规定采用网关局重选法；国际漫游规定采用原籍局路由重选法。呼叫处理过程将在模块五、模块六中详细介绍。

过关训练

一、填空题

1. 位置登记分为（　　）、（　　）、（　　）和（　　）。

2. 按无线网络覆盖的范围划分，切换可分为（　　）、（　　）、（　　）、（　　）和（　　）。

3. 根据系统对漫游的管理和实现方式的不同，漫游的方式有（　　）、（　　）和（　　）之分。

4. 漫游的过程离不开相应的数据支持，具体为（　　）、（　　）、（　　）、（　　）等。

5. 移动漫游号（MSRN）由被访 VLR 分配，存储在（　　）和（　　）中。

二、名词解释

位置登记　越区切换　软切换　更软切换　漫游通信

三、简答题

1. 试描述一次完整的位置登记过程。

2. 按照切换处理过程的不同，切换可以分为哪几类？

3. 执行切换的原则有哪些？

4. 入网一年以上的普通全球通用户的漫游功能如何开通？

5. 漫游执行的事件有哪些？

模块五　GSM 移动通信网络

【问题引入】

GSM 是第二代移动通信系统中应用最广泛的一个标准。那么 GSM 的系统由哪些部分组成？GSM 的主要通信流程是怎样的？如何进行 GSM 基站的操作与维护？这些都是本模块需要涉及与解决的问题。

【内容简介】

本模块介绍了 GSM 移动通信网络的特点和主要技术参数、GSM 移动通信系统的基本组成、GSM 主要通信流程、GSM 基站操作与维护等内容。其中 GSM 移动通信系统的基本组成、GSM 主要通信流程、GSM 基站操作与维护为重要内容。

【学习要求】

识记：GSM 移动通信网络的特点和主要技术参数。

领会：GSM 移动通信系统的基本组成、GSM 主要通信流程。

应用：会进行 GSM 基站日常操作。

任务 1　GSM 移动通信系统认知

由于第一代模拟移动通信系统存在的缺陷和市场对移动通信容量的巨大需求，20 世纪 80 年代初期，欧洲电信管理部门成立了一个被称为 GSM（移动特别小组）的专题小组研究和发展泛欧各国统一的数字移动通信系统技术规范，1988 年确定了采用 TDMA 为多址技术的主要建议与实施计划，1990 年开始试运行，然后进行商用，到 1993 年中期已经取得相当成功，吸引了全世界的注意，现已成为世界上最大的移动通信网。GSM 移动通信系统是泛欧数字蜂窝移动通信网的简称，是当前发展最成熟的一种数字移动通信系统，现重命名为“Global System for Mobile Communication”，即“全球移动通信系统”。目前，GSM 已完成了向第三代移动通信系统过渡。

一、GSM 系统的特点

（1）GSM 的移动台具有漫游功能。漫游是移动通信的重要特征，GSM 标准可以提供全球漫游，其漫游是在 SIM 卡识别号和 IMSI 国际移动台标志号的基础上实现的。

（2）GSM 提供多种业务，除了能提供语音业务外，还可以开放各种承载业务、补充业务和与 ISDN 相关的业务，使之可与今后的 ISDN 兼容。

（3）GSM 系统通话音质好，容量大。鉴于数字传输技术的特点以及 GSM 规范中有关空

中接口和话音编码的定义，当话音质量在门限值以上时，话音质量总是达到较好的水平而与无线传输质量无关。由于每个信道传输带宽增加，使用同频复用载干比要求降低至 9 dB，因而 GSM 系统的同频复用模式可以缩小到 4/12 或 3/9 甚至更小，加上半速率话音编码的引入和自动话务分配以减少越区切换的次数，使 GSM 系统的容量（每兆赫每小区的信道数）比 TACS（全接入通信系统）高 3～5 倍。

（4）GSM 具有较好的抗干扰能力和保密功能。GSM 可以向用户提供以下三种保密功能：对移动台识别码进行加密，使窃听者无法确定用户的移动台号码，起到对用户位置保密的作用；将用户的语音、信令数据和识别码加密，使窃听者无法收到通信的具体内容；保密措施是通过“用户鉴别”来实现的，其鉴别方式是一个“询问—响应”过程。为了鉴别用户，在通信开始时，首先由网络向移动台发出一个信号，移动台收到这个号码后连同内部的“电子密锁”，共同来启动“用户鉴别”单元，随之输出鉴别结果，返回网络的固定方，网络固定方将返回的结果进行比较，若相同则确认移动台为合法用户，否则确认为非法用户，从而确保了用户的使用权。

（5）越区切换功能。在微蜂窝移动通信网中，高频度的越区切换已不可避免，GSM 采取主动参与越区切换的策略。移动台在通话期间，不断向所在工作区基站报告本区和相邻区无线环境的详细数据。当需要越区切换时，移动台主动向本区基站发出越区切换请求，固定方（MSC 和 BSC）根据来自移动台的数据，查找是否存在替补信道，以进行越区切换，如果不存在，则选择第二替补信道，直至选中一个空闲信道，使移动台切换到该信道继续通信。

（6）具有灵活的结构，组网方便。

二、GSM 系统的主要技术参数（见表 5.1.1）

表 5.1.1　GSM 系统的主要技术参数

序号	技术指标	技术参数
1	频段	GSM900： 上行：890～915 MHz，基站发送，移动台接收 下行：935～960 MHz，移动台发送，基站接收 DCS1800： 上行：1 805～1 880 MHz 下行：1 710～1 785 MHz
2	频带宽度	GSM900：主要频带宽度为 25 MHz DCS1800：75 MHz
3	上下行频率间隔	GSM900：45 MHz DCS1800：95 MHz
4	载频间隔	200 kHz
5	通信方式	全双工
6	信道分配	每载波 8 时隙，包含 8 个全速率信道、16 个半速率信道

续表 5.1.1

序号	技术指标	技　术　参　数
7	每个时隙传输比特率	33.8 Kb/s
8	信道总速率	270 .83 Kb/s
9	调制方式	GMSK 调制
10	接入方式	TDMA
11	语音编码	RPE-LTP，13 Kb/s 的规则脉冲激励线性预测编码
12	分集接收	跳频每秒 217 跳，交错信道编码，自适应均衡

三、GSM 系统主要技术

为了提高 GSM 系统的抗干扰能力，提高频谱的利用率，GSM 移动通信系统采用了以下技术。

1. 自动功率控制技术

所谓功率控制，就是在无线传播链路上对手机和基站的实际发射功率进行控制，尽可能降低手机和基站的发射功率，这样就能降低手机和基站的功耗并降低整个 GSM 网络干扰。当然，功率控制的前提是正在通话的呼叫拥有比较好的通信质量。功率控制分为上行功率控制和下行功率控制，上行和下行功率控制都是独立进行的。所谓上行功率控制，就是对手机的发射功率进行控制；而下行功率控制就是对基站的发射功率进行控制。不论是上行功率控制还是下行功率控制，通过降低发射功率，都能够减少上行或下行方向的干扰，同时降低手机或基站的功耗，直接的效果就是使整个 GSM 网络的平均通话质量大大提高，手机的电池使用时间大大延长。

2. 分集接收技术

在移动状态下，信号的快衰落（瑞利衰落）和慢衰落（慢对数正态衰落）常使接收信号不稳定，使通信质量严重下降。为了克服衰落，移动通信基站广泛采用分集技术。

移动通信基站可以采用两副天线，实现空间分集技术。其中一副叫接收天线，另一副叫分集接收天线。分集技术是在若干支路上接收互相关性很小的载有同一消息的信号，然后通过合并技术将各个支路信号合并输出，这样便可在接收端大大降低深衰落的概率。

3. 跳频技术

跳频是指载波频率在一定宽度范围内按某种图案（跳频序列）进行跳变，跳频是扩频通信基本技术方式中的一种，跳频相当于展宽了频谱，起到频率分集和干扰源分集的作用，因此可以提高系统抗衰落和抗干扰能力，从而改善无线信号传输质量，降低误码率。

GSM 系统中的跳频分为基带跳频和射频跳频两种。基带跳频是将语音信号随着时间的变换使用不同频率发射机发射。射频跳频是将语音信号用固定的发射机发射，发射频率由跳频序列控制。射频跳频采用两个发射机，一个发射机载波频率固定，它带有 BCCH；另一个发射机载波频率可随着跳频序列的序列值的改变而改变。

4. 均衡技术

均衡技术采用均衡器建立一个传输信道（即空中接口）的数学模型，计算出最可能的传输序列。传输序列以突发脉冲串的形式传输，在突发脉冲串的中部，加有已知训练序列，利用训练序列，均衡器能建立起该信道模型。这个模型是随时间而改变的，但在一个突发脉冲

串期间被认为是恒定的。建立了模型，接着是产生全部可能的序列，并把它们馈入信道模型，输出序列中将有一个与接收序列最相似，与此对应的那个序列便被认为是当前发送序列。均衡技术可以抑制时分信道中由于多径效应产生的码间干扰。

5. 不连续发射技术（DTX）

据统计，在一个通话过程中，移动用户仅有40%的时间在通话。所以GSM系统引入不连续发射技术。它是通过禁止传输用户认为不需要的无线信号来降低干扰电平，提高系统效率和容量。DTX一般是以BSC为控制单位，也有厂家设备以小区为控制单位。

不连续发射（DTX）模式和常规模式并存于GSM系统中，可根据每次呼叫的要求由系统选择模式。在DTX模式下，当用户正常讲话时，编码成13 Kb/s，而在其他时候仅保持在500 b/s，用于模拟背景噪声，使收端能产生信号以避免听者以为连接中断。这种模拟背景噪声有时也称为舒适噪音。正常语音帧为260 Kb/s，而DTX非通话时期变为260 Kb/480 ms，从而改善无线的干扰环境。为了实现DTX技术，首先要能检测语音，编码器要能区别什么是有效语音，收端解码器要能在间断期产生舒适噪音，这个功能称为语音激活检测技术，简称VAD技术。

任务2　GSM移动通信网络结构

一、GSM系统结构

（一）GSM移动通信系统的组成

GSM移动通信系统主要是由交换网路子系统（NSS）、无线基站子系统（BSS）、操作支持子系统（OSS）和移动台（MS）四大部分组成，如图5.2.1所示。

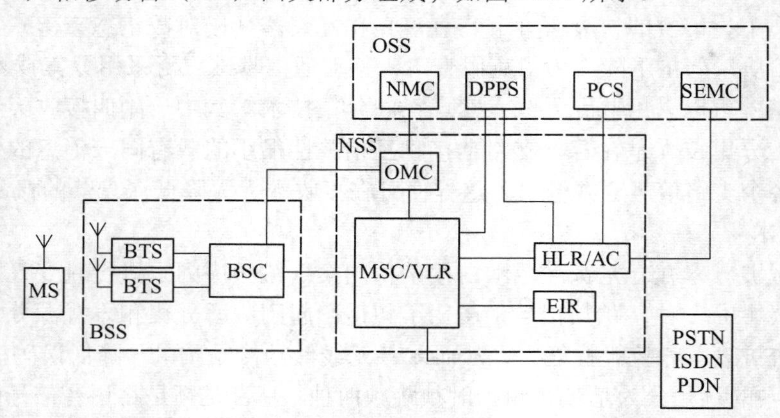

OSS：操作支持子系统　BSS：基站子系统　NSS：网络子系统
NMC：网络管理中心　PPS：数据后处理系统　SEMC：安全性管理中心
PCS：用户识别卡个人化中心　OMC：操作维护中心　MSC：移动交换中心
VLR：拜访位置寄存器　HLR：归属位置寄存器　AC：鉴权中心
EIR：移动设备识别寄存器　BSC：基站控制器　BTS：基站收发信台
PDN：公用数据网　PSTN：公用电话网　ISDN：综合业务数字网
MS：移动台图

图5.2.1　GSM系统结构

1. 交换网路子系统

交换网路子系统（NSS）主要完成交换功能和用户移动性管理、安全性管理所需的数据库功能。NSS由一系列功能实体所构成，各功能实体介绍如下：

（1）MSC：GSM系统的核心，是对位于它所覆盖区域中的移动台进行控制和完成话路交换的功能实体，也是移动通信系统与其他公用通信网之间的接口。它可完成网路接口、公共信道信令系统和计费等功能，还可完成BSS、MSC之间的切换和辅助性的无线资源管理、移动性管理等。另外，为了建立到移动台的呼叫路由，每个MSC还应能完成入口MSC（GMSC）的功能，即查询位置信息的功能。

（2）VLR：一个数据库，存储MSC处理所管辖区域中MS（统称拜访用户）的来话、去话呼叫所需的检索信息，例如用户的号码、所处位置区域的识别码、向用户提供的服务等参数。

（3）HLR：一个数据库，存储管理部门用于移动用户管理的数据。每个移动用户都应在其归属位置寄存器（HLR）注册登记，它主要存储两类信息：一是有关用户的参数；二是有关用户目前所处位置的信息，以便建立至移动台的呼叫路由，例如MSC、VLR地址等。

（4）AUC：用于产生确定移动用户的身份和对呼叫保密所需鉴权、加密的三参数（随机号码RAND，符号响应SRES，密钥Kc）的功能实体。

（5）EIR：一个数据库，存储移动台设备有关参数。主要完成对移动设备的识别、监视、闭锁等功能，以防止非法移动台的使用。

2. 无线基站子系统

无线基站子系统（BSS）是在一定的无线覆盖区中由MSC控制，与MS进行通信的系统设备，它主要负责完成无线发送、接收和无线资源管理等功能。功能实体可分为基站控制器（BSC）和基站收发信台（BTS）。

（1）BSC：具有对一个或多个BTS进行控制的功能，它主要负责无线网路资源的管理、小区配置数据管理、功率控制、定位和切换等，是个很强的业务控制点。

（2）BTS：无线接口设备，它完全由BSC控制，主要负责无线传输，完成无线与有线的转换、无线分集、无线信道加密、跳频等功能。

3. 移动台

移动台就是移动用户设备，它由两部分组成，移动终端（MS）和用户识别卡（SIM）。移动终端就是“机”，它可完成话音编码、信道编码、信息加密、信息的调制和解调、信息发射和接收等功能。SIM卡就是“人”，它类似于我们现在所用的IC卡，因此也称作智能卡，存有认证用户身份所需的所有信息，并存有一些与安全保密有关的重要信息，以防止非法用户进入网路。SIM卡还存储与网路和用户有关的管理数据，只有插入SIM后移动终端才能接入进网，但SIM卡本身不是代金卡。

4. 操作维护中心

操作维护中心（OMC）主要对整个GSM网络进行管理和监控，通过它实现对GSM网内各种部件功能的监视、状态报告、故障诊断等功能。

（二）GSM 系统接口

1. 主要接口

GSM 系统的主要接口是指 A 接口、Abis 接口和 Um 接口，如图 5.2.2 所示。这三种主要接口的定义和标准化能保证不同供应商生产的移动台、基站子系统和网路子系统设备能纳入同一个 GSM 数字移动通信网运行和使用。

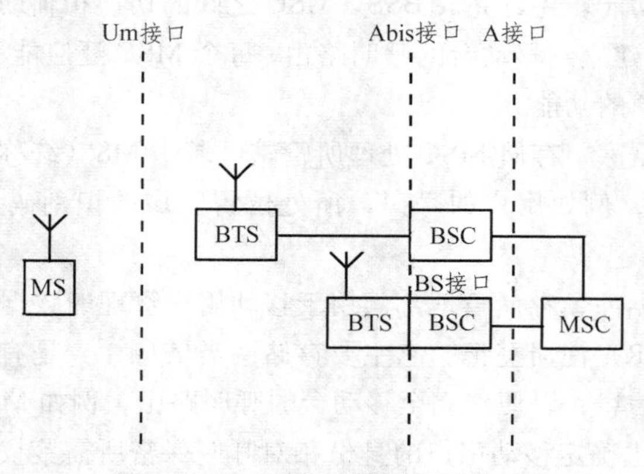

图 5.2.2　GSM 系统的主要接口

A 接口定义为网路子系统（NSS）与基站子系统（BSS）之间的通信接口，从系统的功能实体来说，就是移动业务交换中心（MSC）与基站控制器（BSC）之间的互连接口，其物理链接通过采用标准的 2 Mb/s PCM 数字传输链路来实现。此接口传递的信息包括移动台管理、基站管理、移动性管理、接续管理等信息。

Abis 接口定义为基站子系统的两个功能实体基站控制器（BSC）和基站收发信台（BTS）之间的通信接口，用于 BTS（不与 BSC 并置）与 BSC 之间的远端互连方式，物理链接通过采用标准的 2 Mb/s 或 64 Kb/s PCM 数字传输链路来实现。图 5.2.2 所示的 BS 接口作为 Abis 接口的一种特例，用于 BTS（与 BSC 并置）与 BSC 之间的直接互连方式，此时 BSC 与 BTS 之间的距离小于 10 m。此接口支持向用户提供的所有服务，并支持对 BTS 无线设备的控制和无线频率的分配。

Um 接口（空中接口）定义为移动台与基站收发信台（BTS）之间的通信接口，用于移动台与 GSM 系统的固定部分之间的通信，其物理链接通过无线链路实现。此接口传递的信息包括无线资源管理、移动性管理和接续管理等信息。

2. 网络子系统内部接口

网络子系统由移动业务交换中心（MSC）、访问用户位置寄存器（VLR）、归属用户位置寄存器（HLR）等功能实体组成，GSM 技术规范定义了不同的接口以保证各功能实体之间的接口标准化，如图 5.2.3 所示。

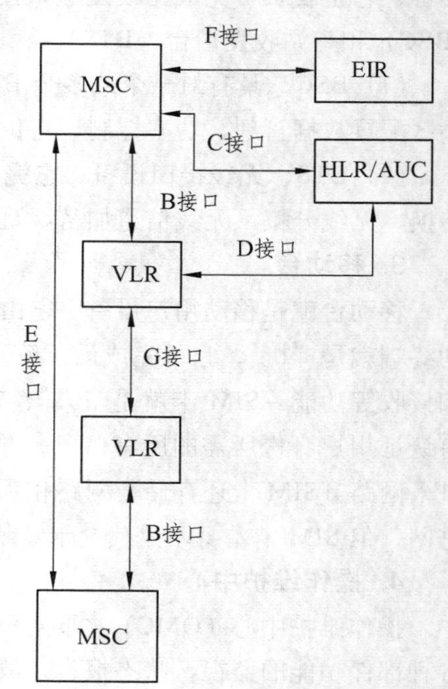

图 5.2.3　网络子系统内部接口示意图

二、GSM 网络结构

GSM 移动通信网的组网方案视不同国家地区而定，地域大的国家可以分为三级（第一级为大区（或省级）汇接局，第二级为省级（地区）汇接局，第三级为各基本业务区的 MSC），中小型国家可以分为两级（一级为汇接中心，另一级为各基本业务区的 MSC）或无级。下面以中国的 GSM 网络为例对 GSM 网络结构作介绍。

1. 移动业务本地网的网络结构

GSM 移动本地网是按地理行政区域进行建网的，一般长途编号区为 2 位或 3 位的地区建一个移动业务本地网。每个移动业务本地网中应设立一个 HLR（必要时可增设）。HLR 可以是有物理实体的，也可是虚拟的，即几个移动业务本地网共用一个物理实体 HLR，此时 HLR 内部划分为若干个区域，每个移动业务本地网用一个区域，由一个业务终端来管理，如图 5.2.4 所示。

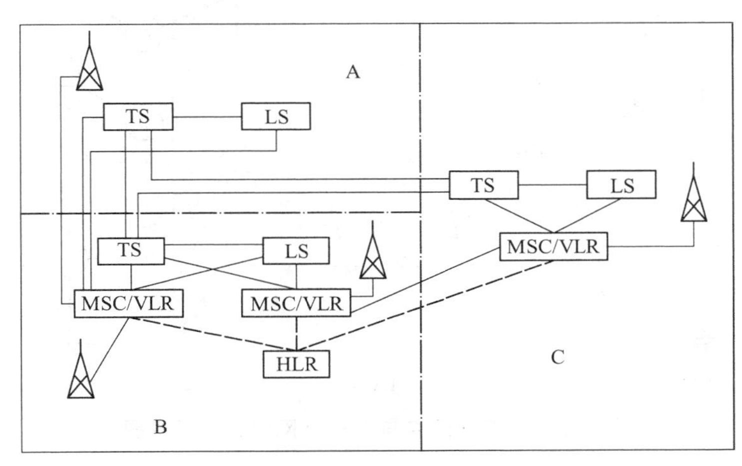

TS：长途局　　LS：市话局

图 5.2.4　GSM 移动业务本地网结构示意图

2. 省内 GSM 移动通信网的网络结构

省内 GSM 移动通信网由省内的各移动业务本地网构成，省内设若干个移动业务汇接中心（即二级汇接中心），汇接中心之间为网状结构，汇接中心与移动端局之间呈星状网结构。根据业务量的大小，二级汇接中心可以是单独设置的汇接中心（即不带用户，不与基站相连，只作汇接），也可兼作移动端局（与基站相连，可带用户）。省内 GSM 移动通信网中一般设置 2～3 个移动汇接局较为适宜，最多不超过 4 个，每个移动端局至少应与省内两个二级汇接中心相连，如图 5.2.5 所示。任意两个移动交换局之间有较大的业务量时，可建立话音专线。

3. 全国 GSM 移动通信网的网络结构

全国 GSM 移动电话网按大区设立一级汇接中心，省内设立二级汇接中心，移动业务本地网设立端局，从而构成三级网络结构。它与 PSTN 网（公用电话网）的连接关系如图 5.2.6 所示。从图中可见，三级网络结构组成了一个完全独立的数字移动通信网络。公用电话网还有它的国际出口局，而 GSM 数字移动通信网却无国际出口局，国际间的通信仍然还需借助公用电话网的国际局。

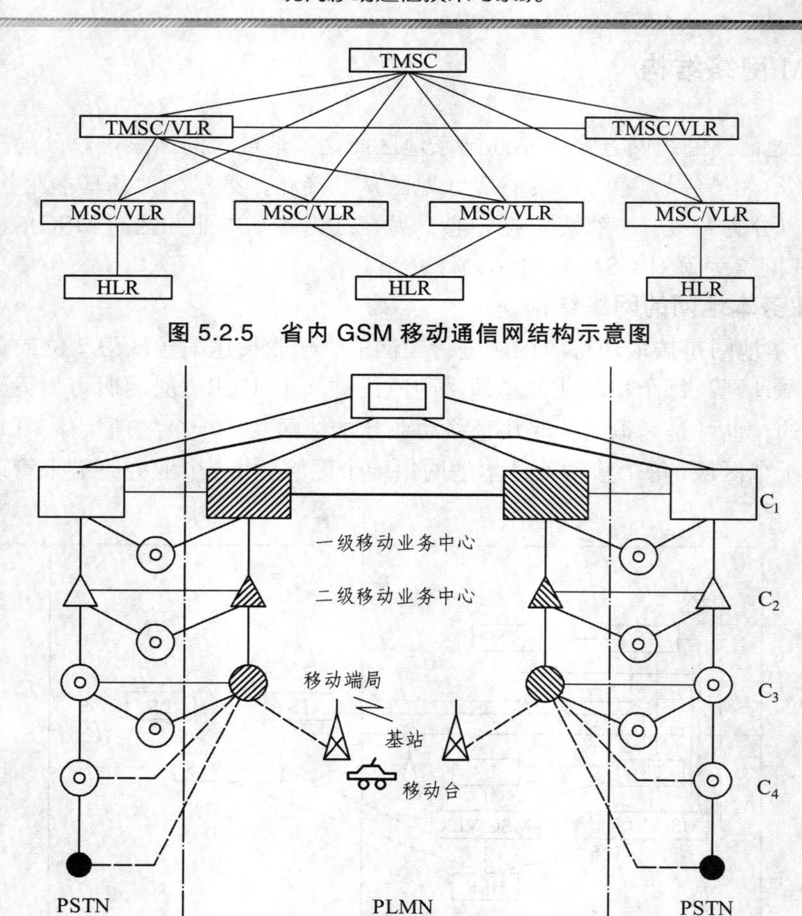

图 5.2.5　省内 GSM 移动通信网结构示意图

图 5.2.6　GSM 网络与 PSTN 网络连接示意图

三、实践活动：GSM 系统结构

1. 实践目的

熟悉 GSM 系统结构。

2. 实践要求

各位学员独立完成。

3. 实践内容

（1）结合具体情况熟悉图 5.2.1 所示的 GSM 系统结构；

（2）熟悉基站子系统结构并画出结构图。

任务 3　GSM 信号处理过程

一、GSM 信号处理认知

GSM 系统传输与处理的信号主要是语音和数据，其处理与传输的流程如图 5.3.1 所示。

下面以移动台发送、固定电话接收为例介绍信号的处理与传输流程。

移动用户首先将他的语音送入移动台（MS）的送话器，在 MS 内，经过 PCM 编码和带宽压缩处理，模拟语音信号转换成 13 Kb/s 的数字信息流；数字信息流经过检错纠、错信道编码后由 13 Kb/s 变为 22.8 Kb/s，经加密交织处理后，形成 270 Kb/s 的 TDMA 帧；经 GMSK 数字调制后，送到射频单元发送电路的上变频调制得到射频信号；通过功率放大后，送到天线合路器和其他发信机，处理后的信号合成一路通过发射天线转换成电磁波发射出去。

基站收发信机（BTS）天线检测到信号后，将这个无线电信号接收，经放大解调、TDMA 帧分离、信道解码等处理后，恢复成代表语音的 16 Kb/s 的数字信号；实际上，16 Kb/s 数字信号除包括含 13 Kb/s 的语音编码数字信息流外，还包括 3Kb/s 的同步信息。16 Kb/s 数字信号经过 TRAU 单元码型变换成 2 Mb/s 的数字信息流，2 Mb/s 的数字信息流经过移动交换中心（MSC）后，送到 PSTN 网，然后 PSTN 分别将各自得话音送到相应得固定电话中，经数-模转换，变成话音信号，供用户接听。

当固定电话发送、移动台接收时，信号的处理与传输流程是上述过程的逆过程；若是移动台与移动台通话，信号处理与传输流程与上述流程类似。

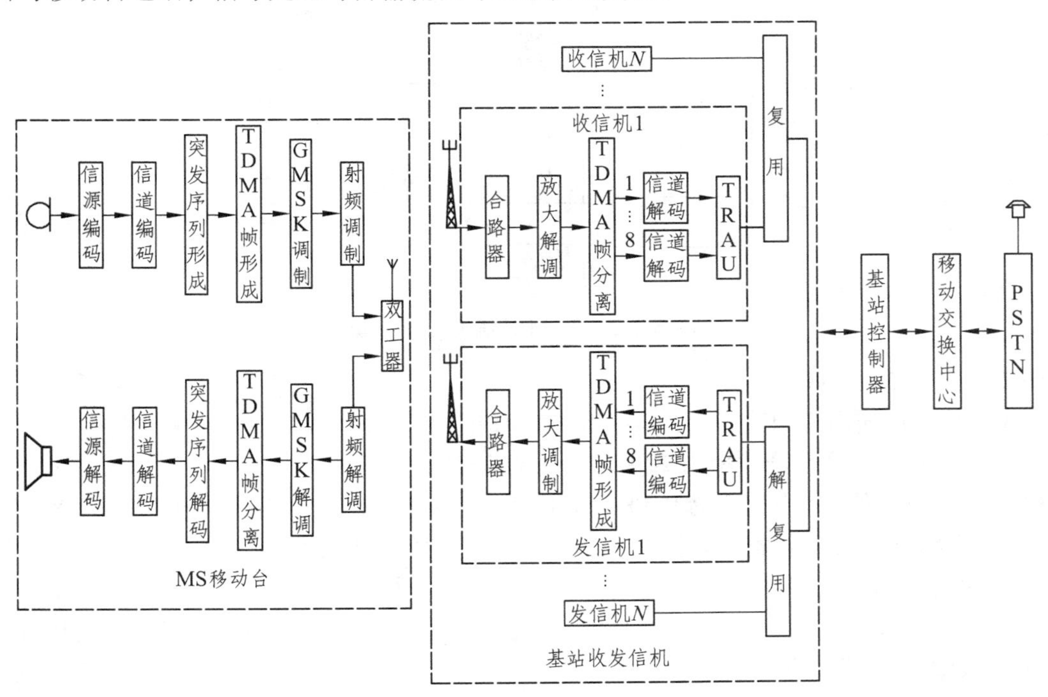

图 5.3.1　GSM 系统数据处理与传输流程图

二、GSM 信道结构

信道是传输信息的通道。GSM 系统的接入方式严格来说是采用 TDMA/FDMA 方式，即时隙接入。GSM 系统的信道可分为物理信道和逻辑信道两大类。

1. 物理信道

一个载频的 TDMA 帧的一个时隙称为一个物理信道，在目前 GSM 系统语音编码速率下，

每个 TDMA 帧包括 8 个时隙，所以在 GSM 系统中每个载波有 8 个物理信道，即信道 0～7。

2. 逻辑信道

在 BTS 和 MS 间会传送许多信息，如用户数据信息和控制信息。这些信息都必须在规定的时隙中进行传输，根据传递信息种类的不同，GSM 系统把传送不同种类信息的物理信道称为逻辑信道，逻辑信道必须依托物理信道来传送。

逻辑信道分为业务信道（Traffic Channel）和控制信道（Control Channel）两大类，如图 5.3.2 所示。

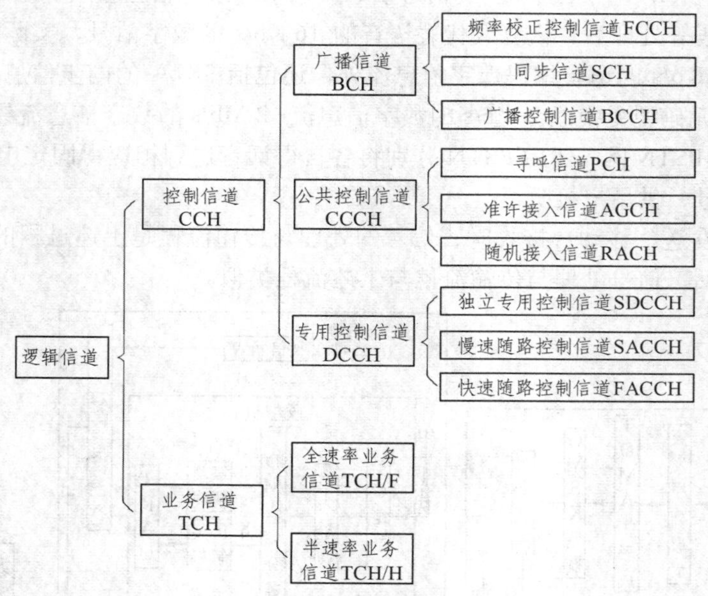

图 5.3.2　GSM 系统的逻辑信道

（1）业务信道（TCH）。

TCH 用于传送语音和数据，有全速率（TCH/F）和半速率（TCH/H）两种。

① 语音业务信道：全速率为 22.8 Kb/s，半速率为 4.8 Kb/s。

② 数据业务信道：全速率为 9.6 Kb/s、4.8 Kb/s，对应的半速率分别为 4.8 Kb/s、2.4 Kb/s。

一个载频可提供 8 个全速率业务信道或 16 个半速率业务信道。

（2）控制信道（CCH）。

控制信道（CCH）用于传送信令和同步数据。根据所需完成的功能不同又把控制信道分为广播、公共及专用三种控制信道。

① 广播信道（BCH）：一种"一点对多点"的单方向控制信道，用于基站向所有移动台广播公用信息。传输的内容是移动台入网和呼叫建立所需要得各种信息。广播信道又可细分为以下几种信道。

· 频率校正信道（FCCH）：传输供移动台校正其工作频率的信息。

· 同步信道（SCH）：传输供移动台进行同步和对基站进行识别的信息。

· 广播控制信道（BCCH）：传输系统公用控制信息，用于移动台测量信号强度和识别小区标志等。

② 公共控制信道（CCCH）：一种"一点对多点"的双向控制信道，其用途是在呼叫接续

阶段，传输链路连接所需要的控制命令。公共控制信道又可细分为以下几种信道。

· 寻呼信道（PCH）：传输基站寻呼移动台的信息。

· 随机接入信道（PACH）：传输移动台申请入网时向基站发送的入网请求信息。

· 准许接入信道（AGCH）：用于传输基站对移动台的入网申请做出应答时向移动台发送的分配一个独立专用控制信道的信息。

③ 专用控制信道（DCCH）：一种“点对点”的双向控制信道，其用途是在呼叫接续阶段以及在通信进行当中，在移动台和基站之间传输必要的控制信息。专用控制信道又可细分为以下几种信道。

· 独立专用控制信道（SDCCH）：传输移动台和基站连接与信道分配的信令。例如，登记、鉴权信令等。

· 慢速随路控制信道（SACCH）：在移动台和基站之间，周期地传输一些特定的信息，如功率调整、时间调整等信息。

· 快速随路控制信道（FACCH）：传输与 SDCCH 相同的信息。使用时要中断业务信息（4帧）、把 FACCH 插入，不过，只有在没有分配 SDCCH 的情况下，才使用这种控制信道。

三、实践活动：GSM 无线信号处理过程

1. 实践目的

熟悉 GSM 无线信号处理过程。

2. 实践要求

各位学员独立完成。

3. 实践内容

（1）熟悉图 5.3.1 所示信号处理过程；

（2）描述 GSM 无线信号处理过程。

任务 4　GSM 通信流程

GSM 主要通信流程分为主叫流程和被叫流程，本任务将做详细分析。

一、主叫通信流程

假设一 MS 被激活且处于空闲状态，用户 A 要建立一个呼叫，他只要拨被叫用户 B 的号码，再按“发送”键，MS 便启动程序。首先，MS 通过随机接入控制信道（RACH）向网络发第一条消息，即接入请求消息；MSC 即分配给 MS 一专用信道，查看用户 A 的类别并标注此用户忙。若网络允许此 MS 接入网络，则 MSC 发送证实接入请求消息。接着，MS 发送呼叫建立消息及用户 B 号码，MSC 根据此号码将主叫与被叫所在的 MSC 连通，并将被叫号码送至被叫所在 MSC（用户 B 为移动用户时）或送入固定网（PSTN）转接交换机（用户 B 为固定用户时）中进行分析。一旦通往用户 B 的链路准备好，网络便向 MS 发呼叫建立证实消息，并给它分配专用业务信道 TCH。至此，呼叫建立过程基本完成，MS 等待用户 B 响应的证实信号。移动台始发呼叫框图如图 5.4.1 所示。

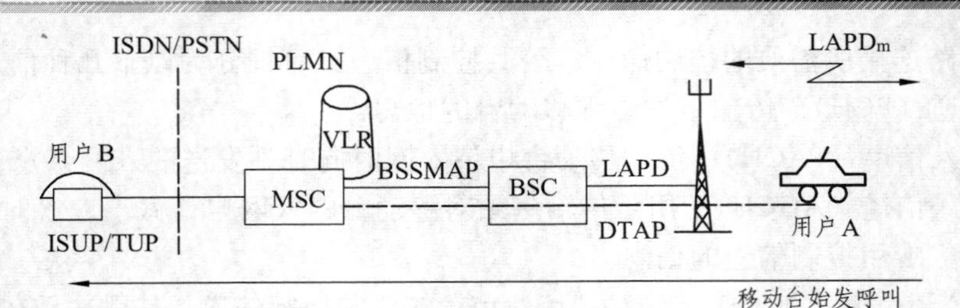

图 5.4.1 移动台始发呼叫框图

MS 始发呼叫流程如图 5.4.2 所示。主要流程归纳如下：

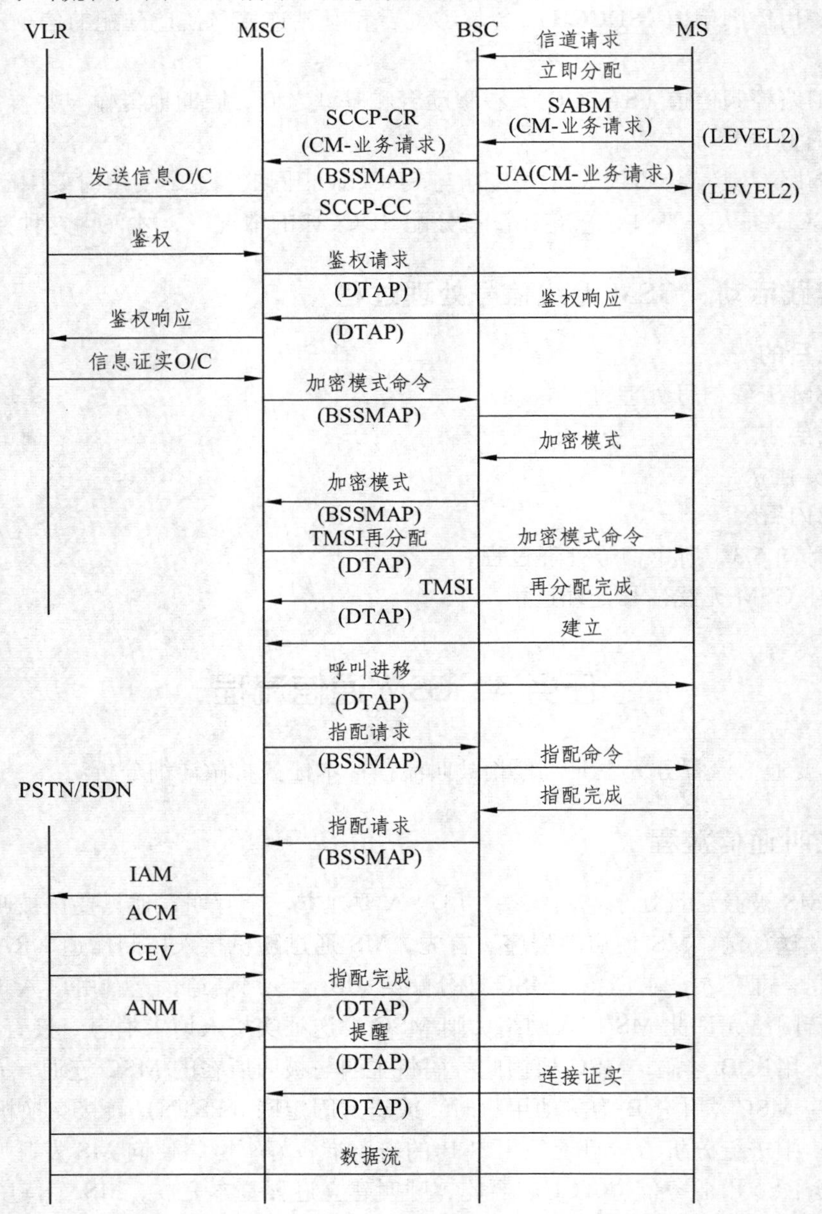

图 5.4.2 MS 始发呼叫流程

① 在服务小区内，移动用户拨号后，移动台向基站请求随机接入信道。

② 在移动台 MS 与移动业务交换中心 MSC 之间建立信令连接。

③ 对移动台的识别码进行鉴权，如果需加密则设置加密模式等，进入呼叫建立的起始阶段。

④ 分配业务信道。

⑤ 采用七号信令的用户部分（ISUP/TUP），建立与固定网（ISDN/PSTN）至被叫用户的通路，并对被叫用户振铃提醒，向移动台回送呼叫接通证实信号。

⑥ 被叫用户摘机应答，向移动台发送应答连接消息，进入通话阶段。

二、被叫通信流程

下面我们以 PSTN 的固定用户 A 呼叫 GSM 的移动用户 B 的呼叫建立过程为例（见图 5.4.3），介绍 MS 作被叫的通信流程，其中用户 B 号码为 0139H0HlH2H3ABCD。

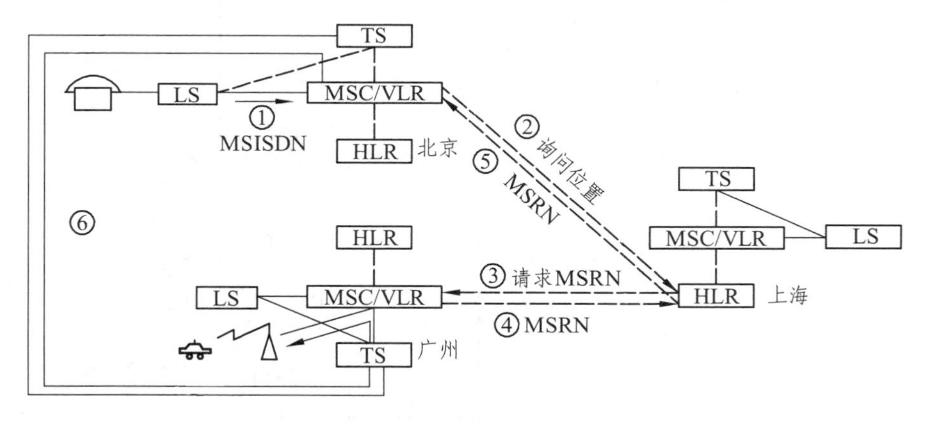

图 5.4.3 GSM 系统呼叫用户时接续示意图

用户 A（北京固定网某用户）拨打用户 B（上海数字移动某用户），首先拨 MSISDN（0139H0HlH2H3ABCD）号码。本地交换机根据用户 A 所拨用户 B 号码为国内目的地代码(139)确定可以与 GSM 网的 GMSC（GSM 网入口交换机）间建立链路，并将用户 BMSISDN 号码传送给 GMSC。GMSC 分析此号码，根据 MSISDN 中的 H0HlH2H3 号段，应用查询功能向用户 B 的 HLR 发 MSISDN 号码，询问用户 B 漫游号码（MSRN）。HLR 将用户 BMSISDN 号码转换为用户识别码（IMSI），查询用户 B 目前所在的业务区 MSC（如他已漫游到广州），向该区 VLR 发被叫的 IMSI，请求 VLR 分配给被叫用户一个漫游号码 MSRN。VLR 把分配给被叫用户的 MSRN 号码回送给 HLR，由 HLR 发送给 GMSC。GMSC 有了 MSRN，就可以把入局呼叫接到用户 B 所在的 MSC（北京—广州）。GMSC 与 MSC 的连接可以是直达链路，也可由汇接局转接。VLR 查出被叫用户的位置区识别码（LAI）之后，MSC 将寻呼消息发送给位置区内所有的 BTS，由这些 BTS 通过无线路径上的寻呼信道（PCH）发送寻呼消息，在整个位置区覆盖范围内进行广播寻呼。守候的空闲 MS 接收到此寻呼消息，识别出其 IMSI 码后，发送应答响应。

移动台终结呼叫框图如图 5.4.4 所示，流程如图 5.4.5 所示。主要流程归纳如下：

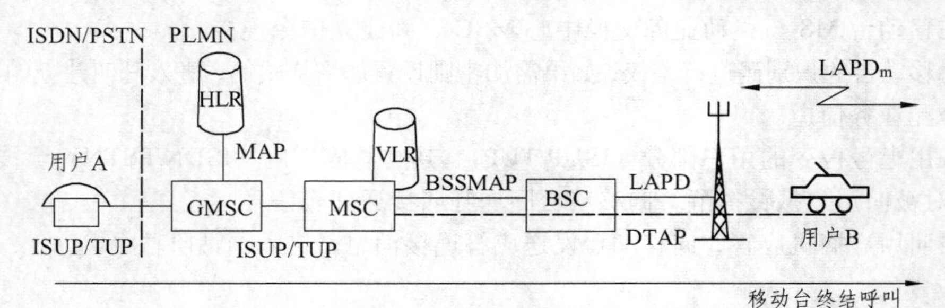

图 5.4.4 移动台终结呼叫框图

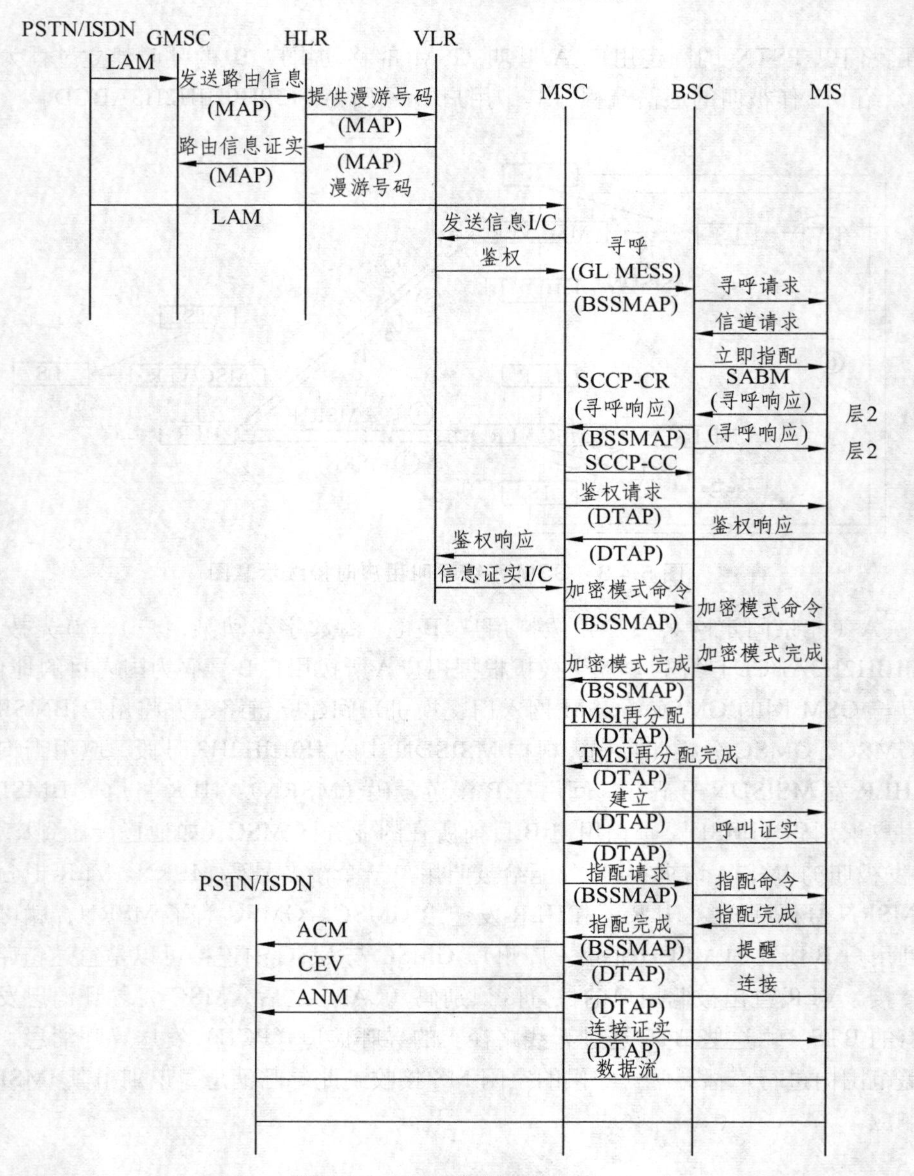

图 5.4.5 MS 终结呼叫流程

① 通过 No.7 信令用户部分 ISUP/TUP，入口 MSC(GMSC)接受来自固定网(ISDN/PSTN)的呼叫。

② GMSC 向 HLR 询问有关被叫移动用户正在访问的 MSC 地址（即 MSRN）。

③ HLR 请求 VLR 分配 MSRN。MSRN 在用户每次呼叫时由 VLR 分配并通知 HLR。

④ GMSC 从 HLR 获得 MSRN 后，便可寻找路由建立到被访 MSC 的通路。

⑤⑥ 被访 MSC 从 VLR 获得用户有关数据。

⑦⑧ MSC 通过位置区内的所有基站 BTS 向移动台发送寻呼消息。

⑨⑩ 被叫移动用户的移动台发回寻呼响应消息后，执行与上述主叫通信流程中的①、②、③、④相同的过程，直到移动台振铃，向主叫用户回送呼叫接通证实信号。

⑪ 移动用户应答，向固定网发送应答连接消息，进入通话阶段。

任务 5　GSM 基站设备及维护

一、GSM 基站结构认识

本任务中以 BTS3012AE 为例，介绍 GSM 基站结构。BTS3012AE 是华为公司开发的双密度系列室外型宏基站，支持双密度收发信机，单机柜最大支持 12 载波。BTS3012AE 支持向 GERAN（GSM/EDGE Radio Access Network）的演进，适合城市、郊区、农村的大容量覆盖，以及机房难以获取或者机房建设成本很高的地区。BTS3012AE 系统结构如图 5.5.1 所示，由机柜、天馈、操作维护设备和附属设备组成。

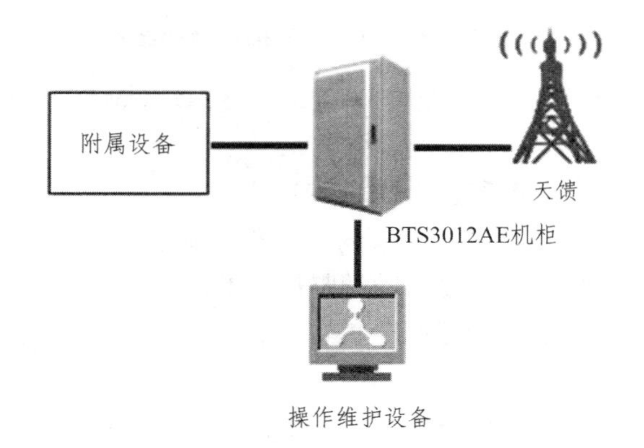

图 5.5.1　BTS3012AE 系统结构

1. 机　柜

BTS3012AE 机柜为基站系统的核心部分，主要完成基带信号及射频信号的处理。BTS3012AE 机柜从物理结构上可划分为 DAFU 框、DTRU 框、风扇框、公共框、信号防雷框、电源框、交直流配电框和传输设备框。在小区配置为 S4/4/4 的情况下，BTS3012AE 的一种典型的单机柜满配置如图 5.5.2 所示。

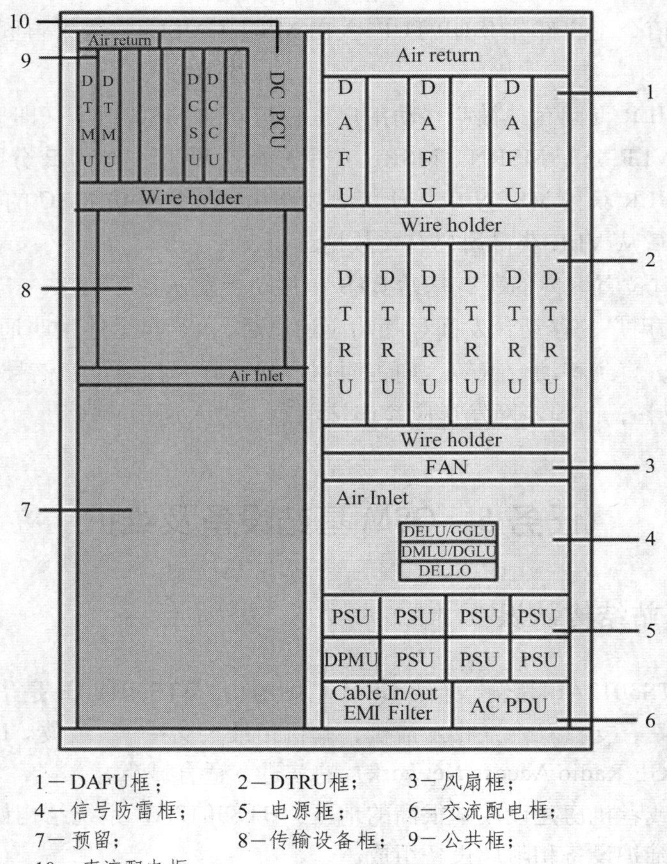

1—DAFU框； 2—DTRU框； 3—风扇框；
4—信号防雷框； 5—电源框； 6—交流配电框；
7—预留； 8—传输设备框； 9—公共框；
10—直流配电框

图 5.5.2 BTS3012AE 机柜物理结构

（1）DAFU 框。DAFU 框可以选择配置 DDPU 模块、DCOM 模块或者 DFCU 模块、DFCB 模块。

（2）DTRU 框。DTRU 框最多配置六块 DTRU 模块。

（3）风扇框。风扇框配置 1 个风扇盒，内有 4 个风扇和一块风扇监控板。风扇监控板采集机柜底部的进风口温度，根据该温度自动调整风扇的转速。

（4）信号防雷框。信号防雷框位于机柜的右半部，插框内配置有：DMLU 单板、DELU 单板、DGLU 单板、DSCB 单板。

（5）电源框。电源框位于机柜的右下部，插框内配置有：DPMU 模块、DELU 单板。

（6）交流配电框。交流配电框内配置 1 个 EMI 滤波器和 1 个交流配电盒，用于提供机柜各个模块的交流电源和保护。交流配电盒包含 4 个 32 A 的空气开关、1 个 10 A 的空气开关和 1 个维护开关。

（7）传输设备框。传输设备框用于内置 E1、SDH、微波等多种传输设备或其他用户设备。

（8）公共框。公共框位于机柜左上部，框内配置有：DTMU 单板、DATU 单板、DCSU 单板、DCCU 单板、DABB 单板、DPTU 单板、DGPS 单板。

（9）直流配电框。直流配电框内配置 1 个直流配电盒，用于直流电源的分配和保护。直流配电盒上配有 13 个 3V3 电源接口和 16 个电源开关，用于公共框、DAFU 框、DTRU 框、风扇框、热控单元和传输设备空间的直流电源的接入和控制。

2. 天 馈

天馈用于完成上行微弱信号的接收和下行信号的发射。

3. 操作维护设备

操作维护设备实现对 BTS3012AE 的操作维护功能，如安全管理、告警管理、数据配置、维护管理等。BTS3012AE 支持基站近端维护、LMT 维护和网管集中维护三种维护方式。

4. 附属设备

BTS3012AE 系统还可以选配各种附属设备，包括 IBBS、传输工程界面箱、电源工程界面箱、传感器和其他监控设备。附属设备完成机柜的备电、传输的引入及环境的监控等功能。

二、GSM 基站日常操作维护

1. BTS 操作维护方式

BTS 操作维护方式可分为基站近端维护、LMT 维护和网管集中维护。BTS 操作维护系统组网结构如图 5.5.3 所示。

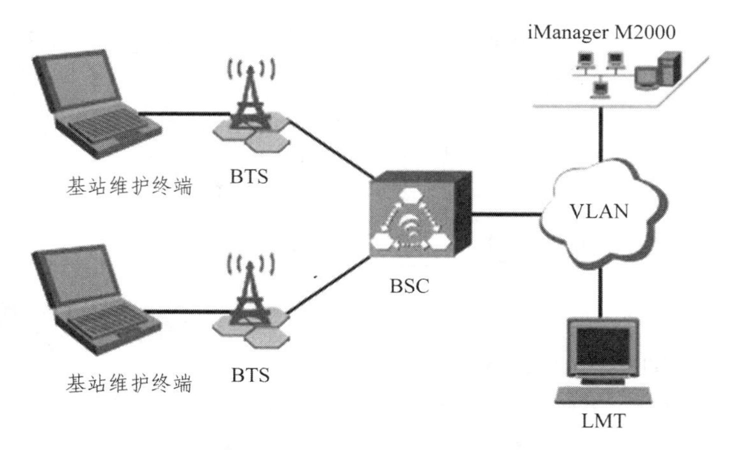

图 5.5.3 操作维护系统组网结构

（1）基站近端维护方式：由基站维护终端在基站本地通过以太网直接维护 BTS，可以对站点、小区、载频、基带、信道以及单板进行操作维护。基站维护终端只用于维护单个 BTS。

（2）LMT 维护方式：由 LMT 通过 BSC 和 BTS 之间的 Abis 接口提供的操作维护链路维护 BTS，LMT 和 BSC 之间通过局域网通信。LMT 可以对站点、小区、载频、基带、信道进行操作维护，主要用于配置和调整 BSC、BTS 的数据。

（3）网管集中维护方式：由华为无线集中网管 iManager M2000 通过操作维护网络维护 BTS，可以对站点、小区、信道、单板进行操作维护。网管集中维护用于同时维护多个 BTS。

2. BTS 操作维护硬、软件结构

（1）操作维护硬件结构。

BTS3012/BTS3012AE 操作维护硬件结构如图 5.5.4 所示。

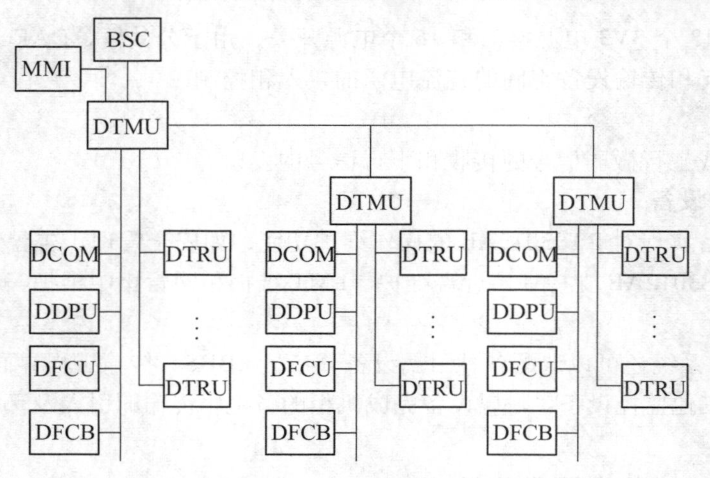

图 5.5.4　BTS3012/BTS3012AE 操作维护硬件结构

BTS3012/BTS3012AE 的操作维护程序运行在 DTMU 单板上，DTMU 单板向上连接 BSC 和 MMI 终端，向下连接各单板和模块。主从 DTMU 单板配合，负责一个站点下所有 BTS 设备的操作维护和管理监控。

BTS3012/BTS3012AE 的操作维护流程：

① 主 DTMU 单板接收来自 BSC 或 MMI 终端的操作维护信号，并传送给各从 DTMU 单板。

② DTMU 单板将 CBUS2、DBUS 信号经过相关单板转接，送至本机柜内的 DTRU 模块进行处理；将 CBUS3 信号通过相关单板转接，送至本机柜内的 DCOM、DDPU、DFCU、DFCB 模块进行处理。

③ DTRU、DCOM、DDPU、DFCU、DFCB 模块分别把自己的状态上报给本机柜内的 DTMU 单板。

④ DTMU 单板收集所有单板及模块状态后，进行分析和处理得出 BTS 的状态，然后把 BTS 状态通过 Abis 接口传送给 BSC 和 MMI 终端。

（2）操作维护软件结构。

BTS 操作维护软件结构如图 5.5.5 所示。

操作维护软件与信令协议软件、数据中心、BSC 协作完成操作维护、传输管理和时钟管理的功能。操作维护软件主要由以下几部分组成：消息分发模块、软件管理模块、测试管理模块、设备管理模块、告警管理模块、时钟管理模块、传输管理模块。

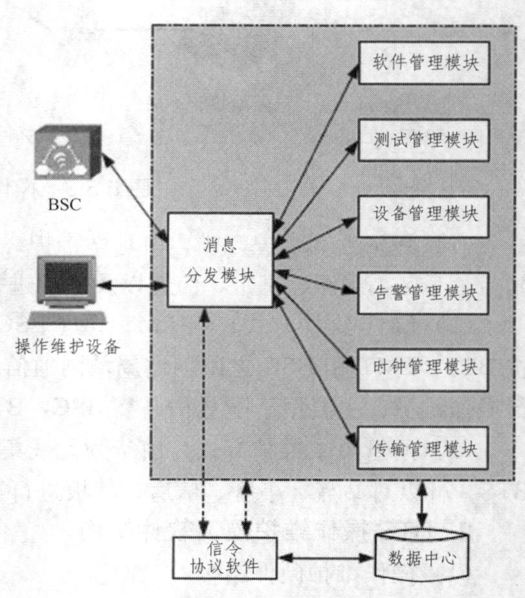

图 5.5.5　BTS 操作维护软件结构

3. BTS 操作维护功能

BTS 操作维护提供消息分发、软件管理、测试管理、设备管理、告警管理、时钟管理、传输管理等功能。

（1）消息分发。

· 接收 BSC、MMI 和其他单板模块的消息并分发到各管理模块。

· 保证基站各逻辑对象和物理对象的状态在 BSC、主控单板、单板三个实体上一致。

· 通过基站日志完成基站内部运行状态的记录。

（2）软件管理。

· 支持各单板的软件下载功能。

· 主要完成站点配置、物理单板配置、动态数据配置功能。

（3）测试管理。

· 支持重要单板的在位检测。

· 提供载频模块的 Abis 口链路测试，载频模块信道测试，站点、小区、载频、单板自检功能。

（4）设备管理。

· 支持各模块的配置以及管理。

· 支持主备主控单板温备份管理功能。

（5）告警管理。

· 支持 DBUS、CBUS2 故障管理。

· 在基站发生运行错误或者存在告警时，给出完整、正确的出错报告。

· 根据告警的重要性和级别，提供对单板、模块、环境告警合并、屏蔽和上报功能，扩展告警支路号。

（6）时钟管理。

· BTS 时钟集中供给和管理、时钟单元的热备份。

· 通过对 BIU 的时隙交换灵活配置，满足基站多种组网方式的需要。

（7）传输管理。

· 主要完成 E1 时隙交换、层一连接管理及信令链路层二的管理。支持 DBUS 扩展，Abis 带宽分配策略优化。

· 配置有关决定空中接口中物理信道和逻辑信道的参数。包括设置小区属性、载频属性和信道属性三方面。

三、实践活动：GSM 基站操作应用

1. 实践目的

掌握 GSM 基站常用硬件维护项目。

2. 实践要求

各位学员在实验室独立完成，并记录相应结果。

3. 实践内容

对 BTS3012AE 硬件进行例行维护与日常维护，维护项目包括机柜维护、电源和接地系统维护和天馈系统维护。

（1）机柜维护项目（见表 5.5.1）。

表 5.5.1 BTS3012AE 机柜维护项目

项　目	周　期	操 作 指 导	参 考 标 准
检查风扇	每周，每月（季）	检查风扇	无相关的风扇告警上报
检查机柜外表	每月（季）	检查机柜外表是否有凹痕、裂缝、孔洞、腐蚀等损坏痕迹，机柜标志是否清晰	—
检查机柜锁和门	每月（季）	机柜锁是否正常，门是否开关自如	—
检查机柜清洁	每月（季）	仔细检查各机柜是否清洁	机柜表面清洁、机框内部灰尘不得过多
检查机柜密封性	每月（季）	检查机柜外壳是否有缝隙	—
检查风扇抽屉除尘	每年	如果风扇抽屉表面及内部灰尘过多，则应清除风扇盒灰尘	—
检查单板指示灯	每月（季）	检查机柜内部各单板的指示灯是否正常	—
检查热交换器	每周，每月（季）	检查热交换器的运行情况	热交换器运行正常，无异常声音，热交换器温度无异常，风扇无故障，温度传感器无异常，加热器无故障等
检查防静电腕带	每　季	使用以下两种方法之一：① 直接使用防静电腕带测试仪；② 使用万用表测量防静电腕带接地电阻	若使用防静电腕带测试仪，结果为 GOOD 灯亮；若使用万用表，防静电腕带接地电阻在 0.75 MΩ 到 10 MΩ范围内

(2) 电源和接地系统维护项目（见表 5.5.2）。

表 5.5.2 BTS3012AE 电源和接地系统维护项目

项　目	周　期	操 作 指 导	参 考 标 准
检查电源线	每月（季）	仔细检查各电源线连接	连接安全、可靠；电源线无老化，连接点无腐蚀
检查电压	每月（季）	用万用表测量电源电压	在标准电压允许范围内
检查保护地线	每月（季）	检查保护地线（PGND）、机房地线排连接是否安全、可靠	各连接处安全、可靠，连接处无腐蚀；地线无老化；地线排无腐蚀，防腐蚀处理得当
检查接地电阻	每月（季）	用地阻仪测量接地电阻并记录（应在每年的雨季来临前测试）	接地电阻应小于 10 Ω
检查蓄电池	每　年	对各机房供电系统的蓄电池和整流器进行年度巡检	蓄电池容量合格、连接

(3) 天馈系统维护项目（见表 5.5.3）。

表 5.5.3 BTS3012AE 天馈系统维护项目

项 目	周 期	操 作 指 导	参 考 标 准
检查铁塔	每半年	检查铁塔的结构情况、结构螺栓连接的松紧情况及铁塔的防腐防锈情况	铁塔无结构变形和基础沉陷情况；结构螺栓连接松紧适当；铁塔无腐蚀及生锈情况
检查抱杆	每半年	检查抱杆紧固件的安装情况、拉线塔拉线及地锚的受力情况、抱杆的防腐防锈情况	抱杆的紧固件无松动情况；拉线塔拉线及地锚受力均衡；抱杆无腐蚀及生锈情况
检查天线	每两个月	检查天线是否在避雷针保护区域内，天线支架与铁塔或屋顶的连接情况	避雷针保护区域是避雷针顶点下倾 30°范围内；天线支架与铁塔或屋顶的连接牢固可靠
检查馈线	每两个月	检查馈线夹是否有松动情况，馈线体是否有压扁、变形的情况	馈线夹安装牢固；馈线体无明显的折、拧现象，无裸露铜线

过关训练

一、填空题

1. GSM 的全称是（　　）。

2. GSM 系统的频段有（　　）MHz 和（　　）MHz。

3. GSM 的载频间隔是（　　）kHz。

4. GSM 的通信方式是（　　）。

5. GSM 每载波分配（　　）个时隙。

6. GSM 的调制方式是（　　），语音编码方式是（　　）。

7. 蜂窝移动通信系统主要是由（　　）、（　　）、（　　）和（　　）四大部分组成。

8. 交换网络子系统主要完成（　　）功能。

9. GSM 系统的主要接口是指（　　）接口、（　　）接口和（　　）接口。

10. 我国的 GSM 移动通信网采用（　　）级结构。

11. GSM 系统的接入方式严格来说，采用（　　）方式。

12. GSM 系统的信道可分为（　　）和（　　）两大类。

13. BTS3012AE 是华为公司开发的双密度系列（　　）基站。

14. BTS3012AE 机柜为基站系统的（　　）部分，主要完成（　　）。

15. 天馈完成（　　）功能。

16. BTS 操作维护方式可分为（　　）、（　　）和（　　）。

二、名词解释

GSM　分集接收　跳频　DTX　SIM　TCH

三、简答题

1. GSM 系统的特点有哪些?
2. GSM 系统的主要技术有哪些?
3. GSM 系统的网络子系统内部接口有哪些?
4. 说明 GSM 系统的数据传输与处理流程。
5. GSM 系统的控制信道有哪些?
6. 说明 GSM 系统的主叫通信流程。
7. 说明 GSM 系统的被叫通信流程。
8. BTS3012AE 机柜从物理结构上可划分为哪些部分?
9. BTS 的操作维护功能有哪些?

模块六　CDMA 移动通信网络

【问题引入】

CDMA 是一个应用非常广泛的标准，CDMA 技术是第三代移动通信系统的核心技术。那么 CDMA 系统由哪些部分组成？CDMA 的语音业务和数据业务流程是怎样的？如何进行 CDMA 基站的操作与维护？这些都是本模块需要涉及与解决的问题。

【内容简介】

本模块介绍了 CDMA 移动通信网络的特点和主要技术参数、CDMA 移动通信系统的基本组成、CDMA 主要业务流程、CDMA 基站操作与维护等内容。其中 CDMA 移动通信系统的基本组成、CDMA 主要业务流程、CDMA 基站操作与维护为重要内容。

【学习要求】

识记：CDMA 移动通信网络的特点和主要技术参数。

领会：CDMA 移动通信系统的基本组成、CDMA 主要业务流程。

应用：会进行 CDMA 基站日常操作。

任务 1　CDMA 移动通信系统认知

移动通信在未来通信中起越来越重要的作用，CDMA 技术成为第三代移动通信系统的核心技术。

一、CDMA 技术的演进和标准

CDMA 是 20 世纪 90 年代初由 QUALCOMM 公司提出的，CDMA 技术的演进可以分为窄带 CDMA 技术和宽带 CDMA 技术两个阶段，分别是第三代移动通信和第二代移动通信中的技术标准。

1. 第二代技术标准

IS-95A ——1995 年美国 TIA 正式颁布的窄带 CDMA（N-CDMA）标准。

IS-95B ——IS-95A 的进一步发展，于 1998 年制定的标准。其主要目的是为了满足更高的比特率业务的需求，IS-95B 可提供的理论最大比特率为 115 Kb/s，实际只能实现 64 Kb/s。IS-95A 和 IS-95B 均有一系列标准，其总称为 IS-95。

CDMA One ——基于 IS-95 标准的各种 CDMA 产品的总称，即所有基于 CDMA One 技术的产品，其核心技术均以 IS-95 作为标准。

2. 第三代技术标准

CDMA2000 ——美国向 ITU 提出的第三代移动通信空中接口标准，是 IS-95 标准向第三代演进的技术方案，这是一种宽带 CDMA 技术。

IS-2000 ——采用 CDMA2000 技术的正式标准的总称。IS-2000 系列标准有 6 部分，定义了移动台和基站系统之间的各种接口。

CDMA2000 1x ——指 CDMA2000 的第一阶段，速率高于 IS-95，低于 2 Mb/s，可支持 308 Kb/s 的数据传输，网络部分引入分组交换，可支持移动 IP 业务。

CDMA2000 3x ——它与 CDMA2000 1x 的主要区别是前向 CDMA 信道采用 3 载波方式，而 CDMA2000 1x 用单载波方式。因此它的优势在于能提供更高的数据速率，但占用频谱资源也较宽，在较长时间内运营商未必会考虑 CDMA2000 3x，而会考虑 CDMA2000 1x EV。

CDMA2000 1x EV ——在 CDMA2000 1x 基础上进一步提高速率的增强体制，采用高速率数据（HDR）技术，能在 1.25 MHz（同 CDMA2000 1x 带宽）内提供 2 Mb/s 以上的数据业务，是 CDMA2000 1x 的边缘技术。3GPP 已制定了 CDMA2000 1xEV 的技术标准，其中用高通公司技术的称为 HDR，用摩托罗拉和诺基亚公司联合开发的技术的称为 1xTREME，中国的 LAS-CDMA 也属此列。

CDMA2000 1x EV 系统分为两个阶段，即 1x 演进数据业务（1x EV-DO）和 1x 演进数据话音业务（1x EV-DV）。DO 是 Data Only 的缩写，1x EV-DO 通过引入一系列新技术，提高了数据业务的性能；DV 是 Data and Voice 的缩写，1x EV-DV 同时改善了数据业务和语音业务的性能。

CDMA 技术的演进如图 6.1.1 所示。

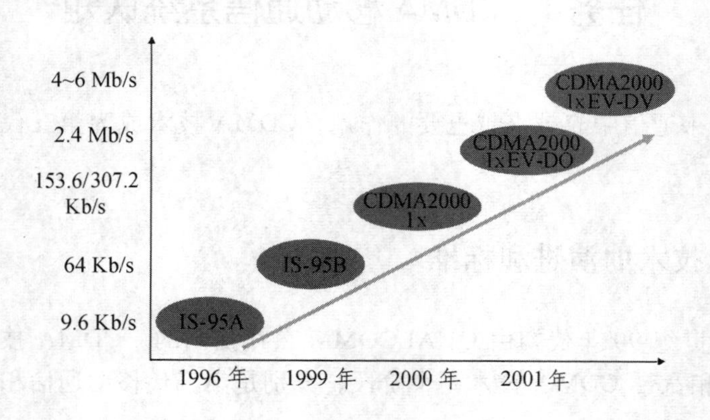

图 6.1.1 CDMA 技术的演进

二、CDMA2000 技术指标

CDMA2000 的最终正式标准是 2000 年 3 月通过的，表 6.1.1 归纳了 CDMA2000 的主要技术特点。

表 6.1.1 CDMA2000 的主要技术特点

占用带宽（MHz）	1.25	3.75	7.5	11.5	15
无线接口来源	IS-95				
网络结构来源	IS-41				
业务演进来源	IS-95				
最大用户比特率（bit/s）	307.2 K	1.036 8 M	2.073 6 M	2.457 6 M	
码片速率（Mb/s）	1.228 8	3.686 4	7.372 8	11.059 2	14.745 6
帧的时长（ms）	典型为 20，也可选 5，用于控制				
同步方式	IS-95（使用 GPS，使基站之间严格同步）				
导频方式	IS-95（使用公共导频方式，与业务码复用）				

与 CDMA One 相比，CDMA2000 有下列技术特点：

· 多种信道带宽。前向链路上支持多载波（MC）和直扩（DS）两种方式；反向链路仅支持直扩方式。当采用多载波方式时，能支持多种射频带宽，即射频带宽可为 $N\times 1.25$ MHz，其中 $N=1, 3, 5, 9$ 或 12。目前技术仅支持前两种，即 1.25 MHz（CDMA2000-1x）和 3.75 MHz（CDMA2000-3x）。

· 与现有的 IS-95 系统具有无缝的切换能力和互操作性，可实现 CDMA One 向 CDMA2000 系统的平滑过渡。

· 在同步方式上，沿用 IS-95 采用 GPS 使基站间严格同步的方式，以取得较高的组网与频谱利用效率，可以更加有效地使用无线资源。

· 核心网协议可使用 IS-41、GSM-MAP 以及 IP 骨干网标准。

· 前向发送分集。

· 快速前向功率控制。

· 使用 Turbo 码。

· 辅助导频信道。

· 灵活帧长：5 ms、20 ms、40 ms、80 ms。

· 反向链路相干解调。

· 可选择较长的交织器。

· 支持软切换和更软切换。

· 采用短 PN 码，通过不同的相位偏置区分不同的小区，采用 Walsh 码区分不同信道，采用长 PN 码区分不同用户。

· 话音用户容量是 IS-95A/B 的 1.5～2 倍，数据业务吞吐能力提高 3 倍以上。

三、实践活动：调研我国 CDMA 技术的发展情况

1. 实践目的

熟悉 CDMA 技术在我国的发展情况。

2. 实践要求

各位学员通过调研、搜集网络数据等方式独立完成。

3. 实践内容

（1）调研 CDMA 技术在我国的发展历程；

（2）调研我国 CDMA 技术目前的网络情况和用户数情况。

任务 2　CDMA2000 网络系统结构

一、CDMA2000 网络结构

CDMA2000 1x 网络结构如图 6.2.1 所示。

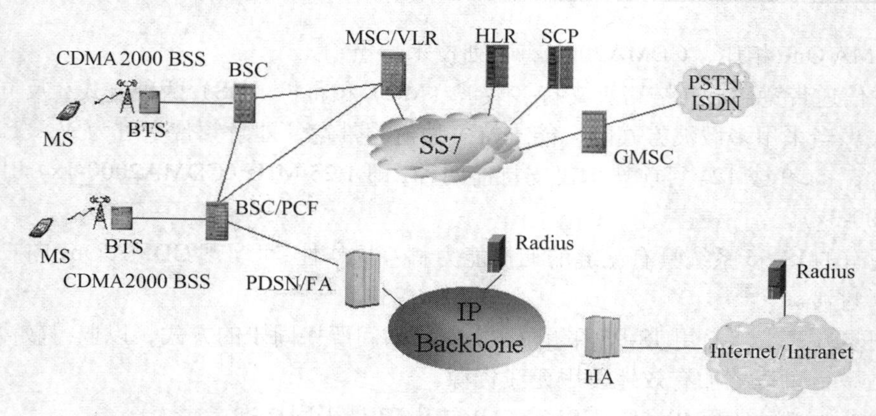

图 6.2.1　CDMA2000 1x 网络结构

CDMA 系统采用模块化的结构，将整个系统划分为不同的子系统，每个子系统由多个功能实体构成，实现一系列的功能。不同子系统之间通过特定的接口相连，共同实现各种业务。CDMA 系统主要包括以下部分：

（1）移动台 MS：即移动终端，包括射频模块、核心芯片、上层应用软件和 UIM 卡。

（2）无线接入网 RAN：由 BSC、BTS 和 PCF 构成。

（3）核心网：包括核心网电路域和核心网分组域。电路域包括：交换子系统，由 MSC、VLR、HLR 和 AC 构成；智能网，由 SSP、SCP 和 IP 构成；短消息平台，由 MC 和 SME 构成；定位系统，由 MPC 和 PDE 构成。分组域包括：分组子系统，由 PDSN、AAA 和 HA 构成；分组数据业务平台，如综合管理接入平台、定位平台、WAP 平台、JAVA 平台、BREW 平台等。

与 IS-95 系统相比，CDMA2000 系统的网络模型中主要新增了以下功能实体。

（1）分组控制功能模块 PCF：PCF 与 BSC 配合，负责完成与分组数据有关的无线信道控制功能。PCF 与 BSC 间的接口为 A8/A9 接口。

（2）分组数据服务节点 PDSN：PDSN 负责管理用户通信状态（点对点连接的管理），转发用户数据。当采用移动 IP 技术时，PDSN 中还应增加外部代理 FA 功能。FA 负责提供隧道出口，并将数据解封装后发往 MS。PDSN 与 PCF 间的接口为 A10/A11 接口。

（3）鉴权、认证和计费模块 AAA：AAA 负责管理用户，包括用户的权限、开通的业务、认证信息、计费数据等内容。目前，AAA 采用的主要协议为远程鉴权拨号用户业务 RADIUS 协议，所示 AAA 也可直接叫 RADDIUS 服务器。这部分功能与固定网使用的 RADDIUS 服务器基本相同，仅增加了与无线部分有关的计费信息。

（4）本地代理 HA：HA 负责将分组数据通过隧道技术发送给移动用户，并实现 PDSN 之间的移动管理。

二、CDMA2000 无线接入网技术

无线接入网由 BSC、BTS 和 PCF 组成，其中 BSC 和 BTS 合称为 BSS。CDMA2000 接口如图 6.2.2 所示。

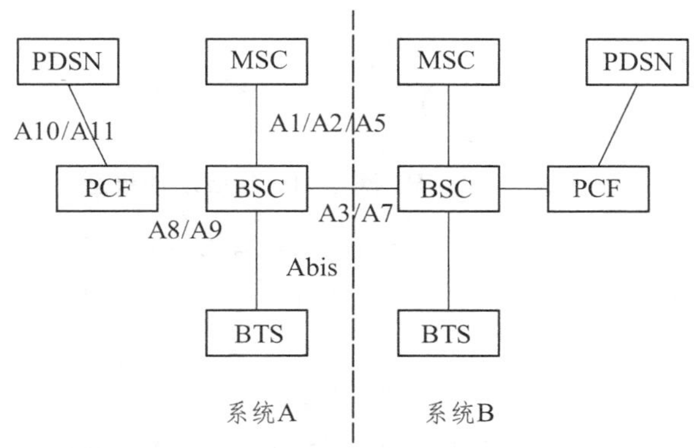

图 6.2.2　CDMA2000 接口

主要接口参考点分为四类：A、Ater、Aquinter 和 Aquater。各参考点的分类以及功能如表 6.2.1 所示。

表 6.2.1　主要接口各参考点的分类及功能

参考点分类	接口	主要功能
A	A1	用于传输 MSC（呼叫控制和移动性管理功能）和 BSS（BSC 的呼叫控制）之间的信令消息
	A2	在 MSC 的交换部分与下述单元之间传输业务信息：BSS 的信道单元部分（模拟空中接口的情况下）、选择/分配单元 SDU 功能（数字空中接口的话音呼叫的情况下）
	A5	传输 IWF 和 SDU 之间的全双工数据流
Ater	A3	传输 BSC 和 SDU 之间的用户话务（语音和数据）和信令，A3 接口包括独立的信令和话务子信道
	A7	传输 BSC 之间的信令，支持 BSC 之间的软切换
Aquinter	A8	传输 BSS 和 PCF 之间的用户业务
	A9	传输 BSS 和 PCF 之间的信令业务
Aquater	A10	传输 PDSN 和 PCF 之间的用户业务
	A11	传输 PDSN 和 PCF 之间的信令业务

三、CDMA2000 分组域网络技术

为支持最新引入的高速分组数据业务，3GPP2 为无线网络的分组域技术设定了如下的设计目标：

（1）支持动态和静态归属地址配置，同一时刻支持多个 IP 地址。

（2）提供无缝漫游服务。

（3）提供可靠的认证与授权服务。

（4）提供 QoS 服务，以支持不同等级的业务。

（5）提供计费服务，支持根据 QoS 信息计费，支持对漫游用户的计费等。

3GPP2 网络的分组域功能模型如图 6.2.3 所示，模型中各个实体的功能如下：

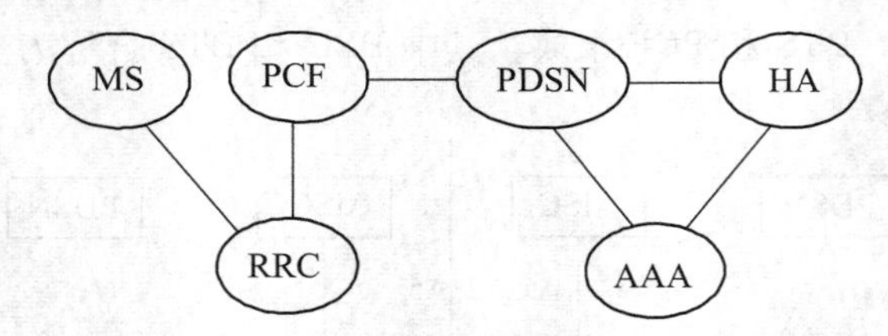

图 6.2.3 3GPP2 网络的分组域功能模型

（1）归属代理 HA：对移动台发出的移动 IP 注册请求进行认证；从 AAA 服务器获得用户业务信息；把由网络侧来的数据包正确传输至当前为移动台服务的外地代理 FA；为移动用户动态指定归属地址。

（2）分组数据业务节点 PDSN：建立、维护与终止与移动台的 PPP 连接；为简单 IP 用户指定 IP 地址；为移动 IP 业务提供 FA 的功能；与 AAA 服务器通信，为移动用户提供不同等级的服务，并将服务信息通知 AAA；与 PCF 共同建立、维护及终止第二层的连接。

（3）分组控制功能 PCF：建立、维护与终止和 PDSN 的第二层链路连接；与 PDSN 交互以便支持休眠切换；与 RRC 联系请求与管理无线资源，并记录无线资源的状态；在移动用户不能获得无线资源时，提供数据分组的缓存功能；收集与无线链路有关的计费信息，并通知 PDSN。

（4）无线资源控制 RRC：建立、维护与终止为分组用户提供的无线资源；管理无线资源，记录无线资源状态。

（5）鉴权、认证和计费 AAA：业务提供网络的 AAA 负责在 PDSN 和归属网络之间传递认证和计费信息；归属网络的 AAA 对移动用户进行认证、授权与计费；中介网络的 AAA 在归属网络与业务提供网络之间进行消息的传递与转发。

（6）移动台 MS：建立、维护与终止和 PDSN 的数据链路协议；请求无线资源，并记录无线资源的状态；在不能获得无线资源时，提供数据分组的缓存功能；初始休眠切换。

CDMA2000 分组域的网络参考模型包括基于简单 IP（SIP）的网络参考模型和基于移动 IP（MIP）的网络参考模型两种。其中，MIP 业务是 CDMA2000 网络中最基本的分组数据业务模式，类似于拨号业务。MIP 业务则为移动数据业务用户提供了更加完善的移动性服务，如移动数据用户可在无线网络内获得无缝服务，与之对应的分组域技术也有所不同。

四、实践活动：移动 IP 技术特点和应用

1. 实践目的

熟悉移动 IP 技术特点和在 CDMA2000 分组域网络中的应用情况。

2. 实践要求

各位学员分成三组分别完成。

3. 实践内容

（1）熟悉移动 IP 业务下列特点。

① 用户在网络中移动时，用户的 IP 地址保持不变。

② 需要有能支持 MIP 业务的终端。

③ 网络中需要添加一个新的设备——本地代理 HA 服务器。

④ 移动用户通过 PDSN（FA）到 HA 获得 IP 地址，之后在 PDSN/FA 和 HA 之间建立业务隧道，然后就可自由访问互联网络。

（2）掌握基于移动 IP 的网络参考模型。

移动 IP 的网络参考模型如图 6.2.4 所示。基于 MIP 的分组核心网络除了包括 PDSN 和 RADIUS 服务器之外，还应包括 HA 和 FA。HA 负责向用户分配 IP 地址，将分组数据通过隧道技术发送给移动用户，并实现 PDSN 之间的移动管理。FA 负责提供隧道出口，并将数据解封装后发往移动台。

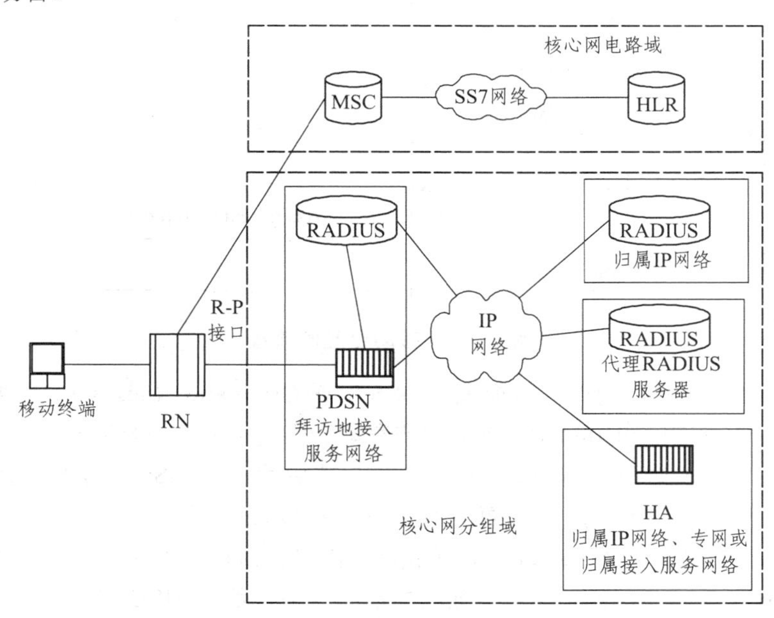

图 6.2.4 基于移动 IP 的网络参考模型

任务 3 CDMA2000 业务流程

CDMA2000 业务流程包括：语音业务流程、登记流程、数据业务流程、切换流程和电路

型数据业务流程。各种不同流程由 CDMA 网络中的 MS、BSS 等相关部分通过消息交互，共同协作完成。本任务重点介绍语音业务流程和数据业务流程。

一、语音业务流程

语音业务的典型流程包括：移动台起呼流程和移动台被呼流程。

1. 移动台起呼流程

移动台起呼流程如图 6.3.1 所示。

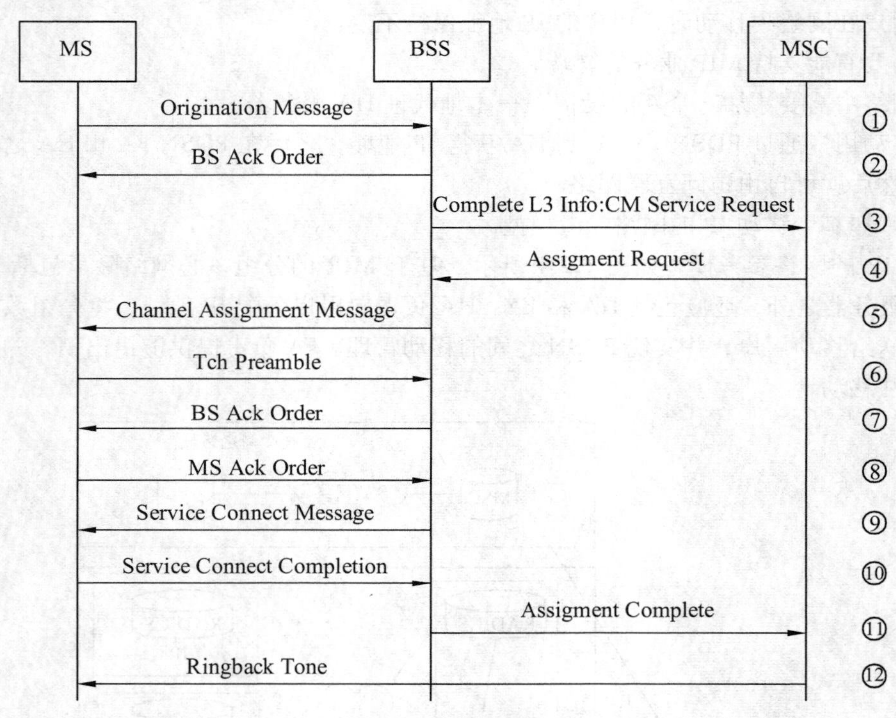

图 6.3.1 移动台起呼流程

①——MS 在空中接口的接入信道上向 BSS 发送 Origination Message，并要求 BSS 应答；

②——BSS 收到 Origination Message 后向移动台发送 BS Ack Order；

③——BSS 构造 CM Service Request 消息，封装后发送给 MSC，对于需要电路交换的呼叫，BSS 可以在该消息中推荐所需地面电路，并请求 MSC 分配该电路；

④——MSC 向 BSS 发送 Assignment Request 消息，请求分配无线资源；如果 MSC 能够支持 BSS 在 CM Service Request 消息中推荐的地面电路，那么 MSC 将在 Assignment Request 消息中指配该地面电路；否则指配其他地面电路；

⑤——BSS 为移动台分配业务信道后，在寻呼信道上发送 Channel Assignment Message/Extended Channel Assignment Message，开始建立无线业务信道；

⑥——移动台在指定的反向业务信道上发送 Traffic Channel Preamble（TCH Preamble）；

⑦——BSS 捕获反向业务信道后，在前向业务信道上发送 BS Ack Order，并要求移动台应答；

⑧——移动台在反向业务信道上发送 MS Ack Order，应答 BSS 的 BS Ack Order；

⑨——BSS 向移动台发送 Service Connect Message / Service Option Response Order，以指定用于呼叫的业务配置；

⑩——移动台收到 Service Connect Message 后，移动台开始根据指定的业务配置处理业务，并发送 Service Connect Completion Message 作为响应；

⑪——无线业务信道和地面电路均成功连接后，BSS 向 MSC 发送 Assignment Complete Message，并认为该呼叫进入通话状态；

⑫——在带内提供呼叫进程音的情况下，回铃音将通过话音电路向移动台发送。

2. 移动台被呼流程

移动台被呼流程如图 6.3.2 所示。

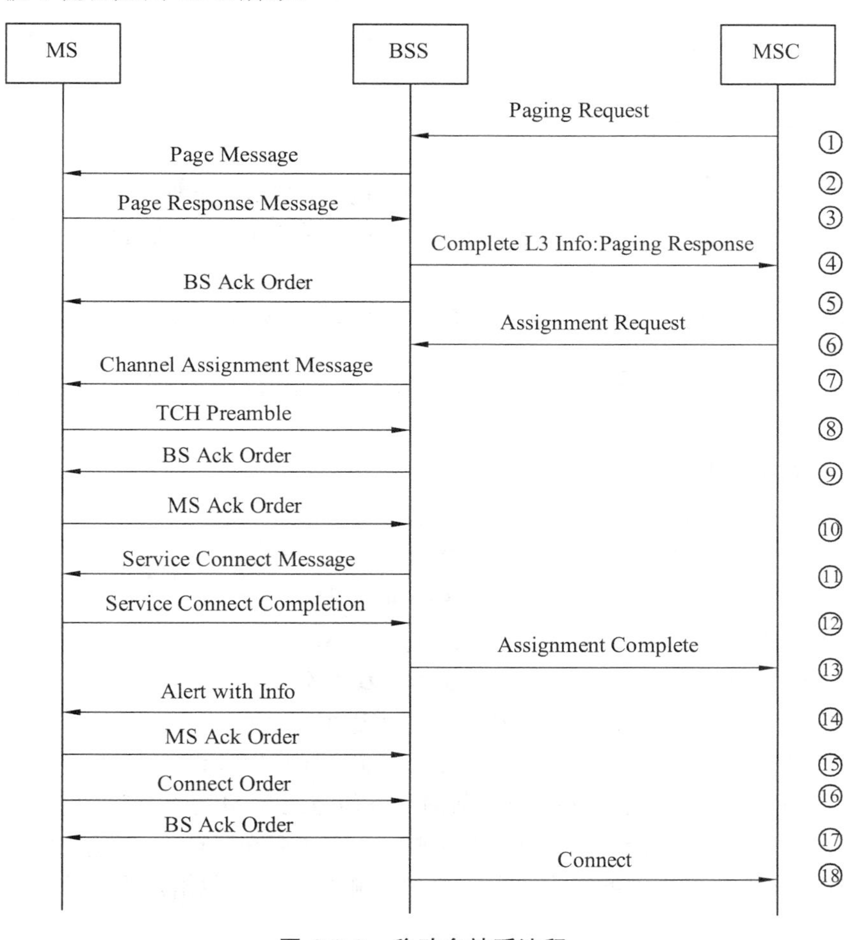

图 6.3.2　移动台被呼流程

①——当被寻呼的 MS 在 MSC 的服务区内时，MSC 向 BSS 发送 Paging Request 消息，启动寻呼 MS 的呼叫建立过程；

②——BSS 在寻呼信道上发送带 MS 识别码的 General Page Message；

③——MS 识别出寻呼信道上包含它识别码的寻呼请求后，在接入信道上向 BSS 回送 Page Response Message；

④——BSS 利用从 MS 收到的信息组成一个 Paging Response 消息，封装后发送到 MSC，

BSS 可以在该消息中推荐所需的地面电路，并请求 MSC 分配该电路；

⑤ ——BSS 收到 Paging Response 消息后向移动台发送 BS Ack Order；

⑥～⑬ ——请参照移动台起呼流程的④～⑪；

⑭ ——BSS 发送带特定信息的 Alert with Info 消息给 MS，指示 MS 振铃；

⑮ ——MS 收到 Alert with Info 消息后，向 BSS 发送 MS Ack Order；

⑯ ——当 MS 应答这次呼叫时（摘机），MS 向 BSS 发送带层 2 证实请求的 Connect Order 消息；

⑰ ——收到 Connect Order 消息后，BSS 在前向业务信道上向 MS 回应 BS Ack Order；

⑱ ——BSS 发送 Connect 消息通知 MSC 移动台已经应答该呼叫。此时认为该呼叫进入通话状态。

二、数据业务流程

在 CDMA2000 1x 数据业务流程中，无线数据用户存在以下三种状态：

（1）激活态（ACTIVE）：手机和基站之间存在空中业务信道，两边可以发送数据，A1、A8、A10 连接保持。

（2）休眠状态（Dormant）：手机和基站之间不存在空中业务信道，但是两者之间存在 PPP 链接，A1、A8 连接释放，A10 连接保持。

（3）空闲状态（NULL）：手机和基站不存在空中业务信道和 PPP 链接，A1、A8、A10 连接释放。

1. 移动台起呼流程

移动台的数据业务起呼流程如图 6.3.3 所示。

① ——MS 在空中接口的接入信道上向 BSS 发送起呼消息；

② ——BSS 收到起呼消息后向 MS 发送基站证实指令；

③ ——BSS 构造一个 CM 业务请求消息发送给 MSC；

④ ——MSC 向 BSS 发送指配请求消息以请求 BSS 分配无线资源；

⑤ ——BSS 将在空中接口的寻呼信道上发送信道指配消息；

⑥ ——MS 开始在分配的反向业务信道上发送前向导频信号；

⑦ ——获取反向业务信道后 BSS 将在前向业务信道上向 MS 发送证实指令；

⑧ ——MS 收到基站证实指令后发送移动台证实指令，并且在反向业务信道上传送空的业务帧；

⑨ ——BSS 向 MS 发送业务连接消息/业务选择响应消息，以指定用于呼叫的业务配置，MS 开始根据指定的业务配置处理业务；

⑩ ——收到业务连接消息后 MS 响应一条业务连接完成消息；

⑪ ——BSS 向 PCF 发送 A9-Setup-A8 消息，请求建立 A8 连接；

⑫ ——PCF 向 PDSN 发送 A11-Registration-Request 消息，请求建立 A10 连接；

⑬ ——PDSN 接受 A10 连接建立请求，向 PCF 返回 A11-Registration-Reply 消息；

⑭ ——PCF 向 BSS 返回 A9-Connect-A8 消息，A8 与 A10 连接建立成功；

⑮ ——无线业务信道和地面电路均建立并且完全互通后，BS 向 MSC 发送指配完成消息；

⑯ ——MS 与 PDSN 之间协商建立 PPP 连接，Mobile IP 接入方式还要建立 Mobile IP 连

接，PPP 消息与 Mobile IP 消息在业务信道上传输，对 BSS/PCF 透明；

⑰——PPP 连接建立完成后，数据业务进入连接态。

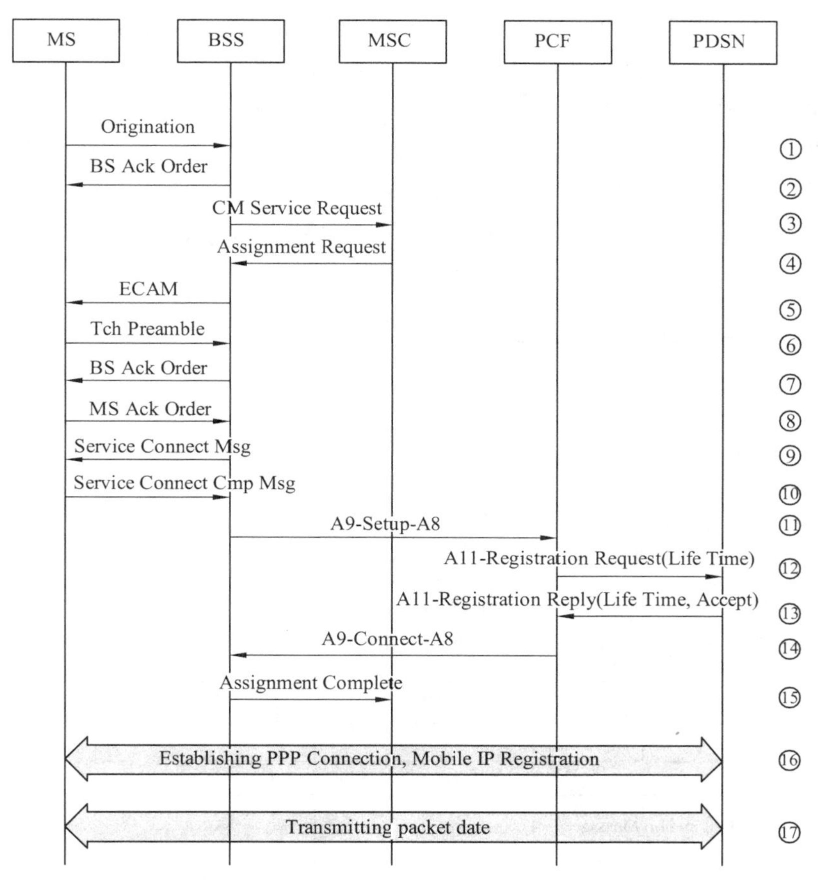

图 6.3.3　数据业务起呼流程

2. 移动台发起的呼叫释放流程

移动台发起的呼叫释放流程如图 6.3.4 所示。

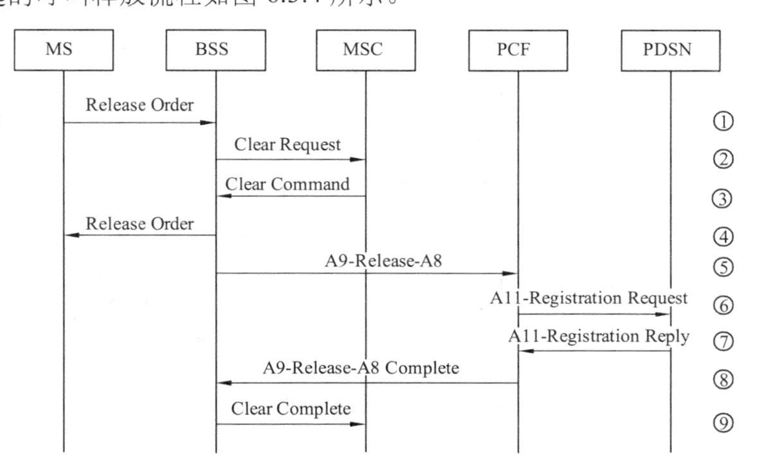

图 6.3.4　MS 发起的呼叫释放流程

①——MS 在空中接口专用控制信道上向 BSS 发送 Release Order 消息；
②——BSS 收到该消息后，向 MSC 发送 Clear Request；
③——MSC 在释放网络侧资源的同时，向 BSS 发送 Clear Command；
④——BSS 收到该消息后，向 MS 发送 Release Order 消息；
⑤——BSS 向 PCF 发送 A9-Release-A8 消息，请求释放 A8 连接；
⑥——PCF 通过 A11-Registration-Request 消息向 PDSN 发送一个激活停止结算记录；
⑦——PDSN 返回 A11-Registration-Reply 消息；
⑧——PCF 用 A9-Release-A8 Complete 消息确认 A8 连接释放，连接释放完成；
⑨——BSS 向 MSC 发送 Clear Complete 消息，表明释放完成。

三、实践活动：业务流程的应用

1. 实践目的

熟悉业务流程的应用情况。

2. 实践要求

各位学员分成两组分别完成。

3. 实践内容

（1）熟悉 PDSN 内 PCF 之间的 Dormant 切换流程

PDSN 内 PCF 之间的 Dormant 切换流程如图 6.3.5 所示。

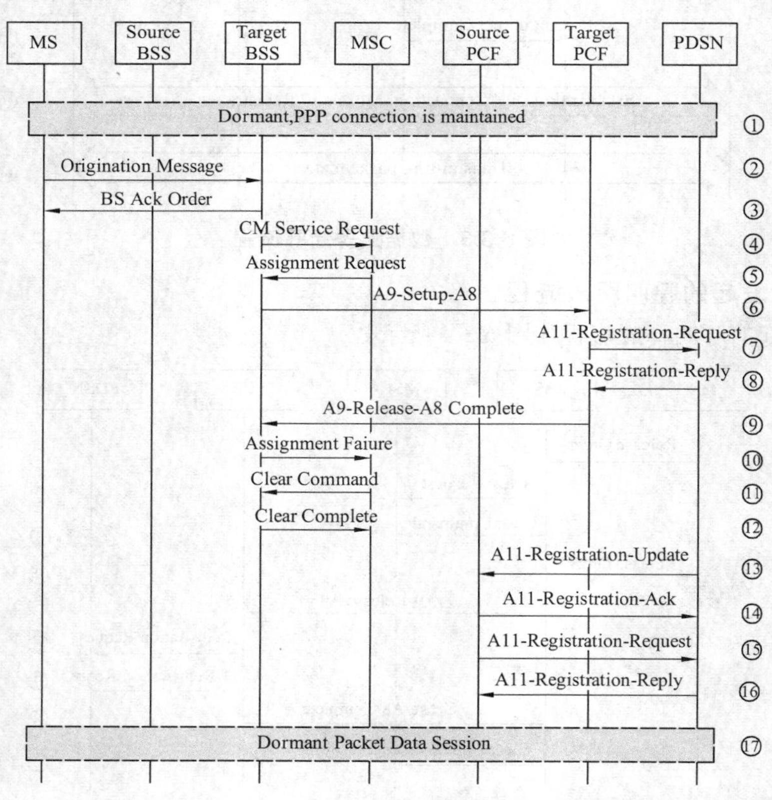

图 6.3.5 PDSN 内 PCF 之间的 Dormant 切换流程

（2）熟悉 PDSN 内 PCF 之间的 Active 切换流程。

PDSN 内 PCF 之间的 Active 切换流程如图 6.3.6 所示。

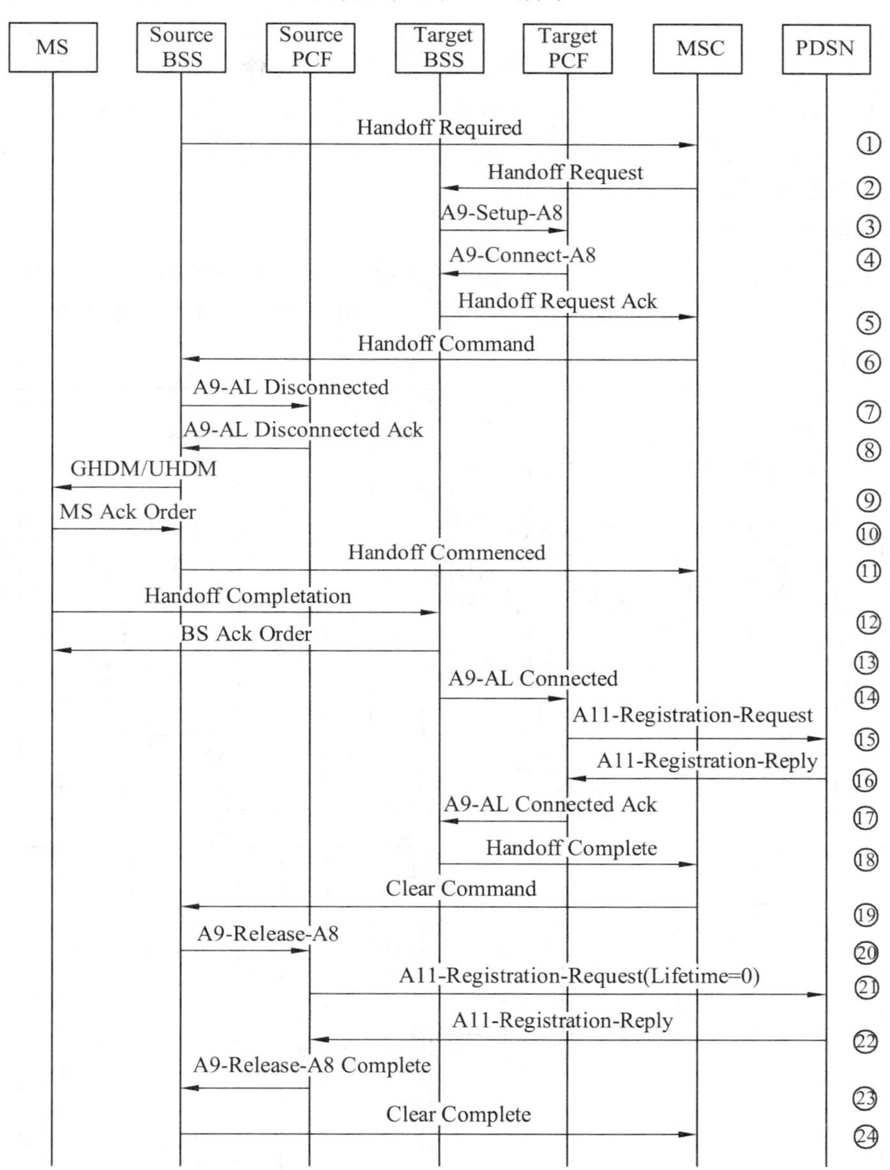

图 6.3.6　PDSN 内 PCF 之间的 Active 切换流程

任务 4　CDMA 基站操作与维护

一、CDMA 基站结构认识

CDMA 基站在 CDMA 通信系统中的位置处于 BSC（Base Station Controller）和 MS（Mobile

Station) /AT（Access Terminal）之间，它由 BSC 控制，是服务于某个小区或多个逻辑扇区的无线收发设备。

CDMA 基站通过 Abis 接口与 BSC 相连，协助 BSC 完成无线资源管理、无线参数管理和接口管理等功能，通过 Um 接口实现和 MS/AT 之间的无线传输及相关的控制功能。

本模块以 BTS3606AE 为例，对 CDMA 基站结构进行介绍。BTS3606AE 是室外型基站，能够适应复杂气候环境和电磁环境，它具有成本低、建站速度快、环境适应能力强等优点，是华为公司 CDMA 基站产品的重要组成部分。

1. 物理结构

BTS3606AE 机柜由两个机柜组成，左侧为基带柜 BBC（BaseBand Cabinet），右侧为射频柜 RFC（Radio Frequency Cabinet）。BTS3606AE －48 V 直流 BBC 机柜和 RFC 机柜配置如图 6.4.1 所示。

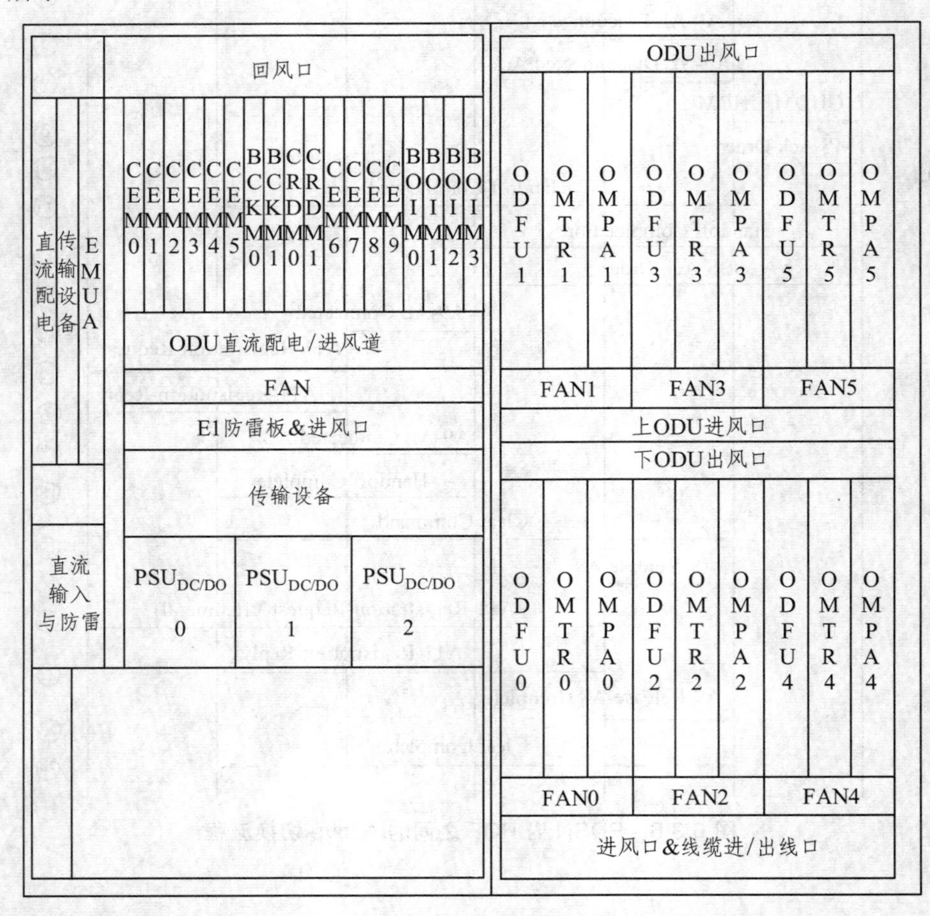

图 6.4.1　BTS 3606AE－48 V 直流 BBC 机柜和 RFC 机柜配置示意图

（1）基带柜。基带柜主要配置各基带单板、电源模块和传输设备等，包括以下几个部分。

① 基带框。位于 BBC 机柜上部，用于配置基带单板。基带框各个单板通过背板实现通信，支持带电热插拔。基带单板包括以下几种类型：

· 控制接口板：BCIM（BTS Control Interface Module）

· 主控时钟板：BCKM（BTS Control & Clock Module）；
· 资源分配板：CRDM（Compact-BTS Resource Distribution Module）；
· CDMA 1x 信道处理板：CCPM（Compact-BTS Channel Process Module）；
· EV-DO 信道处理板：CECM（Compact-BTS EVDO Channel Module）。

② 电源框：

· −48 V 直流机柜：主要用于配置 PSUDC/DC 电源模块；
· 交流机柜：主要用于配置 PSUAC/DC 电源模块和 PMU 模块。

③ 蓄电池框。BTS3606AE 交流基带柜配置蓄电池框，可配置 4 个 12 V/150 Ah 蓄电池，在市电中断情况下可维持基站工作一段时间。

④ 传输设备框。该框预留标准的空间位置，以备配置微波、HDSL 或 SDH 等传输设备，用以支持多种灵活的传输接入方式。

⑤ 其他。基带柜其他配置如下：基带柜配置避雷器，用于输入电源防雷；走线槽，用于射频线、卫星时钟射频线等线缆的走线；风扇盒、射频风扇模块、电源风扇模块、机柜回风口以及机柜门温度调节设备，构成通风回路，提供散热；EMUA，提供对基站系统的环境监控。

（2）射频柜。BTS3606AE 的 RFC 机柜最多配置 6 个 ODU 模块。射频模块包括：

① 室外型多载波收发信机模块：OMTR（Outdoor Multi-carrier Transceiver Module）；

② 室外型多载波功放模块：OMPA（Outdoor Multi-carrier Power Amplifier）；

③ 室外型单路双工单元：ODFU（Outdoor Duplexer and Filter Unit）。

2. 逻辑结构

BTS3606AE 基站的主设备按功能结构可分为基带子系统、射频子系统、天馈子系统、电源及环境监控子系统，如图 6.4.2 所示。

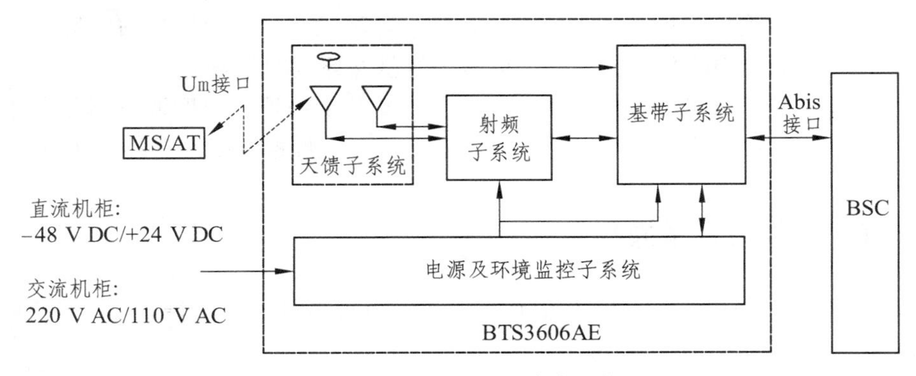

图 6.4.2 BTS3606AE 功能结构图

（1）基带子系统。基带子系统由 BCKM、BCIM、CRDM、CCPM、CECM 等单板组成，主要功能如下：

① 提供 Abis 接口，完成 Abis 接口协议处理。

② 提供到射频子系统的 SFP 接口。

③ 完成 Um 接口物理层和公共信道 MAC 层协议处理功能。

④ 通过 SFP 接口级联 ODU 软基站。

⑤ 完成 CDMA 1x 和 1xEV-DO 基带数据的调制解调、CDMA 信道的编码解码功能。

⑥ 为基站系统提供同步时钟。

⑦ 完成基站系统的资源管理、操作维护，以及环境监控功能。

(2) 射频子系统。射频子系统由 OMTR、OMPA、ODFU 组成，主要功能如下：

① 前向链路功能：完成已调制发射信号的功率可调上变频和线性功率放大，然后对发射信号进行滤波，最后发往射频天馈。

② 反向链路功能：对基站天线接收信号进行滤波以抑制带外干扰，然后进行低噪声放大，噪声系数可调下变频和信道选择性滤波，最后发往基带子系统。

(3) 天馈子系统。天馈子系统由射频天馈和卫星同步天馈两部分组成。

① 射频天馈部分：由射频收发天线、馈线和跳线等组成，完成基站空中接口信号的发射和接收。

② 卫星同步天馈部分：由卫星同步接收天线、馈线、跳线和避雷器等组成，完成卫星（GPS 或 GLONASS）同步信号的接收，给基站提供精确的同步时钟源。

(4) 电源及环境监控子系统。电源及环境监控子系统由电源部分和环境监控部分组成。

① 电源部分：直流机柜采用－48 V 电源输入时，电源子系统由电源模块（PSU）和配电、防雷、监控单元一起组成，电源模块是－48 V 直流输入，＋24 V 直流输出方式的 DC/DC 电源。直流机柜采用＋24 V 电源输入时，电源子系统由配电、防雷、监控单元一起组成。交流机柜电源部分由交流配电单元、直流配电单元、PSU 模块、PMU 模块、蓄电池及其管理单元组成，完成 220 V AC/110 V AC 到＋24 V 直流电的转换。关键供电路径的 PSU 部分采用 $N+1$ 备份工作方式，若某一模块发生故障，可上报告警信息，并支持现场热插拔更换。

② 环境监控部分：直流 BBC 机柜环境监控部分由 EMUA（必配）和传感器组成，交流 BBC 机柜电源及环境监控部分由 PMU、EMUA（选配）和传感器组成。PMU/EMUA 采集各个传感器送过来的温度、湿度、烟雾、水浸、门禁等环境变量并上报基站，基站根据预先设定，执行相应操作并上报操作维护中心，以实现对基站环境的有效监控。

③ 温度调节部分：BTS3606AE 基带柜柜门内置热交换器，温度调节部分在环境监控部分的监控下保证基站在一定温度范围内能够正常工作。基带柜温度为－40～46 °C。

二、CDMA 基站日常操作

CDMA 基站日常操作有本地操作维护和利用 M2000 移动综合网管系统两种方式。

1. 本地操作维护系统

BSS/AN 本地操作维护系统结构如图 6.4.3 所示。BSS/AN 本地操作维护系统提供远端维护和近端维护两种方式。

(1) 远端维护。

LMT 通过连接到 BSC 的 BAM 实现对 BTS 的远端维护。LMT 和 BAM 之间是 Client/Server 结构，用户通过 LMT 输入操作命令，BAM 作为服务器端集中处理来自不同的用户端的命令消息。这些命令消息经过 BAM 处理后发往前台（BSC 或 BTS），等待前台返回应答。BAM 记录操作结果（成功、失败、超时、异常等状态），并将返回的操作结果以一定的报告格式发送到 LMT，通知用户操作结果。用户通过 BAM，可以集中维护其控制的 BTS，同时也方便进行统一的网络规划。

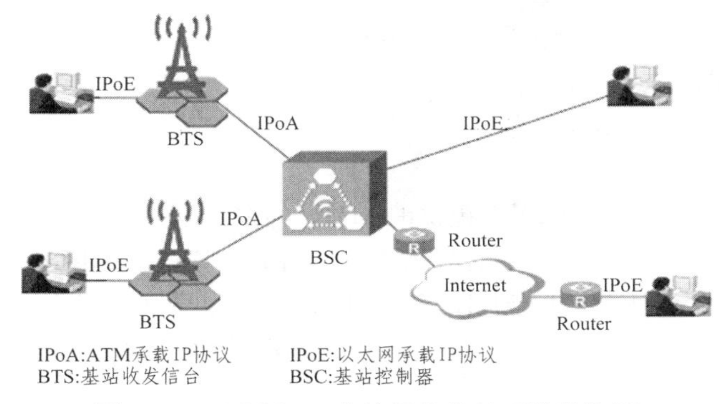

图 6.4.3 BSS/AN 本地操作维护系统结构图

（2）近端维护。

在基站现场，LMT 通过网线连接到 BTS，以实现对 BTS 的近端维护。通过 Telnet 用户端登录基站，然后执行相应的 MML 命令可以对基站进行操作维护。此外，通过反向维护功能，也可在基站近端登录到 BAM，以实现对整个 BSS 系统的维护。

2. 移动综合网管系统

移动综合网管系统能实现对移动通信设备的集中维护功能。多种移动设备（如 BSC、MSC、HLR 等）被当做网元通过局域网或广域网接入以 M2000 服务器为核心的系统。BSC 通过 BAM 接入 M2000 移动综合网管系统。M2000 移动综合网管系统的典型组网如图 6.4.4 所示。

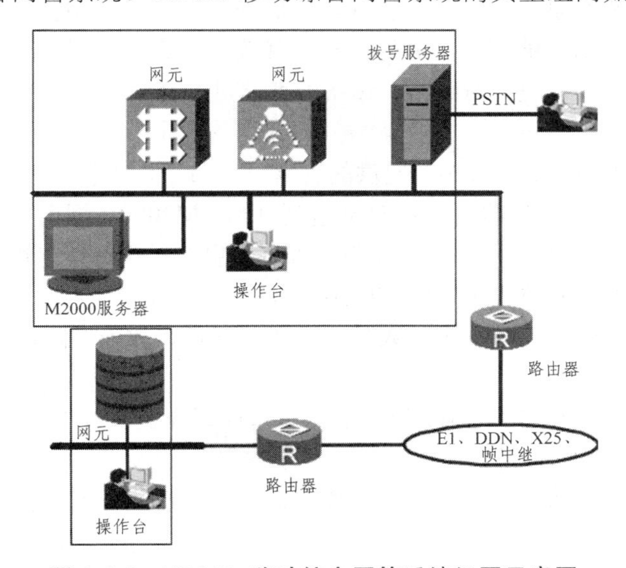

图 6.4.4 M2000 移动综合网管系统组网示意图

M2000 移动综合网管系统主要完成配置管理、性能管理和故障管理等功能。

（1）配置管理：用户通过图形化用户界面 GUI 对网元（BSC、BTS）进行系统配置，完成系统设置、维护、扩容等管理工作。

（2）性能管理：用户通过网络用户端可以对全网网元登记话务进行统计，并能够看到登记在全网的话务统计结果。

（3）故障管理：用户在告警用户端能够设置灵活的条件组合来获取所需的全网网元的告

警数据，并在告警用户端上查看结果和进行各种操作。

3. 操作维护功能

BTS 主要提供以下操作维护功能。

（1）配置管理功能。

BTS 系统的配置管理功能由 LMT 提供的 MML 命令实现。MML 命令采用图形化的操作界面，支持历史命令的选择、命令字的联想输入、对命令关键字的搜索、命令参数的提示，使用户操作更加简便、灵活。通过 MML 命令可以执行数据配置、查询、修改操作，BTS 系统接收、解析 MML 命令，执行相应的操作，并向 LMT 返回处理结果。

（2）接口信令跟踪功能。

BTS 系统的接口信令跟踪功能由 LMT 提供的维护导航树窗口实现。维护导航树窗口提供消息跟踪与回顾功能。用户可以设置各种接口和信令跟踪条件，对接续过程、业务流程、资源占用等进行实时的跟踪和监测，并且可以在在线或离线的状态下对保存的消息进行回顾。在系统发生故障时，通过接口信令跟踪功能能够迅速、准确地定位障碍点，解决问题。

（3）性能管理功能。

BTS 系统的性能管理功能由 M2000 移动综合网管系统的集中性能管理模块实现。BTS 系统生成性能统计文件，同时提供 FTP 服务，M2000 移动综合网管系统作为 FTP 用户端，获取性能统计文件，进行性能管理。

集中性能管理系统提供给用户一个直观、全面的操作环境，用户能够根据需要对全网的设备进行性能管理，包括性能测量任务的创建、修改、查看及测量结果的管理等，以便及时了解到网络、设备的运行状况，对网络、设备的性能进行评估，为网络优化提供依据。

（4）告警管理功能。

BTS 系统的告警管理功能由 LMT 提供的告警管理命令、告警管理系统或 M2000 的集中故障管理系统实现。BTS 系统将告警信息发送到 LMT/M2000，同时将告警信息保存至告警文件中。BTS 系统收集故障发生时产生的各类告警信息，对告警信息进行分类型、分级别处理，然后发送至告警管理系统或 M2000 的集中故障管理系统，并且以图形界面形式显示定位信息、告警原因、修复建议，指导维护人员进行故障分析、故障排除。

（5）日志管理功能。

BTS 系统的日志管理功能由 LMT 提供的日志管理命令实现。BTS 系统收集并保存设备运行、业务操作、业务调试过程中的日志信息。通过查看、分析日志信息，维护人员可以了解系统当前或历史的运行状态、操作信息、告警信息，避免系统异常或隐患的出现。

三、实践活动：CDMA 基站操作应用

1. 实践目的

掌握 CDMA 基站故障处理流程。

2. 实践要求

各位学员在实验室独立完成，并分析故障处理步骤。

3. 实践内容

处理 BTS 故障时，需要按照 BTS 故障处理流程进行处理。故障处理流程如图 6.4.5 所示，

包括：备份 BTS 数据，确定故障范围、种类与级别，收集故障信息，处理故障，联系技术支持人员，检查故障处理结果，记录故障处理过程。

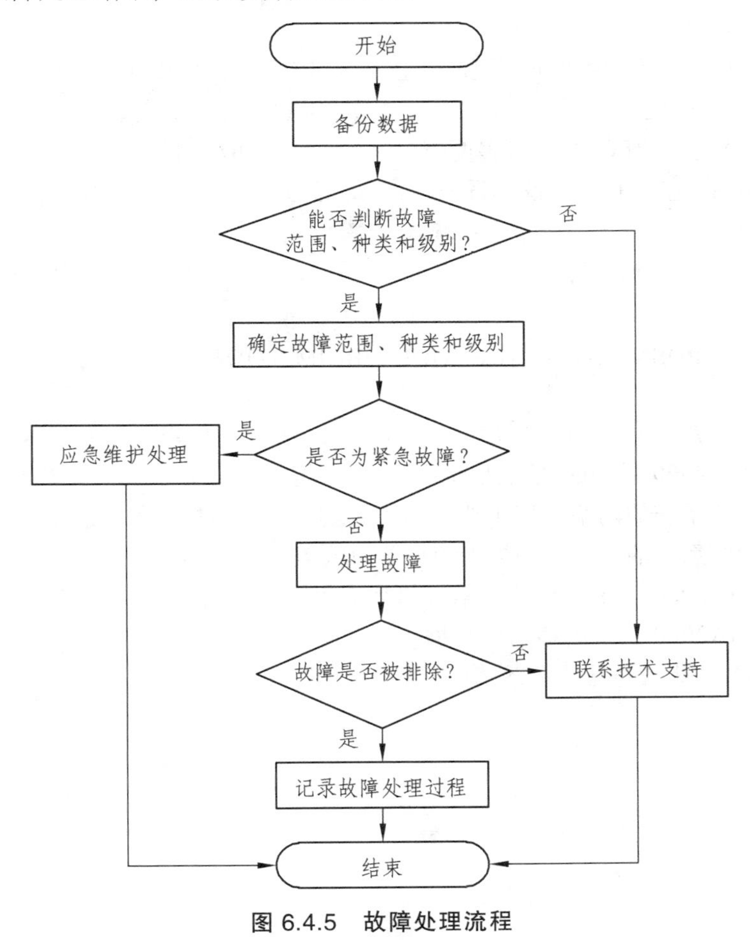

图 6.4.5 故障处理流程

过关训练

一、填空题

1. (　　) 技术是第三代移动通信系统的核心技术。

2. (　　) 是窄带 CDMA 技术，(　　) 是宽带 CDMA 技术。

3. CDMA2000 室内最高数据速率应达到（　　），步行环境时应达到（　　），车载环境时应达到（　　）。

4. CDMA 的无线接口来源于（　　），网络结构来源于（　　）。

5. CDMA 的无线接入网由（　　）、(　　) 和（　　）组成。

6. CDMA 的核心网包括核心网（　　）域和核心网（　　）域。

7. 在 CDMA2000 1x 数据业务流程中，无线数据用户存在以下三种状态：(　　)、(　　) 和（　　）。

8. CDMA 通信系统中的位置处于（　　　　）和（　　　　）之间，它由（　　　　）控制。

9. BTS3606AE（　　　）型基站。

10. BTS3606AE 机柜由两个机柜组成，分别为（　　　　）和（　　　　）。

11. 基带柜主要配置（　　　　）、（　　　　）和（　　　　）等。

12. BTS3606AE 的 RFC 机柜最多配置（　　　）个 ODU 模块。

13. BTS3606AE 基站的主设备按系统结构可分为（　　　　）子系统、（　　　　）子系统、（　　　　）子系统、（　　　　）子系统。

14. CDMA 基站日常操作有（　　　　　）系统和（　　　　　）系统两种操作方式。

二、名词解释

CDMA　PCF　PDSN　AAA　HA　ODU　BCIM　ODFU

三、简答题

1. 说明 CDMA 技术的演进和标准。
2. 说明 CDMA2000 系列的主要技术特点。
3. CDMA2000 系统的网络模型中新增的主要功能实体有哪些?
4. CDMA2000 系统的主要接口参考点分为哪几类?
5. 说明 CDMA2000 系统的移动台语音起呼流程。
6. 说明 CDMA2000 系统的移动台数据被呼流程。
7. BTS3606AE 基站的基带子系统由哪些单板组成?

模块七　WCDMA 移动通信网络

【问题引入】

WCDMA 是第三代移动通信系统中一个影响非常广泛的标准。那么 WCDMA 的系统由哪些部分组成？WCDMA 的无线资源管理技术有哪些？如何进行 WCDMA 基站的操作与维护？这些都是本模块需要涉及与解决的问题。

【内容简介】

本模块介绍了 WCDMA 移动通信网络的特点和主要技术参数、WCDMA 移动通信系统的基本组成、WCDMA 无线资源管理过程、WCDMA 主要业务流程、WCDMA 基站操作与维护等内容。其中 WCDMA 移动通信系统的基本组成、WCDMA 主要业务流程、WCDMA 基站操作与维护为重要内容。

【学习要求】

识记：WCDMA 移动通信网络的特点和主要技术参数。

领会：WCDMA 无线资源管理过程、WCDMA 移动通信系统的基本组成、WCDMA 主要业务流程。

应用：会进行 WCDMA 基站日常操作。

任务 1　WCDMA 移动通信系统认知

WCDMA 由欧洲 ETSI 和日本 ARIB 共同提出，它的核心网基于 GSM-MAP，同时可通过网络扩展方式提供基于 ANSI-41 的运行能力。WCDMA 系统能同时支持电路交换业务（如 PSTN、ISDN 网）和分组交换业务（如 IP 网）。灵活的无线协议可在一个载波内同时支持话音、数据和多媒体业务。通过透明或非透明传输来支持实时、非实时业务。

一、WCDMA 主要特点和技术参数

1. WCDMA 技术的主要特点

（1）可适应多种传输速率，提供多种业务；
（2）采用多种编码技术；
（3）无需 GPS 同步；
（4）分组数据传输；
（5）支持与 GSM 及其他载频之间的小区切换；
（6）上下行链路采用相干解调技术；

（7）快速功率控制；

（8）采用复扰码标志不同的基站和用户；

（9）支持多种新技术。

2. WCDMA 空中接口参数

WCDMA 无线空中接口参数见表 7.1.1。

表 7.1.1　WCDMA 空中接口参数

空中接口规范参数	参数内容
复用方式	FDD
每载波时隙数	15
基本带宽	5 MHz
码片速率	3.84 Mchip/s
帧长	10 ms
信道编码	卷积编码、Turbo 编码等
数据调制	QPSK（下行链路），HPSK（上行链路）
扩频方式	QPSK
扩频因子	4～512
功率控制	开环＋闭环功率控制，控制步长为 0.5、1、2 或 3 dB
分集接收方式	RAKE 接收技术
基站间同步关系	同步或异步
核心网	GSM-MAP

二、WCDMA 与 GSM 空中接口的主要区别

1. WCDMA 与 GSM 空中接口的主要区别

WCDMA 与 GSM 空中接口的主要区别见表 7.1.2 所示。

表 7.1.2　WCDMA 与 GSM 空中接口的主要区别

比较参数	WCDMA	GSM
载波间隔	5 MHz	200 kHz
频率重用系数	1	1～18
功率控制频率	1 500 Hz	2 Hz 或更低
服务质量控制（QoS）	无线资源管理算法	网络规划（频率规划）
频率分集	5 MHz 频率的带宽使其可以采用 RAKE 接收机进行多径分集	跳频
分组数据	基于负载的分组调度	GPRS 中基于时隙的调度
下行发射分集	支持，以提高下行链路的容量	标准不支持，但可以应用

2. WCDMA 系统业务特性

（1）WCDMA 的语音业务特性。

采用 AMR 语音编码，支持从 4.75～12.2 Kb/s 的语音质量；采用软切换和发射分集，提高容量；提供高保真的语音模式；采用快速功率控制技术。

（2）WCDMA 的数据业务特性。

支持最高 2 Mb/s 的数据业务；支持包交换；目前采用 ATM 平台；提供 QoS 控制；CPCH 公共分组信道和下行共享信道（DSCH），更好地支持 Internet 分组业务；提供移动 IP 业务（IP 地址的动态赋值）；提供动态数据速率的确定；对于上下行对称的数据业务提供高质量的支持，比如语音，可视电话，会议电视等。

三、实践活动：WCDMA 移动通信系统的应用

1. 实践目的

熟悉 WCDMA 移动通信系统的应用。

2. 实践要求

各位学员独立完成。

3. 实践内容

（1）请用流程图描绘出 WCDMA 移动通信系统的演进路线；

（2）调研我国 WCDMA 移动通信系统归属的运营商及其拥有的号码资源情况。

任务 2 WCDMA 移动通信网络结构

一、UMTS 体系结构

通用移动通信系统（UMTS，Universal Mobile Telecommunications System）是 IMT-2000 的一种，是采用 WCDMA 空中接口技术的第三代移动通信系统，通常也把 UMTS 系统称为 WCDMA 通信系统。它的网络结构由核心网（CN，Core Network）、UMTS 陆地无线接入网（UTRAN，UMTS Terrestrial Radio Access Network）和用户设备（UE，User Equipment）三部分组成，如图 7.2.1 所示。CN 和 UTRAN 之间的接口称为 Iu 接口，UTRAN 和 UE 的之间接口称为 Uu 接口。

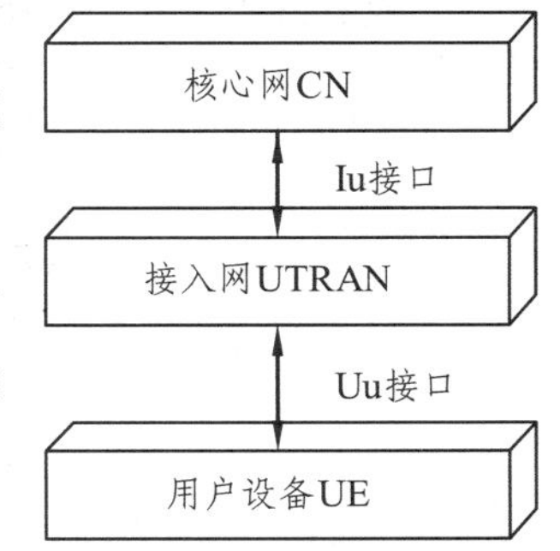

图 7.2.1 UMTS 体系结构

用户终端设备 UE 包括射频处理单元、基带处理单元、协议栈模块和应用层软件模块；可以分为两个部分：移动设备 ME 和通用用户识别模块 USIM。

通用陆地无线接入网 UTRAN 由基站 Node B 和无线网络控制器 RNC 组成。Node B 完成扩频解扩、调制解调、信道编解码、基带信号和射频信号转换等功能；RNC 负责连接的建立和断开、切换、宏分集合并、无线资源管理等功能的实现。

核心网 CN 处理所有语音呼叫和数据连接，完成对 UE 的通信

和管理、与其他网络的连接等功能。核心网分为 CS 域和 PS 域。

二、UTRAN 体系结构

UTRAN 由若干通过 Iu 接口连接到 CN 的无线网络子系统（RNS，Radio Network Subsystem）组成。其中一个 RNS 包含一个 RNC 和一个或多个 Node B，Node B 通过 Iub 接口与 RNC 相连接。Node B 应该可以支持 FDD 模式、TDD 模式或者 2 个模式都支持；并且，对 FDD 模式下的一个小区来说，应该支持的码片速率为 3.84 Mchip/s。

在 UTRAN 内部，RNS 通过 Iur 接口进行信息交互，Iu 和 Iur 都是逻辑接口，Iur 接口可以是 RNS 之间的直接物理连接，也可以通过任何合适的传输网络的虚拟连接来实现。RNC 用来分配和控制与之相连或相关的 Node B 的无线资源，Node B 则完成 Iub 接口和 Uu 接口之间的数据流的转换，同时也参与一部分无线资源管理。

UTRAN 的内部结构如图 7.2.2 所示。

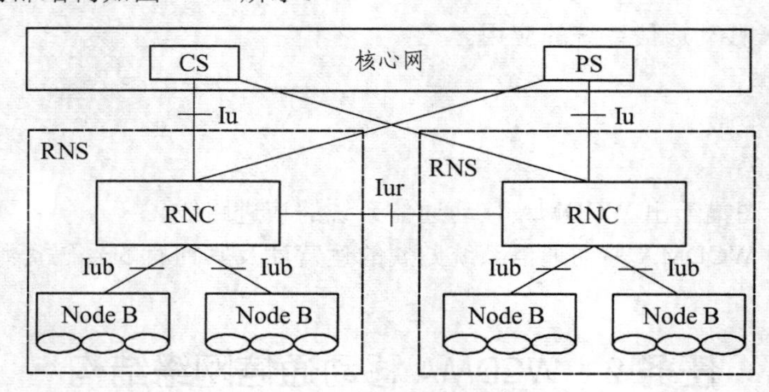

图 7.2.2 UTRAN 体系结构

1. RNC

RNC 用于控制 UTRAN 的无线资源，它通过 Iu 接口与电路域 MSC 和分组域 SGSN 以及广播域 BC 相连。在移动台和 UTRAN 之间的无线资源控制（RRC）协议在此终止。它在逻辑上对应 GSM 网络中的基站控制器（BSC），控制 Node B 的 RNC 称为该 Node B 的控制 RNC（CRNC），CRNC 负责对其控制的小区的无线资源进行管理。

每个 RNS 管理一组小区的资源。在 UE 和 UTRAN 的每个连接中，其中一个 RNS 充当服务 RNS（SRNS，Serving RNS）。如果需要，一个或多个漂移 RNS（DRNS，Drift RNS）通过提供无线资源来支持 SRNS。SRNS 和 DRNS 的结构关系如图 7.2.3 所示。

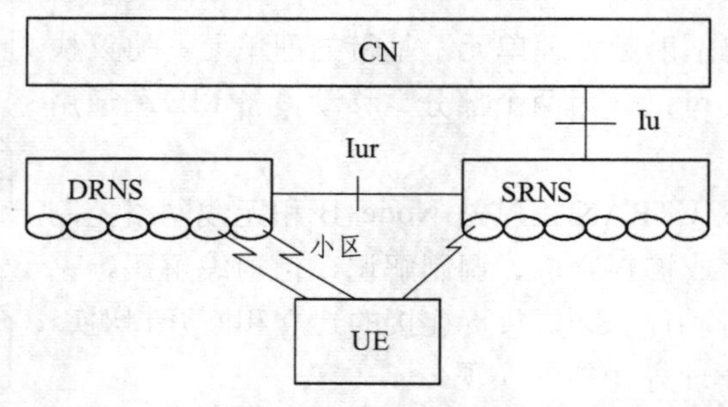

图 7.2.3 SRNS 和 DRNS 的结构关系

2. Node B

Node B 是 WCDMA 系统的基站（即无线收发信机），通过标准的 Iub 接口和 RNC 互连，主要完成 Uu 接口物理层协议的处理。它的主要功能是扩频、调制、信道编码及解扩、解调、信道解码，还包括基带信号和射频信号的相互转换等。同时它还完成一些如内环功率控制等的无线资源管理功能。它在逻辑上对应于 GSM 网络中基站（BTS）。

Node B 由下列几个逻辑功能模块构成：RF 收发放大、射频收发系统（TRX）、基带部分（Base Band）、传输接口单元、基站控制部分，如图 7.2.4 所示。

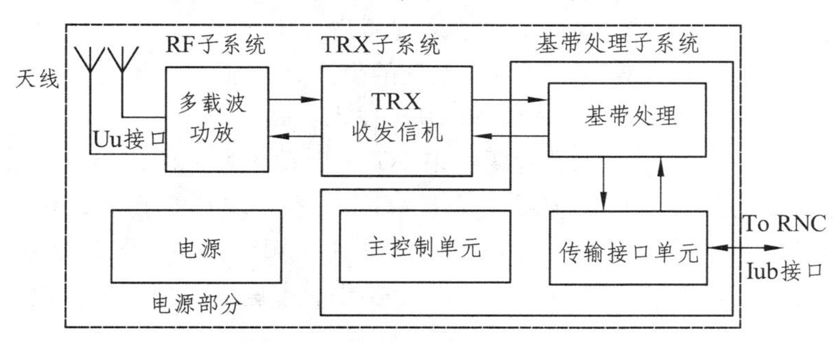

图 7.2.4 Node B 的逻辑组成框图

3. Iu 接口

UTRAN 与 CN 之间的接口为 Iu 接口，由于 CN 最多分成 3 个域，即 CS 域、PS 域和 BC 域，Iu 接口也最多存在 3 个不同的接口，即 Iu-CS 接口（面向电路交换域）、Iu-PS 接口（面向分组交换域）和 Iu-BC 接口（面向广播域），如图 7.2.5 所示。

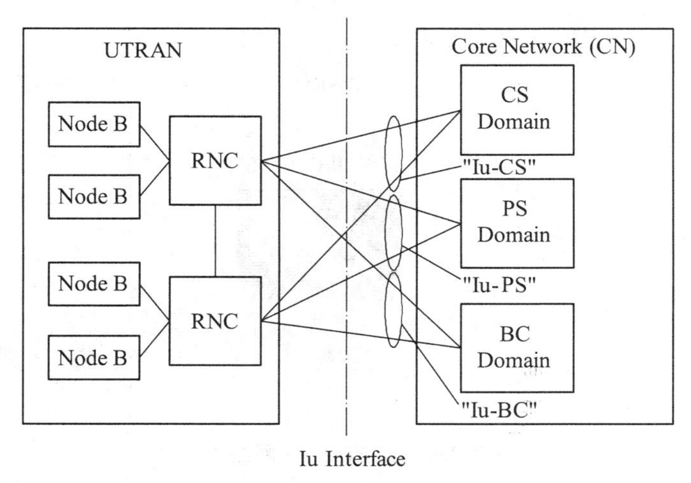

图 7.2.5 Iu 接口

三、WCDMA 核心网络

1. WCDMA 核心网络演进策略

WCDMA 的标准由 3GPP 定义，3GPP 协议版本分为 R99/R4/R5/R6 等多个阶段。

R99 是目前最成熟的一个版本，国外早已经商用，由于国内移动通信产业起步较晚，现

已不用这个版本。它的核心网继承了传统的电路语音交换。

R4 的电路域实现了承载和控制的分离，引入了移动软交换概念及相应的协议，如 BICC（Bearer Independent Call Control，承载独立的呼叫控制）、H.248（媒体网关控制协议），使之可以采用 TrFO（Transcoder Free Operation，自由代码转换操作）等新技术以节约传输带宽并提高通信质量。此外，R4 还正式在无线接入网系统中引入了 TD-SCDMA。

R5 版本在空中接口上引入了 HSDPA 技术，使传输速率大大提高到约 10 Mb/s。同时 IMS（IP Mutimedia Subsystem，IP 多媒体系统）域的引入则极大增强了移动通信系统的多媒体能力；智能网协议则升级到了 CAMEL4（移动网络增强用户应用逻辑 4）。

在 R6 版本中，将会实现 WLAN 与 3G 系统的融合，并加入了多媒体广播与多播业务。

在 R7 版本中，在空中接口上引入了 HSUPA 技术。

LTE 是 3GPP 长期演进任务，是近两年来 3GPP 启动的最大的新技术研发任务，这种以 OFDM、MIMO 为核心的技术可以被看做"准 4G"技术。LTE 能够为 350 km/h 高速移动用户提供大于 100 Mb/s 的接入服务，支持成对或非成对频谱，并可灵活配置 1.25～20 MHz 多种带宽，使语音、互联网和电视都能在手机上实现，家庭、办公室和移动状态的界限也将被打破。

2. 3GPP R99 核心网络

R99 核心网络逻辑上划分为 CS 电路域和 PS 分组域。核心网和接入网之间的 Iu 接口基于 ATM：语音业务基于 ATM AAL2，数据业务基于 ATM AAL5/GTP；核心网络电路域基于 TDM 承载技术，由 MSC/VLR，GMSC 等功能实体构成；核心网络分组域基于 GPRS 技术，由 SGSN，GGSN，BG（边界网关），CG（计费网关）等功能实体构成。

3GPP R99 网络构架如图 7.2.6 示。

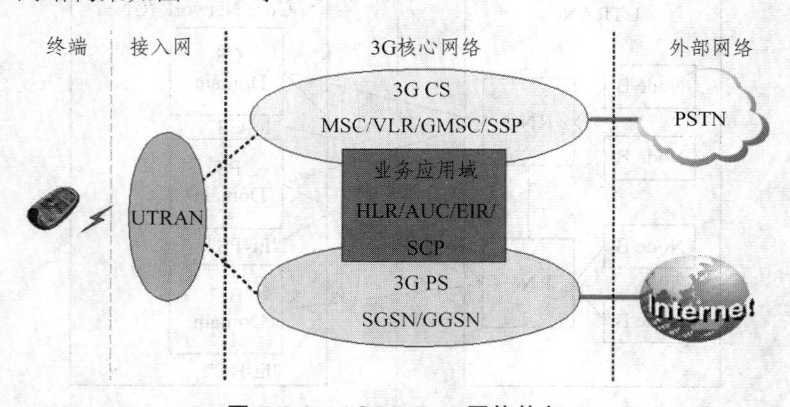

图 7.2.6 3GPP R99 网络构架

3. 3GPP R4 核心网络

3GPP R99 与 R4 网络差异如图 7.2.7 所示。R4 核心网络结构具有以下优势：

（1）灵活的组网方式：TDM/ATM/IP 组网。

（2）承载网络融合：TDM/ATM/IP 组网电路域与分组域采用相同的分组传输网络，可与城域网进行融合。

（3）可扩展性：控制面 MSC Server、承载面 CS-MGW 可分别扩展。

（4）可管理性：控制面 MSC Server 集中设置在中心城市，承载面 CS-MGW 分散设置在边缘城市，而在承载层，可使用 IP 作为承载，更利于新业务迅速普及开展。

（5）向 NGN 的演进：R4 控制与承载相分离，具备 NGN 网络的基本形态。

可见，WCDMA 系统核心网络（R4 版本）的设计将能满足人们的多媒体业务需求。第三代移动通信系统将产生一个容量更大，利润更丰厚的市场。

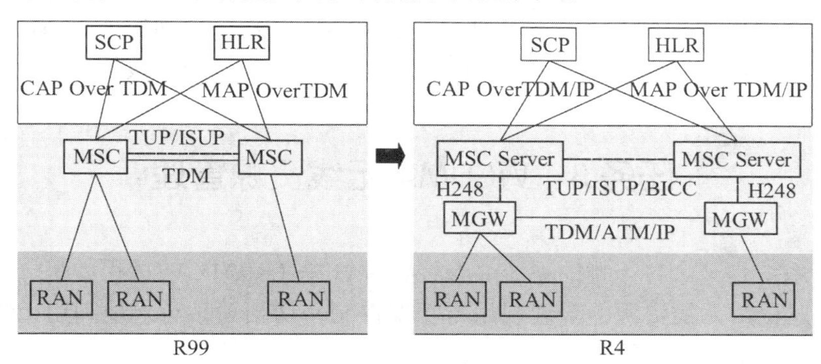

注：R99 与 R4 的分组域无变化，图中未画出。

图 7.2.7　3GPP R99 与 R4 网络差异

4. 3GPP R5 核心网络

3GPP R5 网络新增 IP 多媒体域 IMS，提供实时 IP 多媒体业务。3GPP R5 网络结构如图 7.2.8 所示。

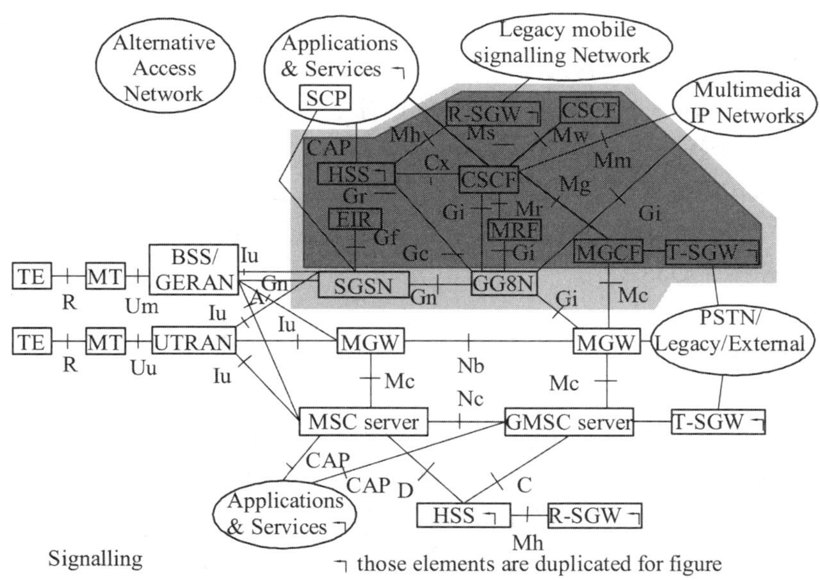

注：R-SGW和T-SGW也可以不区分，统称SGW。

图 7.2.8　3GPP R5 网络结构

四、实践活动：WCDMA 移动通信系统结构

1. 实践目的

掌握 WCDMA 移动通信系统的结构及各部分之间的连接情况。

2. 实践要求

各位学员在实验室根据具体网络结构独立完成，并画出其网络结构。

3. 实践内容

(1) 画出 WCDMA 网络的整体结构，并描述各部分之间的连接情况；

(2) 画出 WCDMA 无线接入网的整体结构，并描述各部分之间的连接情况；

(3) 画出 WCDMA 核心网的整体结构，并描述各部分之间的连接情况。

任务 3 WCDMA 无线资源管理

WCDMA 系统是一个自干扰的系统，无线资源管理（RRM）的过程就是一个控制自己系统内部干扰的过程。无线资源的合理利用与功率控制密切相关，有效地利用无线资源的唯一手段就是严格控制功率的使用。

一、认识无线资源管理

RRM 的目的是保证 CN 所请求的 QoS，增强系统的覆盖，提高系统的容量。RRM 主要包括以下几种措施。

信道配置——为了保证 CN 所请求的 QoS，需要将 QoS 映射成接入层的一些特性，从而利用接入层的资源为本条连接服务。

功率控制——在保证 CN 所请求的 QoS 的前提下，使用户的发射功率最小，从而减少该 UE 对于整个系统的干扰，提高系统的容量和覆盖。

切换控制——需要确保 UE 移动到其他小区（系统）后，能够继续得到服务，以保证 QoS。

负载控制——接入一定数量的 UE 后，需要确保整个系统的负载保持在稳定的水平，以保证系统中每条连接的 QoS。

二、功率控制

在 WCDMA 系统中，功率控制是无线资源管理中非常重要的一个环节。

从保证无线链路可靠性的角度考虑，提高基站和终端的发射功率能够改善用户的服务质量；而从自干扰的角度考虑，由于 WCDMA 采用了宽带扩频技术，所有用户共享相同的频谱，每个用户的信号能量被分配在整个频带范围内，而各用户的扩频码之间的正交性是非理想的，这样一来，某个用户对其他用户来说就成为宽带噪声，发射功率的提高会导致其他用户通信质量的降低。因此，在 WCDMA 系统中功率的使用是矛盾的，发射功率的大小将直接影响到系统的总容量。

此外，在 WCDMA 系统中还受到远近效应、角效应和路径损耗的影响。上行链路中，由于各移动台与基站的距离不同，基站接收到较近移动台的信号衰减较小，接收到较远移动台的信号衰减较大，如果不采用功率控制，将导致强信号掩盖弱信号，使得部分用户无法正常通信，这即是所谓的远近效应。在下行链路中，当移动台处于相邻小区的交界处时，收到所属基站的有用信号很小，同时还会受到相邻小区基站的干扰，这就是角效应。另外，移动台在小区内的位置是随机的，且经常移动，由于阴影效应，电磁波的路径损耗会快速大幅度地变化，必须实时调整发射功率，才能保证所有用户的通信质量。

功率控制通过对基站和移动台发射功率的限制和优化，使得所有用户终端的信号到达接收机时具有相同的功率，可以克服远近效应和角效应，补偿衰落，提高系统容量。因此，功率控制是 WCDMA 系统中无线资源管理最重要的任务。

1. 开环功控和闭环功控

按照形成环路的方式，功率控制可以分为开环功率控制和闭环功率控制。

开环功控是指移动台和基站间不需要交互信息，而根据接收信号的好坏减小或增大功率的方法，一般用于在建立初始连接时，进行比较粗略的功率控制。开环功控目标值的调整速度典型值为 10～100 Hz。开环功控是建立在上下行链路具有一致的信道衰落的基础之上的，然而 WCDMA 系统是频分双工（FDD）的，上下行链路占用的频带相差 190 MHz，远远大于信道的相关带宽，因此上下行链路的衰落情况是不相关的。所以，开环功控的控制精度受到信道不对称的影响，只能起粗控的作用。

前向链路的开环功控是根据对终端上行链路的测量报告设定下行链路信道的初始功率。反向链路的开环功控主要应用于终端，但需要知道小区广播的一些控制参数和终端接收到主公共导频信道（P-CPICH）的功率。开环功控如图 7.3.1 所示。

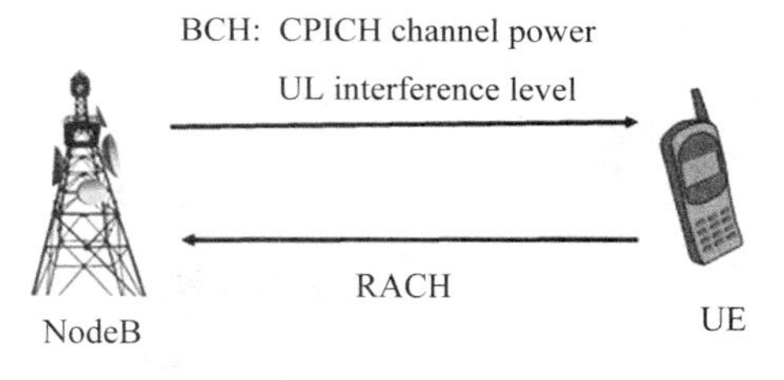

图 7.3.1 开环功控

闭环功控是指移动台和基站之间需要交互信息的功率控制方法。前向闭环功控中，基站根据移动台的请求及网络状况决定增大或减小功率；反向闭环功控中，移动台根据基站的功率控制指令增大或减小功率。闭环功控的主要优点是控制精度高，也是实际系统中常采用的精控手段；其缺点是从控制命令的发出到改变功率，存在着时延，当时延上升时，功控性能将严重下降，同时还存在稳态误差大、占用系统资源等缺点。为了发挥闭环功控的优点，克服它的缺点，可以采用自适应功控、自适应模糊功控等各种改进性措施和实现算法。

2. 内环功控和外环功控

按照功率控制的目的，功率控制可以分为内环功控和外环功控。

外环功控的目的是保证通信质量在一定的标准上，而此标准的提出是为了给内环功率控制提供足够高的信噪比要求。上行外环功控如图 7.3.2 所示。具体实现过程是根据统计接收数据的误块率（BLER），为内环功控提供目标 SIR，而目标 SIR 是与业务的数据速率相关联的。

外环功控的速度比较缓慢，因此外环功控又称为慢速功控，一般是每 10～100 ms 调整一次。

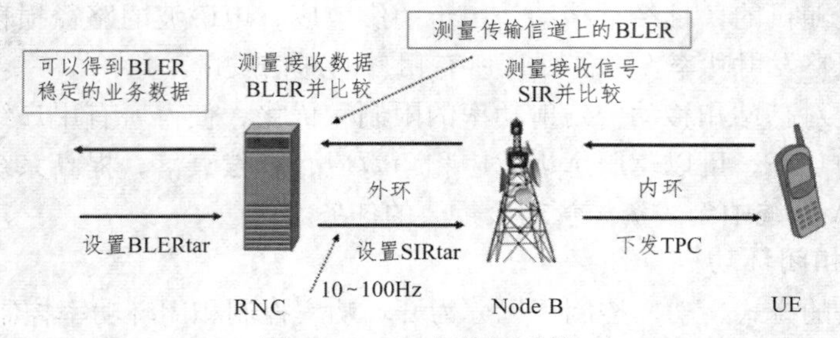

图 7.3.2　上行外环功控

内环功控用来补偿由于多径效应引起的衰落，使接收到的 SIR 值达到由外环功控提供的目标 SIR 值，同外环功控相比，内环功控的速度一般较快，WCDMA 系统为 1 500 Hz，因此内环功控又称为快速功控。上行内环功控如图 7.3.3 所示，下行闭环功控如图 7.3.4 所示。

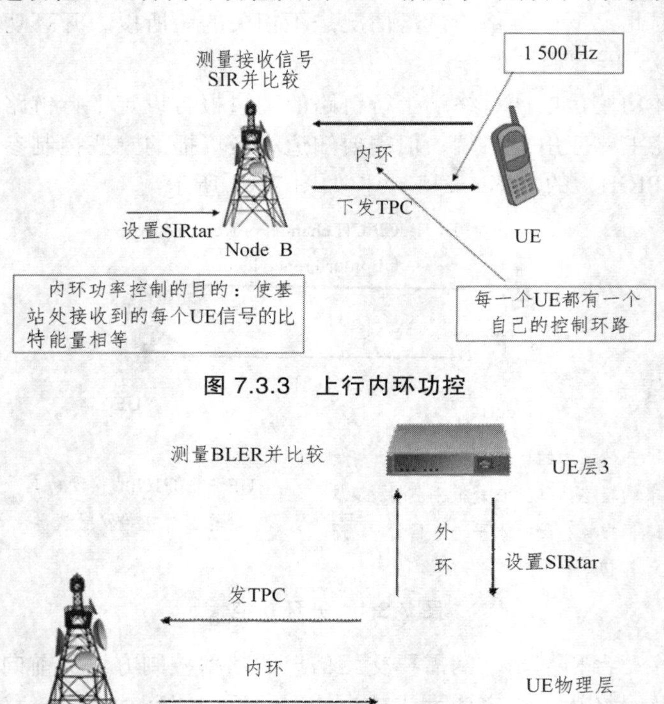

图 7.3.3　上行内环功控

图 7.3.4　下行闭环功控

3. 集中式功控和分布式功控

按照实现功率控制的方式，功率控制可以分为集中式功控和分布式功控。前向功控一般都是集中式功控，反向功控是分布式功控。

集中式功控根据接收到的信号功率和链路预算来调整发射端的功率，以使接收端的 SIR 基本相等，其最大的难点是要求系统在每一时刻获得一个归一化的链路增益矩阵，这在用户较多的小区内是较难实现的。

分布式功控首先是在窄带蜂窝系统中提出来的，它通过迭代的方式近似地实现最佳功控，而在迭代的过程中只需各个链路的 SIR 即可。即使对 SIR 的估计有误差，分布式平衡算法仍是一种有效的算法。对于 WCDMA 系统，当不考虑 SIR 估计误差时，分布算法非常有效。但是当考虑 SIR 估计误差时，分布式 SIR 平衡算法有可能不再收敛于一个平衡 SIR，随 SIR 误差的增加，系统的性能很快下降。

三、切换策略

为保证 QoS，需要确保 UE 移动到其他小区（系统）后，能够继续得到服务，这是无线资源管理中重要的任务，即切换控制。

WCDMA 系统的切换控制技术包括：频率间的软切换、更软切换。

1. 硬切换

硬切换的特点：先中断源小区的链路，后建立目标小区的链路；通话会产生“缝隙”；非 CDMA 系统都只能进行硬切换，硬切换过程如图 7.3.5 所示。

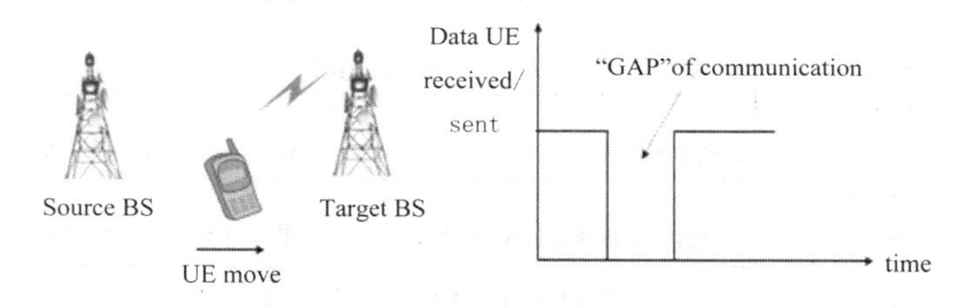

图 7.3.5　硬切换过程

硬切换在 3G 系统中的应用：

（1）频内硬切换：码树重整；

（2）频间硬切换：网络规划的原因，在特定的区域需要频间负载的平衡；

（3）系统间切换：2G-3G 的平滑演进，3G 初期的覆盖范围有限。

2. 软切换

软切换的特点：CDMA 系统所特有，只能发生在同频小区间；先建立目标小区的链路，后中断原小区的链路；可以避免通话的“缝隙”；软切换增益可以有效地增加系统的容量；软切换会比硬切换占用更多的系统资源，软切换过程如图 7.3.6 所示。

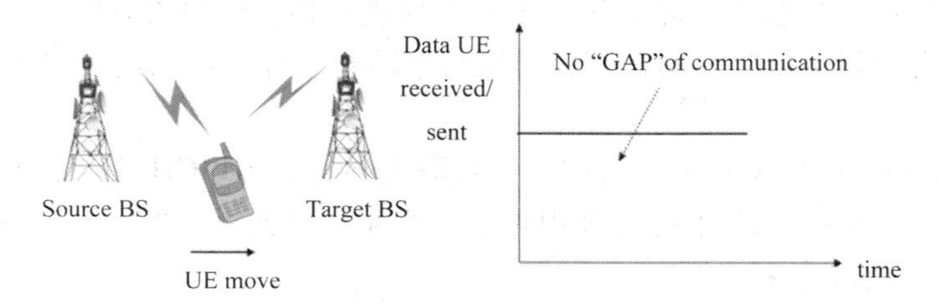

图 7.3.6　软切换过程

3. 更软切换

对于软切换中多条支路的合并，下行进行最大比合并（RAKE 合并），上行进行选择合并。当进行软切换的两个小区属于同一个 Node B 时，上行的合并可以进行最大比合并，此时，成为

更软切换。由于最大比合并可以比选择合并获得更大的增益，在切换的方案中，更软切换优先。

任务 4　WCDMA 主要通信流程

一、小区搜索过程

在小区搜索过程中，UE 将搜索小区并确定该小区的下行链路扰码和该小区的帧同步。小区搜索一般分为三步：时隙同步、帧同步和码组识别、扰码识别。

小区搜索详细过程如图 7.4.1 所示。

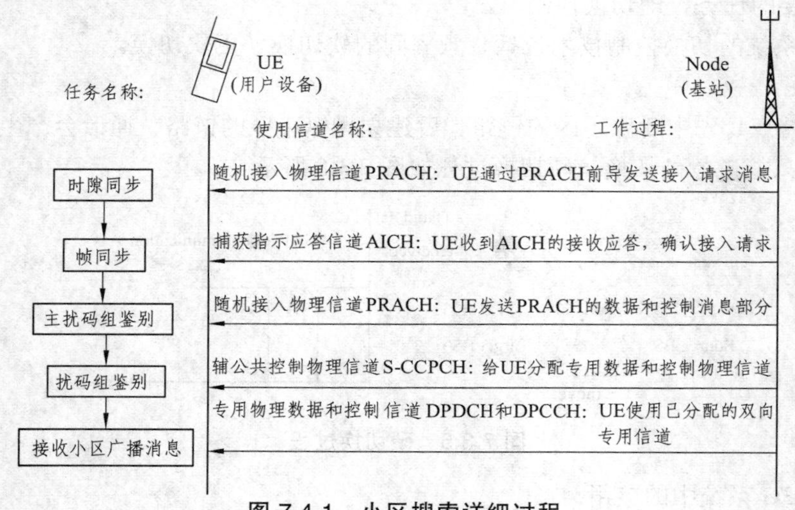

图 7.4.1　小区搜索详细过程

（1）时隙同步。

基于 SCH 信道，UE 使用 SCH 的主同步码 PSC 去获得该小区的时隙同步。典型方法是使用匹配滤波器来匹配 PSC（为所有小区公共）。小区的时隙定时可由检测匹配滤波器输出的峰值得到。

（2）帧同步和码组识别。

UE 使用 SCH 的从同步码 SSC 去找到帧同步，并对第一步中找到的小区的码组进行识别。这是通过对收到的信号与所有可能的从同步码序列进行相关计算得到的，并标志出最大相关值。由于序列的周期移位是唯一的，因此码组与帧同步一样，可以被确定下来。

（3）扰码识别。

UE 确定找到的小区所使用的主扰码。主扰码是通过在 CPICH 上对识别的码组内的所有的码按符号相关而得到的。在主扰码被识别后，则可检测到主 CCPCH。系统和小区特定的 BCH 信息也就可以读取出来。

二、主叫基本流程

UE 主叫的基本流程如图 7.4.2 所示。

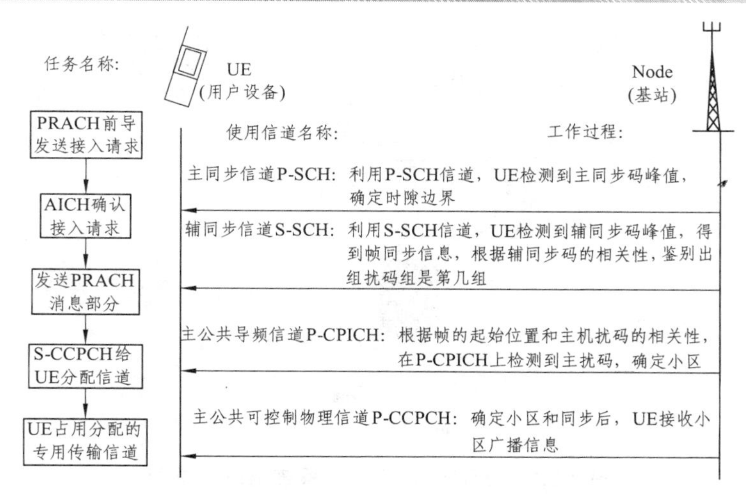

图 7.4.2　UE 主叫的基本流程及采用的信道

三、被叫基本流程

UE 被叫的基本流程如图 7.4.3 所示。

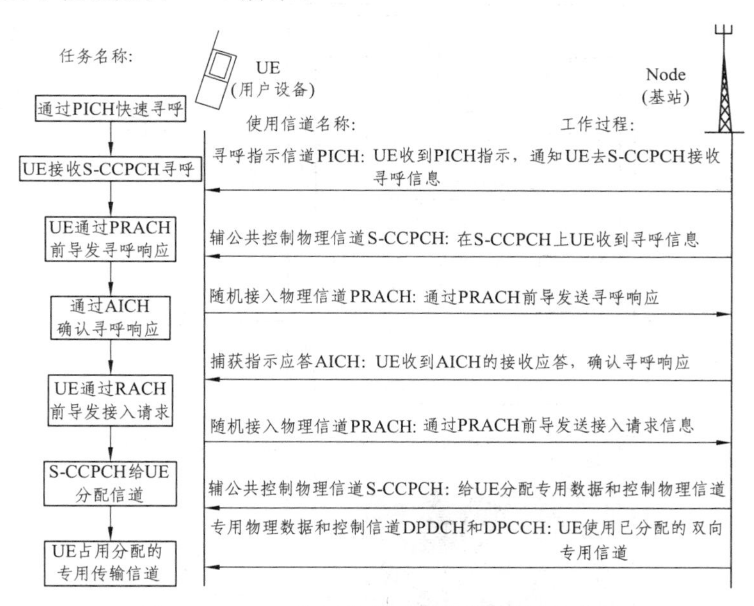

图 7.4.3　UE 被叫的基本流程及采用的信道

任务 5　WCDMA 基站操作与维护

一、WCDMA 基站结构认识

本模块以华为 BTS3812E 为例，介绍 WCDMA 的基站结构。图 7.5.1 显示了 BTS3812E

基站系统组成及其与其他设备（UE、RNC 和－48 V 直流供电系统）的连接关系。BTS3812E 基站系统包括：机柜、天馈子系统、操作维护终端、环境监控设备、时钟同步源。

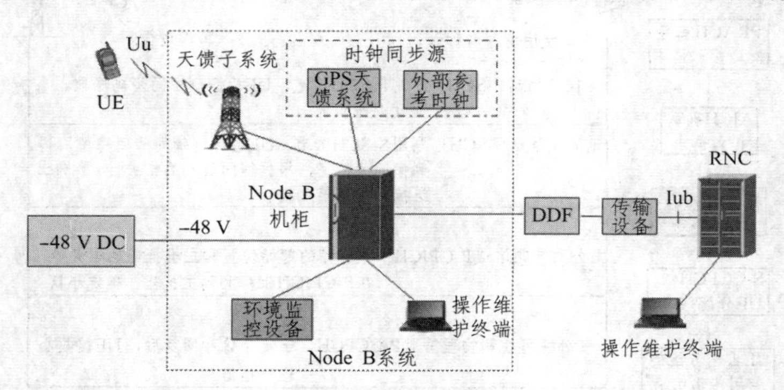

图 7.5.1　BTS3812E 基站系统组成示意图

1. 机　柜

BTS3812E 机柜为基站系统的核心部分，主要由五部分组成：MAFU 框、MTRU 框、风扇框、基带框和电源配电条。主要功能是完成基站射频信号与基带信号的处理。BTS3812E 单机柜满配置如图 7.5.2 所示。

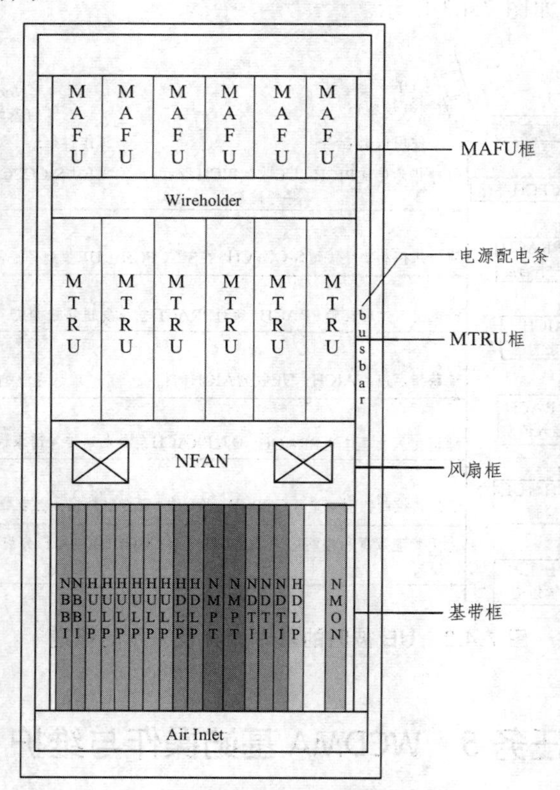

图 7.5.2　BTS3812E 机柜满配置示意图

(1) MAFU 框。

MAFU 框最多配置 6 块 MAFU。MAFU 主要完成射频信号的接收和发送，以及上行信号的低噪放大等。MAFU 框无背板，MAFU 通过和 MTRU 的连线关系来标志。MAFU 顶部的天馈端口直接伸出机柜，连接天馈跳线，从而减少馈缆损耗。MAFU 的其他接口均在前面板，通过线缆连接机柜内的其他单板或模块。

（2）MTRU 框。

MTRU 框最多配置 6 块 MTRU。MTRU 主要完成基站系统射频信号处理，下行信号的放大等。

（3）风扇框。

风扇框配置 1 个风扇盒，内有 4 个风扇和 1 块风扇监控板。风扇监控板采集机柜底部的进风口温度，上报 NMPT（Node B Main Processing & Timing unit）或者根据该温度自动调整风扇的转速。风扇框的风扇采用上下排气的方式，机柜底部的进风口与机顶的后半部构成通风回路，从而为整个机柜提供强制散热。

（4）基带框。

基带框配置 NMPT、NMON、HULP、HDLP、Iub 接口板（NDTI 或 NAOI）、NBBI、NBOI、NCCU 等。

（5）电源配电条（BUSBAR）。

电源配电条位于机柜的右侧，用于将机顶的−48 V DC 配电引入机柜的各个机框，并配有 9 个电源开关，分别控制机柜中各个部件的电源。电源开关分布情况为：每个 MTRU 各 1 个电源保护开关，整个 MAFU 框 1 个电源保护开关，整个基带框 1 个电源保护开关，风扇框 1 个电源保护开关。

2. 天馈子系统

天馈子系统完成上行微弱信号的接收和下行信号的发射，由天线、塔放、馈线、天馈跳线等构成。其中塔放是可选件，可根据网络规划和用户的要求决定是否选配。

3. 时钟同步源

BTS3812E 基站支持四种时钟同步方式：从 Iub 接口提取时钟同步、GPS 时钟同步、外接参考时钟同步、内部时钟自由振荡。同一时刻只支持一种同步方式。内部时钟自由振荡方式可以满足基站正常运行 90 天。

4. 操作维护终端

Node B 运维提供两种维护平台：本地维护终端（LMT）和集中维护系统（M2000）。

LMT 主要完成对单个 Node B 的维护功能，如单个 Node B 升级加载、单个 Node B 告警收集、单个 Node B 性能统计、单个 Node B 设备维护等。LMT 多用于安装调试阶段。

M2000 提供网络层面的 Node B 维护功能，如多基站加载/升级、多基站数据配置、多基站告警、性能统计等。

5. 环境监控设备

环境监控设备包括环境监控仪以及其他环境监控设备，用于监控 Node B 工作的机房环境，实现环境监控和告警信息的采集功能。

二、WCDMA 基站日常操作

1. 本地维护终端 LMT

WCDMA 基站日常操作采用的是 Node B 的本地维护终端 LMT（Local Maintenance

Terminal）进行的。LMT 与 Node B 通过局域网（或者广域网）进行通信，本地维护终端系统是在 LMT 上运行的操作维护软件。用户可以在 LMT 上通过本地维护终端系统实现对 Node B 的全部操作维护功能。

Node B 的本地维护终端系统由三部分组成：操作维护系统、告警管理系统、跟踪回顾工具。

（1）操作维护系统。

操作维护系统提供了基于 MML 命令行的用户端和丰富的图形界面操作，可以对系统进行全面的维护，完成多项日常操作，包括：MML 命令行用户端操作、跟踪管理、软件管理、实时状态监控、测试管理、设备维护、小区管理。

操作维护系统的界面如图 7.5.3 所示。

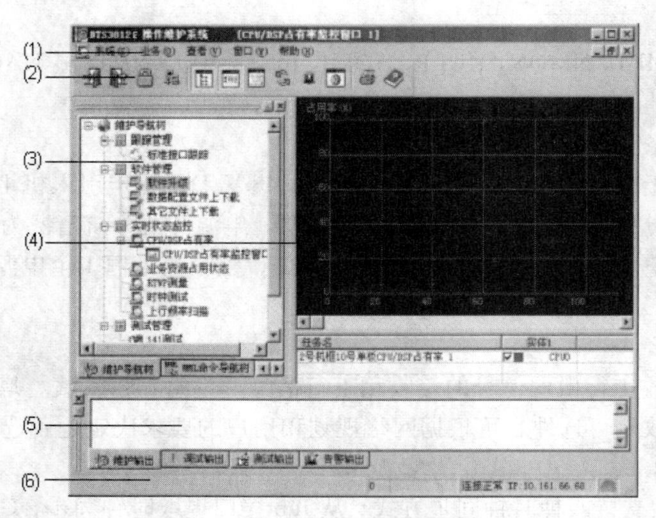

图 7.5.3 操作维护系统界面图

对界面中的各区域的说明见表 7.5.1 所示。

表 7.5.1 操作维护系统界面说明表

区域	字段名	说　明
（1）	系统菜单	提供部分系统功能，包含[系统]、[业务]、[查看]、[窗口]和[帮助]内容； [系统]、[业务]菜单主要用于登录操作和其他操作系统的选择； [查看]、[窗口]和[帮助]菜单的内容即一般应用程序的通用内容
（2）	工具栏	提供了部分快捷图标，包含“重新登录”、“退出”、“锁定 Node B 操作维护系统”、“局向管理”、“显示和隐藏其他窗口” 等
（3）	导航树窗口	以树形结构的方式提供了各类操作对象，包含[维护导航树]、[MML 命令导航树]和[搜索]页面； [维护导航树]提供的功能是一些较重要、较常用的操作，以 GUI 的方式提供，方便用户的操作； [MML 命令导航树]包含了所有的 MML 命令，可以完成几乎全部的操作维护功能； [搜索]页面提供了用户对 MML 命令的搜索功能，可对整个 MML 导航树命令名称和命令字实现搜索，采用逐字匹配原则，可以帮助快速查找定位

续表 7.5.1

编号	字段名	说　　明
（4）	对象窗口	用户进行操作的窗口，提供了操作对象的详细信息； 如果用户使用[维护导航树]进行操作维护，则该区域显示两部分内容，包括曲线显示图形和下面的列表说明； 如果用户使用[MML 命令导航树]进行维护，则该区域显示 MML 命令行用户端
（5）	输出窗口	记录了对当前的操作以及系统反馈的详细信息，包含[维护输出]、[调试输出]、[测试输出]和[告警输出]页面； [维护输出]页面显示用户操作维护的结果，以及系统自动上报的一些结果信息； [调试输出]页面以二进制的格式，显示[维护输出]的信息； [测试输出]页面为 141 测试结果的显示区域； [告警输出]页面为系统上报告警的显示区域
（6）	状态栏	位于 Node B 操作维护系统的底部，包含当前的局向、局向的 IP 地址、连接是否正常等

（2）告警管理系统。

告警管理系统是进行日常告警维护、处理的重要工具，主要包括以下功能：浏览告警信息、查询告警信息、维护告警信息、设置故障告警通知属性、打印/保存告警信息。

告警管理系统的界面如图 7.5.4 所示。

图 7.5.4　告警管理系统界面图

告警管理系统界面说明如表 7.5.2 所示：

表 7.5.2　告警管理系统界面说明

编号	字段名	说　　明
1	系统菜单	提供部分系统功能，通过该菜单，可以完成告警管理系统的大部分功能
2	工具栏	提供常用操作的快捷图标
3	故障告警浏览窗口	显示当前的故障告警信息
4	事件告警浏览窗口	显示当前的事件告警信息
5	状态栏	位于告警管理系统的底部，包含当前局向的 IP 地址、连接状态、与 Node B 的交互消息等

（3）跟踪回顾工具。

跟踪回顾工具是一个离线浏览工具，用于在离线状态下，模拟在线环境，打开跟踪保存的消息文件，方便跟踪消息的查阅。

跟踪回顾工具的界面如图 7.5.5 所示。

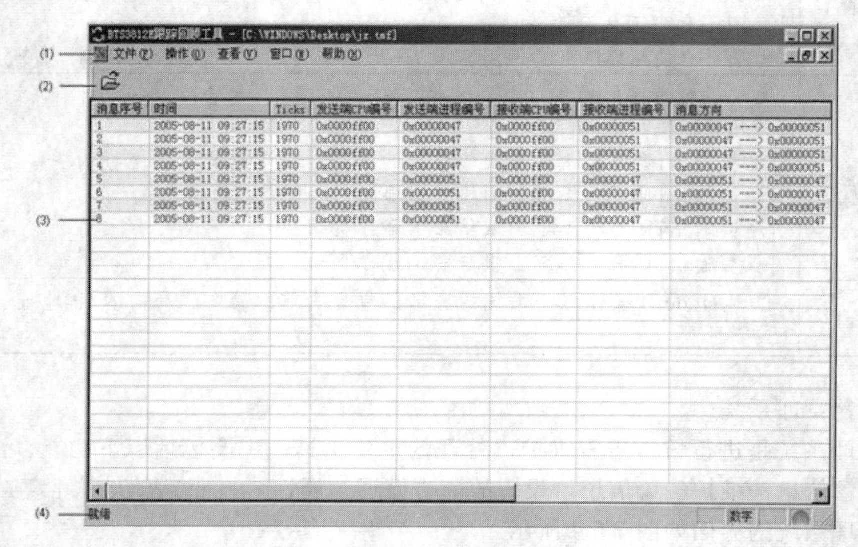

图 7.5.5　跟踪回顾工具界面图

对界面中的各区域的说明见表 7.5.3 所示。

表 7.5.3　跟踪回顾工具界面说明

区域	字段名	说　明
（1）	系统菜单	提供部分系统功能，通过该菜单，可以完成跟踪回顾工具的大部分功能
（2）	工具栏	提供〈打开〉快捷键
（3）	消息浏览窗口	消息浏览窗口以列表的方式显示跟踪 Iub 接口得到的消息，并按照消息到达的顺序实时追加在列表的后面
（4）	状态栏	位于 Node B 跟踪回顾工具的底部，包含当前的局向、局向的 IP 地址、连接是否正常等

2. MML 命令行用户端

MML 命令行用户端是用户执行单条命令的一个窗口。Node B 的 MML 命令用于实现整个基站的操作维护功能。MML 命令的格式为：命令字：参数名称＝参数值；命令字是必需的，但参数名称和参数值不是必需的。

包含命令字和参数的 MML 命令示例：SET ALMSHLD：AID＝10015，SHLDFLG＝UNSHIELDED;

只包含命令字的 MML 命令示例：LST VER:;

MML 命令字采用“动作＋对象”的格式。“动作”的类型相对比较少，而且尽量使用缩写，方便用户记忆和使用。表 7.5.4 对一些主要的动作类型进行了说明。而“对象”包括的类型相对较丰富，这里不作一一列举。

表 7.5.4 命令字含义说明

动　作	含　　义	动　作	含　　义
ACT	激活	MOD	修改
ADD	增加	RMV	删除
BKP	备份	RST	复位
BLK	闭塞	STR	启动（打开）
DLD	下载	STP	停止（关闭）
DSP	查询动态信息	UBL	解闭塞
SET	设置	ULD	上载
LST	查询静态数据		

三、实践活动：WCDMA 基站操作应用

1. 实践目的

掌握 WCDMA 基站常用日常操作命令。

2. 实践要求

各位学员在实验室独立完成，并记录相应结果。

3. 实践内容

（1）登录 RNC 的 LMT，熟悉各界面的使用和操作。

（2）创建操作员身份用户，并执行相关操作。

① RNC 终端配置：

IP 地址：172.17.0.110

子网掩码：255.255.255.0

② 以自己学号为用户名创建一个操作员身份用户，并设置密码为：123456。

③ 以自己创建的用户名在 LMT 登录窗口进行登陆：

用户名：学号

密码：123456

在操作维护终端上调出 RNC5000 面板图，观察出现告警的单板、主用单板和备用单板分别是哪些，并记录结果。

（3）使用 MML 命令进行如下操作，并记录相关完整命令和操作输出结果。

- 查询设备当前版本；
- 查询主用 WNET 单板的状态；
- 查询主用 WMPU 单板的版本；
- 查询当前出现故障的 WLPU 单板告警信息；
- 查询自己有权执行的命令。

过关训练

一、填空题

1. WCDMA 由欧洲 ETSI 和日本 ARIB 提出，它的核心网基于（　　）。

2. WCDMA 每载波时隙数有（　　）个，基本带宽是（　　），码片速率是（　　）。

3. WCDMA 信道编码有（　　）和（　　）。

4. WCDMA 的网络结构由（　　）、（　　）和（　　）三部分组成。

5. 用户终端设备 UE 包括（　　）单元、（　　）单元、（　　）模块和应用层软件模块，可以分为两个部分:（　　）和（　　）。

6. 通用陆地无线接入网络 UTRAN 由（　　）和（　　）组成。

7. UTRAN 与 CN 之间的接口为（　　）接口，根据 CN 最多分成三个域，即（　　）域、（　　）域和（　　）域。

8. 3GPP R5 网络新增（　　），提供实时 IP 多媒体业务。

9. 按照形成环路的方式，功率控制可以分为（　　）和（　　）。

10. 按照功率控制的目的，功率控制可以分为（　　）和（　　）。

11. WCDMA 系统的切换控制技术包括:（　　）、（　　）、（　　）。

12. 小区搜索一般分为三步:（　　）、（　　）、（　　）。

13. BTS3812E 机柜为基站系统的核心部分，主要由五部分组成:（　　）框、（　　）框、（　　）框、（　　）框和（　　）。

14. Node B 的本地维护终端系统由三部分组成:（　　）、（　　）、（　　）。

二、名词解释

WCDMA　QPSK　AMR　UMTS　UTRAN　SRNS　DRNS　Node B　BICC　LTE　RRM

三、简答题

1. WCDMA 技术的主要特点有哪些?

2. 说明 WCDMA 与 GSM 空中接口的主要区别。

3. WCDMA 的核心网 CN 有哪些功能?

4. Node B 由哪些逻辑功能模块构成?

5. 说明 WCDMA 核心网络演进策略。

6. 说明 3GPP R99 与 R4 网络差异。

7. 说明硬切换的特点和软切换的特点。

8. 说明 UE 主叫的基本流程。

9. 说明 UE 被叫的基本流程。

10. BTS3812E 基站系统包括哪些部分?

模块八 TD-SCDMA 移动通信网络

【问题引入】

作为我国具有自主知识产权的 3G 技术标准，TD-SCDMA 因其独特优势得到很大的支持与发展。那么 TD-SCDMA 的系统由哪些部分组成？TD-SCDMA 的关键技术有哪些？如何进行 TD-SCDMA 基站的操作与维护？这些是本模块需要涉及与解决的问题。

【内容简介】

本模块介绍了 TD-SCDMA 移动通信网络的特点和主要技术参数、TD-SCDMA 移动通信系统的基本组成、TD-SCDMA 移动通信网络的关键技术、TD-SCDMA 主要通信过程、TD-SCDMA 基站操作与维护等内容。其中 TD-SCDMA 移动通信系统的基本组成、TD-SCDMA 关键技术、TD-SCDMA 基站操作与维护为重要内容。

【学习要求】

识记：TD-SCDMA 移动通信网络的特点和主要技术参数。

领会：TD-SCDMA 关键技术、TD-SCDMA 移动通信系统的基本组成、TD-SCDMA 主要通信过程。

应用：会进行 TD-SCDMA 基站日常操作。

任务 1 TD-SCDMA 移动通信系统认知

TD-SCDMA 是世界上第一个采用时分双工（TDD）方式和智能天线技术的公众陆地移动通信系统，也是唯一采用同步 CDMA（SCDMA）技术和低码片速率（LCR）的第三代移动通信系统，同时采用了多用户检测、软件无线电、接力切换等一系列高新技术。TD-SCDMA 标准被 3GPP 接纳，包含在 R4 版本中。

一、TD-SCDMA 发展历程

到目前为止，TD-SCDMA 的发展历程大致可以分为如下五个阶段。

（1）准备阶段：1995 年至 1998 年 6 月。1995 年以电信科学技术研究院李世鹤博士等为首的一批科研人员承担了国家九五重大科技攻关项目——基于 SCDMA 的无线本地环路（WLL）系统研制，项目于 1997 年底通过国家验收，后获国家科技进步一等奖。原邮电部批准在此基础上按照 ITU 对第三代移动通信系统的要求形成我国 TD-SCDMA 第三代移动通信系统 RTT 标准的初稿，1998 年 6 月底，由电信科学技术研究院代表我国 CWTS 向 ITU 正式提交了 TD-SCDMA 标准草案。

（2）标准确立阶段：1998 年 6 月至 2006 年 1 月。该阶段从 TD-SCDMA 第三代移动通信系统 RTT 标准的初稿提交开始，ITU 于 1998 年 11 月通过 TD-SCDMA 成为 ITU 的 10 个公众陆地第三代移动通信系统后选标准之一；1999 年写入 ITU 建议 ITU-R M.1457 中；2000 年 5 月伊斯坦布尔 WARC 会议上 TD-SCDMA 正式成为国际第三代移动通信系统；2001 年 3 月写入 3GPP R4 中；由于 TD-SCDMA 的独特技术特点和优势，与欧洲、日本提出的 WCDMA、美国提出的 CDMA2000 并列为国际公认的第三代移动通信系统 3 大主流标准。2006 年 1 月，MII 颁布 TD-SCDMA 为我国通信行业标准。

（3）技术验证与测试阶段：2002 年 5 月至 2005 年 6 月。2002 年 5 月，TD-SCDMA 通过 Mnet 第一阶段测试；2003 年 7 月，世界首次 TD-SCDMA 手持电话演示；2004 年 5 月，TD-SCDMA Mnet 外场测试进入第二阶段，11 月顺利通过试验；2005 年 6 月，TD-SCDMA 产业化专项测试结束。

（4）产业化阶段：2000 年 12 月至 2005 年 4 月。2000 年 12 月 TD-SCDMA 技术论坛成立；2002 年 10 月，国家公布 3G 频谱方案，TD-SCDMA 获强力支持，获得 155 MHz 频谱；2002 年 10 月，TD-SCDMA 产业联盟成立；2003 年 6 月，TD-SCDMA 论坛加入 3GPP，TD-SCDMA 国际论坛在北京成立；2003 年 9 月，国家启动了共 7 亿元人民币的 TD-SCDMA 研发经费，这是仅次于航天工程的专项科研经费，再一次体现了国家对 TD-SCDMA 的坚定支持；2005 年 4 月，TD-SCDMA 国际峰会成功举行。

（5）商用进程阶段：2004 年 3 月至今。2004 年 3 月，大唐移动推出全球第一款 TD-SCDMA LCR 手机，长期制约 TD-SCDMA 商用进程的终端瓶颈被打破；2004 年 8 月，天碁科技、展迅通讯、凯明、重邮等相继推出 TD-SCDMA 终端芯片，TD-SCDMA 商用终端开发获得历史性进展；2004 年 11 月，成功打通全网络电话；2005 年 1 月，大唐移动 TD-SCDMA 数据卡率先实现 384 Kb/s 数据业务演示；2005 年 4 月，天碁科技率先发布了支持 384 Kb/s 数据传输的 TD-SCDMA 和 GSM 双模终端的商用芯片组；2006 年 3 月至 12 月，北京、上海、青岛、保定、厦门建设 TD-SCDMA 规模试验网；2006 年 12 月至今，中国移动前三期建网覆盖了 238 个城市。目前，TD-SCDMA 四期除了将在 101 个地、市新建网络外，还将对前三期的 238 个城市进行基站补点，以优化 TD-SCDMA 网络覆盖。

二、TD-SCDMA 基本参数

表 8.1.1　TD-SCDMA 基本参数

技术特征	TD-SCDMA 基本参数
信道间隔	1.6 MHz
码片速率	1.28 Mchip/s
多址方式	FDMA + TDMA + CDMA
双工方式	TDD
帧　长	短帧长 10 ms（子帧 5 ms）

续表 8.1.1

技术特征	TD-SCDMA 基本参数
信道/载波	48（对称业务）
DS 与 MC 方式	单载波窄带 DS
数据调制	QPSK/8PSK（2 Mb/s 业务）
扩频调制	QPSK
语音编码	8 Kb/s/AMR
信道编码	卷积编码 + Turbo 码
基站发射功率	最大 43 dBm
移动台发射功率	33 dBm
小区覆盖半径	0.1 ~ 12 km
切换方式	硬切换/软切换/接力切换
上行同步	1/8 chip
相干检测	上行、下行：连续的公共导频
功率控制	开环加闭环功率控制，200 次/s
多速率方案	多时隙、可变扩频和多码扩频
基站间定时	同步

三、TD-SCDMA 主要特点

由于 TD-SCDMA 的独特技术特点和优势，才使得它成为第三代移动通信系统的主流标准。下面分析这些特点和优势。

1. TDD 模式

上下行无需成对的有双工间隙的频段，可用于不成对的零碎频段；可变切换点技术提供业务和无线资源的最佳适配，频谱效率得到了提高；上下行使用相同的载频，无线传播是对称的，最适合于智能天线技术的实现。

2. 低码片速率

TD-SCDMA 系统的码片速率为 1.28 Mchip/s，仅为高码片速率 3.84 Mchip/s 的 1/3，接收机接收信号采样后的数字信号处理量大大降低，从而降低系统设备成本，适合采用软件无线电技术，还可以在目前 DSP 的处理能力允许和成本可接受的条件下用智能天线、多用户检测、MIMO 等新技术来降低干扰、提高容量。另外，低码片速率也提高了频谱利用率、使频率使用灵活。

3. 采用了智能天线、上行同步、联合检测等新技术

因为 TD-SCDMA 系统的 TDD 模式可以利用上下行信道的互易（或互惠）性，即基站对上行信道估计的信道参数可以用于智能天线的下行波束成型，这样相对于 FDD 模式的系统，智能天线技术比较容易实现。

TD-SCDMA 系统的低码片速率使得基带信号处理量比 WCDMA 系统大大降低，这样目前的 DSP 技术可以较好地支持在 TD-SCDMA 系统中采用智能天线技术。

由于 TD-SCDMA 系统中采用智能天线技术，使得 TDD 模式的缺点，如接收灵敏度低、

主要适合于低速移动环境、仅支持半径较小的小区等可以克服。

采用智能天线后可以让 TD-SCDMA 系统的所有码道同时利用，这样克服了低码片速率支持的信息传输速率较低的问题。采用智能天线后可以实现单基站对移动台准确定位，从而接力切换可以实现。

TD-SCDMA 系统的帧结构中专门设置了一个特殊时隙 UpPTS，这样保证了上行同步很好地实现，由于系统上行同步，大大降低了系统的干扰，解决了 CDMA 系统上行容量受限的难题。

采用智能天线技术仍然在多径高速移动环境下的性能方面不太理想，结合联合检测技术的智能天线使 TD-SCDMA 系统在快衰落情况下的性能进一步得到改善，从而使 TD-SCDMA 系统成为目前频谱效率最高的公众陆地移动通信系统。可以说 TD-SCDMA 系统是一个以智能天线为中心的第三代移动通信系统。

4. 适合软件无线电的应用

由于 TD-SCDMA 系统的 TDD 模式和低码片速率的特点，使得数字信号处理量大大降低，适合采用软件无线电技术。所谓软件无线电技术就是在通用芯片上用软件实现专用芯片的功能。软件无线电的优势主要有：

（1）可克服微电子技术的不足，通过软件方式，灵活完成硬件/专用 ASIC 的功能，在同一硬件平台上利用软件处理基带信号，通过加载不同的软件，可实现不同的业务性能；

（2）系统增加功能通过软件升级来实现，具有良好的灵活性及可编程性，对环境的适应性好，不会老化；

（3）可代替昂贵的硬件电路，实现复杂的功能，减少用户设备费用支出。

正是因为软件无线电的优势，使得 TD-SCDMA 系统在发展相对 WCDMA 和 CDMA2000 滞后的情况下，采用软件无线电技术，成功完成了试验样机和初步商用产品的开发，给 TD-SCDMA 的发展赢得了时间。

四、实践活动：调研我国 TD-SCDMA 技术的产业化情况

1. 实践目的

熟悉我国 TD-SCDMA 技术的产业化情况。

2. 实践要求

各位学员通过调研、搜集网络数据等方式独立完成。

3. 实践内容

（1）调研我国 TD-SCDMA 技术产业联盟情况；

（2）调研中国移动的 TD-SCDMA 发展情况。

任务 2　TD-SCDMA 空中接口物理层

TD-SCDMA 系统作为 ITU 第三代移动通信标准之一，其网络结构遵循 ITU 统一要求，通过 3GPP 组织内融合后，TD-SCDMA 与 WCDMA 的网络结构基本相同，相应接口定义也基本一致，但接口的部分功能和信令有一些差异，特别是空中接口的物理层，本任务将详细介绍。

一、TD-SCDMA 空中接口

1. 空中接口协议结构

Uu 空中接口包括：L1（物理层），L2（链路层）和 L3（网络层），如图 8.2.1 所示。

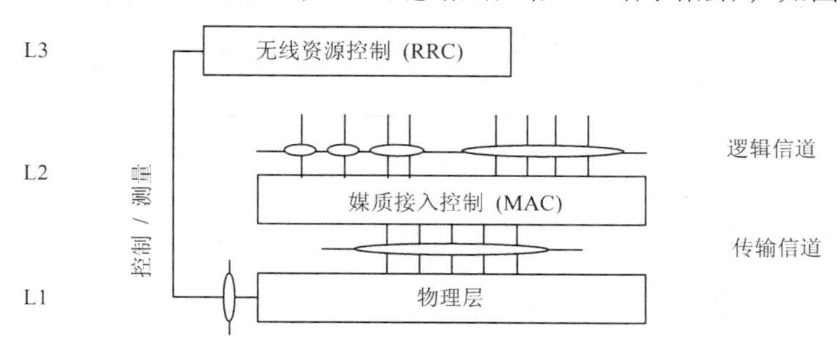

图 8.2.1 空中接口协议结构

2. 传输信道

传输信道是由 L1 提供给高层的服务，它是根据在空中接口上传输数据的方式及传输数据的特性来定义的。传输信道一般可分为两组。

（1）专用信道。

在这类信道中，UE 是通过物理信道来识别。专用信道（DCH）是一个用于上/下行链路，承载网络和 UE 之间的用户或控制信息的上/下行传输信道。有两种类型的专用传输信道：专用信道和用于 ODMA 网络的专用传输信道（ODCH）。

（2）公共信道。

在这类信道中，当消息是发给某一特定的 UE 时，需要有内识别信息。公共传输信道有以下几类。

① 广播信道（BCH）：广播信道是一个下行传输信道，用于广播系统和小区的特有信息。

② 寻呼信道（PCH）：寻呼信道是一个下行传输信道，用于当系统不知道移动台所在的小区位置时，承载发向移动台的控制信息。

③ 前向接入信道（FACH）：前向接入信道是一个下行传输信道，用于当系统知道移动台所在的小区位置时，承载发向移动台的控制信息。FACH 也可以承载一些短的用户信息数据包。

④ 随机接入信道（RACH）：随机接入信道是一个上行传输信道，用于承载来自移动台的控制信息。RACH 也可以承载一些短的用户信息数据包。

⑤ 上行共享信道（USCH）：上行共享信道是一种被几个 UE 共享的上行传输信道，用于承载专用控制数据或业务数据。

⑥ 下行共享信道（DSCH）：下行共享信道是一种被几个 UE 共享的下行传输信道，用于承载专用控制数据或业务数据。

二、TD-SCDMA 物理信道

1. TD-SCDMA 物理信道帧结构

TD-SCDMA 物理信道采用四层结构：系统帧号、无线帧、子帧和时隙/码，依据不同的资源分配方案，子帧或时隙/码的配置结构可能有所不同。前面我们已经知道 TD-SCDMA 系统

是一个以智能天线为中心的第三代移动通信系统，在 TD-SCDMA 系统中 TDD 的间隔（子帧）定为 5 ms 原因，是在综合考虑时隙个数和 RF 器件的切换速度两方面因素之后折中确定的值。所有物理信道的每个时隙间都需要有保护间隔。在 TD-SCDMA 系统中时隙用于在时间域上区分不同用户信号，这在某种意义上有些 TDMA 的成分。TDMA 系统的时隙内在码域上区分不同用户信号，图 8.2.2 给出了物理信道的信号帧格式。

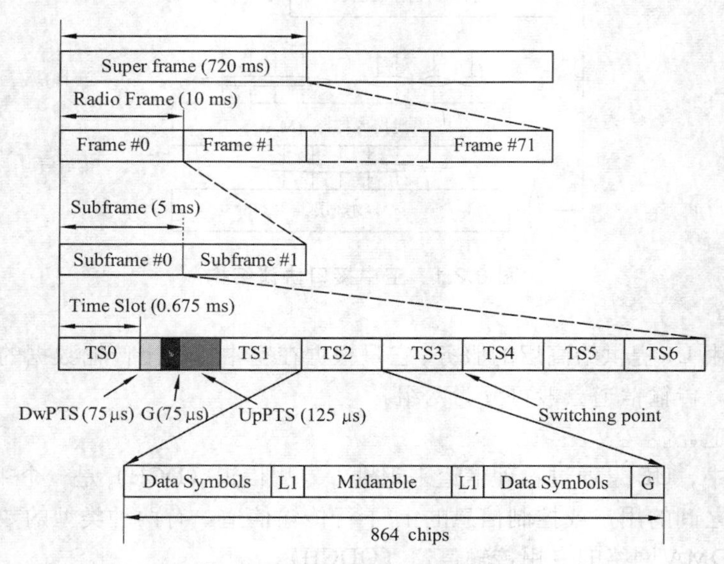

图 8.2.2 TD-SCDMA 帧结构

TDD 模式下的物理信道是一个突发，在分配到的无线帧中的特定时隙发射。无线帧的分配可以是连续的，即每一帧的相应时隙都可以分配给某物理信道，也可以是不连续的分配，即仅有部分无线帧中的相应时隙分配给该物理信道。一个突发由数据部分、midamble 部分和一个保护时隙组成。一个突发的持续时间就是一个时隙。一个发射机可以同时发射几个突发，在这种情况下，几个突发的数据部分必须使用不同 OVSF 的信道码，但应使用相同的扰码。一个突发包括两个长度为 352 chips 数据块、一个长为 144 chips 的 midamble 码块和一个长为 16 chips 的保护码块间隔，数据块的总长度为 704 chips。

midamble 码部分必须使用同一个基本 midamble 码，但可使用不同的 midamble 码。整个系统有 128 个长度为 128 chips 的基本 midamble 码，分成 32 个码组，每组 4 个。一个小区采用哪组基本 midamble 码由基站决定，因此 4 个基本 midamble 码基站是知道的，并且当建立起下行同步之后，移动台也知道所使用的 midamble 码组。Node B 决定本小区将采用这 4 个基本 midamble 中的哪一个。一个载波上的所有业务时隙必须采用相同的基本 midamble 码。在同一小区同一时隙上的不同用户所采用的 midamble 码由同一个基本的 midamble 码经循环移位后而产生。原则上，midamble 的发射功率与同一个突发中的数据符号的发射功率相同。

突发的数据部分由信道码和扰码共同扩频。信道码是一个 OVSF 码，扩频因子可以取 1，2，4，8 或 16，物理信道的数据速率取决于所用的 OVSF 码所采用的扩频因子。

突发的 midamble 部分是一个长为 144 chips 的 midamble 码。

2. TD-SCDMA 物理信道结构

一个物理信道是由频率、时隙、信道码和无线帧分配来定义的。建立一个物理信道的同时，也就给出了它的初始结构。物理信道的持续时间可以无限长，也可以是分配所定义的持续时间。

物理信道包括：下行导频时隙（DwPTS）、上行导频时隙（UpPTS）、专用物理信道（DPCH）、公共物理信道。

（1）下行导频时隙（DwPTS）。

每个子帧中的 DwPTS（SYNC_DL）是为下行导频和同步而设计的，由 Node B 以最大功率在全方向或在某一扇区上发射。这个时隙通常是由长为 64 chips 的 SYNC_DL 和 32 chips 的保护码间隔组成，其结构如图 8.2.3 所示。

SYNC_DL 是一套是一组 PN 码，为了方便小区测量的目的，设计的 PN 码集用于区分相邻小区，该 PN 码集在蜂窝网络中可以重复使用。

（2）上行导频时隙（UpPTS）。

每个子帧中的 UpPTS（SYNC_UL）是为上行导频和同步而设计的，当 UE 处于空中登记和随机接入状态时，它将首先发射 UpPTS，当得到网络的应答后，发射 RACH。这个时隙通常由长为 128 chips 的 SYNC_UL 和 32 chips 的保护周期间隔组成，其结构如图 8.2.4 所示。

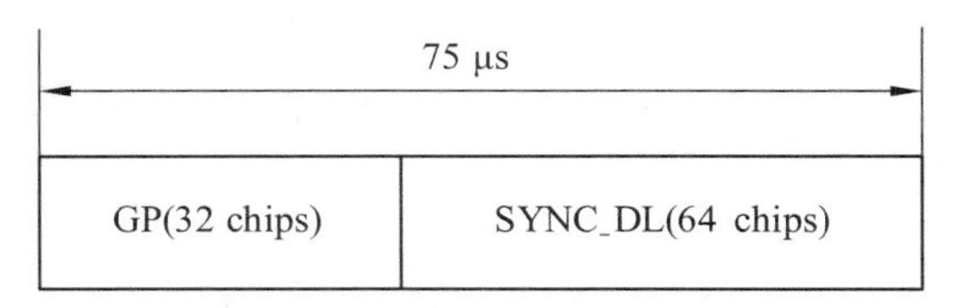

图 8.2.3　DwPTS 的突发结构

125 μs

SYNC_UL(128 chips)	GP(32 chips)

图 8.2.4　UpPTS 的突发结构

SYNC_UL 的内容是一套组 PN 码集，设计该 PN 码是用于在接入过程中区分不同的 UE。

（3）专用物理信道（DPCH）。

DCH 或在 ODMA 网络中的 ODCH 映射到专用物理信道 DPCH。对物理信道数据部分的扩频包括两步操作，第一步信道码扩频，即将每一个数据符号转换成一些码片，因而增加了信号的带宽，一个符号包含的码片数称为扩频因子（SF）。第二步是加扰处理，即将扰码加到已被扩频的信号。

下行物理信道采用的扩频因子为 16，多个并行的物理信道可用于支持更高的数据速率，这些并行的物理信道可以采用不同的信道码同时发射。下行物理信道在提供 2 Mb/s 的高速业务时也可以采用 SF＝1 的单码道传输。

上行物理信道的扩频因子可以从 1～16 选择。对于多码传输，UE 在每个时隙最多可以同时使用两个物理信道（信道码），这两个物理信道采用不同的信道码发射。

（4）公共物理信道。

① 主公共控制物理信道（P-CCPCH）。

公共传输信道中的 BCH 在物理层映射到主公共控制物理信道（P-CCPCH1 和 P-CCPCH2）。TD-SCDMA 中的，P-CCPCHs 的位置（时隙/码）是固定的 TS0，并映射到 TS0 的最初两个码道。

P-CCPCH 采用 SF＝16 的固定扩频方式，P-CCPCH1 和 P-CCPCH2 总是各自采用 CQ＝16（k＝1）和 CQ＝16（k＝2）的信道码。

P-CCPCH 也采用正规突发类型，P-CCPCH 中没有 TFCI。

P-CCPCHs 采用基本 midamble 码 m（1）。

② 辅助公共控制物理信道（S-CCPCH）。

PCH 和 FACH 可以映射到一个或多个辅助公共控制物理信道（S-CCPCH），这种方法可使 PCH 和 FACH 的数量可以满足不同的需要。在 TS0 中，S-CCPCH 可以与 P-CCPCH 进行时间复用，也可以将它分配到其他任一下行时隙上。S-CCPCH 所使用的码和时隙在小区中广播。

S-CCPCH 采用 SF＝16 的固定扩频方式，S-CCPCHS（S-CCPCH1 和 S-CCPCH2）总是成对使用，并以 16 为扩频因子映射到两个码道。在一个小区可以使用一对以上的 S-CCPCHS。

③ 物理随机接入信道（PRACH）。

RACH 或 ORACH（ODMA 网络采用）映射到一个或多个上行物理随机接入信道，这种情况下，可以根据运营者的需要，灵活确定 RACH 或 ORACH 的容量。不需要 TFCI、TPC 和 SS。

上行 PRACH 的扩频因子为 4、8 或 16，其配置（时隙数和分配到的扩频码）通过 BCH 在小区中广播。

PRACH 使用正规突发类型。在同一时隙中激活的不同用户的训练序列(即 midamble 码)，是由同一个单周期基本码经过不同时间偏移后而产生的。

④ 物理同步信道（PSCH）。

TD-SCDMA 系统中有两个专用物理同步信道，即 TD-SCDMA 系统中每个子帧中的 DwPCH 和 UpPCH。

⑤ 快速物理接入信道（FPACH）。

快速物理接入信道（FPACH）不承载传输信道信息，因而与传输信道不存在映射关系。NODE B 使用 FPACH 来响应在 UpPTS 时隙收到的 UE 接入请求，调整 UE 的发送功率和同步偏移。FPACH 的扩频因子 SF 固定为 16，单子帧交织，信道的持续时间为 5 ms，数据域内不包含 SS 和 TPC 控制符号。因为 FPACH 不承载来自传输信道的数据，也就不需要使用 TFCI。小区中配置的 FPRACH 数目及其他信道参数如：时隙、信道化码、Midamble 码位移等信息由系统信息广播。

⑥ 物理上行共享信道（PUSCH）。

物理上行共享信道（PUSCH）用来承载来自 USCH 的数据。物理上行共享信道将使用正规的 DPCH 突发结构。用户物理层的特有参数，如功率控制、定时提前及方向性天线设置等，都可以从相关信道(FACH 或 DCH)中得到。由于可能一个 UE 存在多个 PUSCH，这些 PUSCH 可以进行编码组合，这样 PUSCH 为在上行链路中传送 TFCI 信息提供了可能，但不需要 TPC 和 SS。

⑦ 物理下行共享信道（PDSCH）。

物理下行共享信道（PDSCH）用来承载来自 DSCH 的数据。物理下行共享信道将采用正规的 DPCH 突发结构。用户物理层的特有参数，如功率控制、定时提前及方向性天线设置等，都可以从相关信道（FACH 或 DCH）中得到。

有三种通知方法可用来指示用户在 DSCH 上有要解码的数据：

· 使用相关信道或 PDSCH 上的 TFCI 信息；

· 使用在 DSCH 上的用户特有的 midamble 码，它可从该小区所用的 midamble 码集中导出来；

· 使用高层信令。

当使用 midamble 码这一基本方法时，如果 UTRAN 分配给用户的 midamble 码是在 PDSCH 中发送的，则用户将对 PDSCH 进行解码。对于这种方法，不能再有其他的物理信道使用与该 PDSCH 相同的时隙，且只能有一个 UE 可以与 PDSCH 同时共享一个时隙。

由于下行方向传输信道 DSCH 不能独立存在，只能与 FACH 或 DCH 相伴而存在，因此作为传输信道载体的 PDSCH 也不能独立存在。DSCH 数据可以在物理层进行编码组合，因而 PDSCH 上可以存在 TFCI，但不使用 TPC 和 SS。

⑧ 寻呼指示信道（PICH）。

寻呼指示信道（PICH）是一个用来承载寻呼指示的物理信道。PICH 总是以与 P-CCPCH 相同的参考功率和相同的天线方向图配置来发送。每个小区的 PICH 使用正规的 DPCH 突发结构，SF＝16 的固定扩频方式。使用两个码可容易实现与 P/S-CCPCH 的时间复用。

在每个 PICH 突发中，寻呼指示 NPI 使用 LPI＝2、4、8 个符号来发送，LPI 称为寻呼指示长度。每个 PICH 突发中的寻呼指示数 NPI 由寻呼指示长度给出，而它们二者对高层信令来说都是已知的。NPICH 个连续子帧的寻呼指示组成了一个 PICH 块，NPICH 由高层设置，因此，在每个 PICH 块中，将有 NP＝NPICH × NPI 个寻呼指示被发送。

三、实践活动：传输信道到物理信道的映射关系

1. 实践目的

熟悉传输信道到物理信道的映射关系。

2. 实践要求

各位学员独立完成。

3. 实践内容

传输信道到物理信道的映射方式如表 8.2.1 所示。

表 8.2.1 传输信道到物理信道的映射关系

传输信道	物 理 信 道
DCH	专用物理信道（DPCH）
BCH	主公共控制物理信道（P-CCPCH）
PCH	主公共控制物理信道（P-CCPCH） 辅助公共控制物理信道（S-CCPCH）
FACH	主公共控制物理信道（P-CCPCH） 辅助公共控制物理信道（S-CCPCH）
RACH	物理随机接入信道（PRACH）
USCH	物理上行共享信道（PUSCH）
DSCH	物理下行共享信道（PDSCH）
	下行导频信道（DwPCH）
	上行导频信道（UpPCH）
	寻呼指示信道（PICH）
	快速物理接入信道 F-PACH

任务 3 TD-SCDMA 关键技术

TD-SCDMA 关键技术有时分双工、上行同步、联合检测、智能天线、动态信道分配、接力切换技术等。本任务分别分析这些关键技术。

一、时分双工

公众陆地移动通信系统空中接口的工作方式有时分双工 TDD 和频分双工 FDD 两种。TDD 是指上行和下行的传输使用同一频带的双工方式，上下行需要根据时间进行切换，物理层的时隙被分为发送和接收两部分。FDD 是指上行和下行的传输使用分离的两个对称的频带的双工方式，系统需根据对称性频带进行划分，TDD 和 FDD 如图 8.3.1 所示。

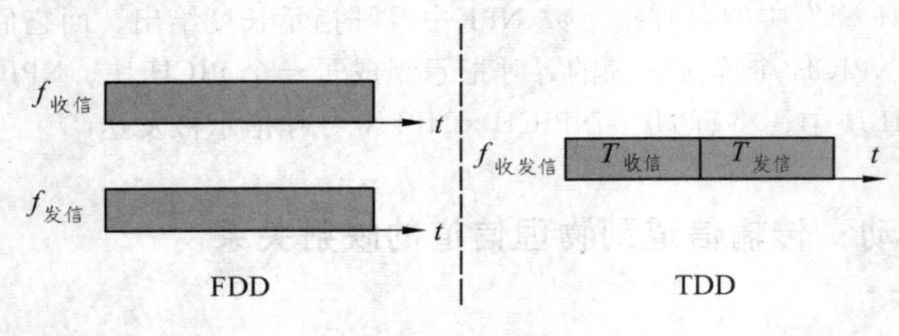

图 8.3.1 TDD 和 FDD

TD-SCDMA 系统采用 TDD 模式，TDD 模式带来如下优势。

（1）频谱灵活性：不需要成对的频谱，可以利用 FDD 无法利用的不对称频谱，结合 TD-SCDMA 系统的低码片速率特点，在频谱利用上可以“见缝插针”，只要有一个载波的频段就可以使用，从而能够灵活有效地利用现有的频率资源，目前移动通信系统面临的一个重大的问题就是频谱资源的极度紧张，在这种条件下，要找到符合要求的对称频段是非常困难的，因此 TDD 模式在频率资源紧张的今天受到特别的重视。

（2）更高的频谱利用率：TD-SCDMA 系统可以在带宽为 1.6 MHz 的单载波上提供高达 2 Mb/s 的数据业务和 48 路话音通信，使单个基站支持的用户数多，系统建网及服务费用降低。

（3）支持不对称数据业务：TDD 可以根据上下行业务量来自适应调整上下行时隙个数，对于 IP 型的数据业务比例越来越大的今天特别重要，而 FDD 系统一建立通信就将分配到一对频率以分别支持上下行业务，在不对称业务中，当上下业务不对称时存在浪费，使得 FDD 频率利用率显著降低，尽管 FDD 系统也可以用不同宽度的频段来支持不对称业务，但一般组网分配时频段相对固定，不可能灵活使用（如下行频段比上行频段宽一倍）。

（4）有利于采用新技术：上下行链路用相同的频率，其传播特性相同，功率控制要求降低，利于采用智能天线、预 RAKE 等新技术。

（5）成本低：无收发隔离的要求，可以使用单片 IC 来实现 RF 收发信机。

当然，TDD 模式也有一些缺点：一方面，TDD 方式对定时和同步要求很严格，上下行之间需要保护时隙，同时对高速移动环境的支持也不如 FDD 方式；另一方面，TDD 信号为脉冲突发形式，采用不连续发射（DTX），因此发射信号的峰-均功率比值较大，导致带外辐射较大，对 RF 实现提出了较高要求。TD-SCDMA 系统中采用智能天线技术的解决方案，这些问题基本得到可以克服。可以说，TDD 模式适合使用智能天线技术，智能天线技术又克服了 TDD 模式的缺点，两者是珠联璧合，相得益彰。

二、上行同步

所谓上行同步就是上行链路各终端的信号在基站解调器完全同步，即同一时隙不同用户的信号同步到达基站接收机。在 TD-SCDMA 中用软件和帧结构设计来实现严格的上行同步，是一个同步的 CDMA 系统。通过上行同步，可以让使用正交扩频码的各个码道在解扩时完全正交，相互间不会产生多址干扰，从而克服了异步 CDMA 多址技术由于每个移动终端发射的码道信号到达基站的时间不同，造成码道非正交所带来的干扰，大大提高了 CDMA 系统容量，提高了频谱利用率，还可以简化硬件，降低成本。

上行同步过程如图 8.3.2 所示。

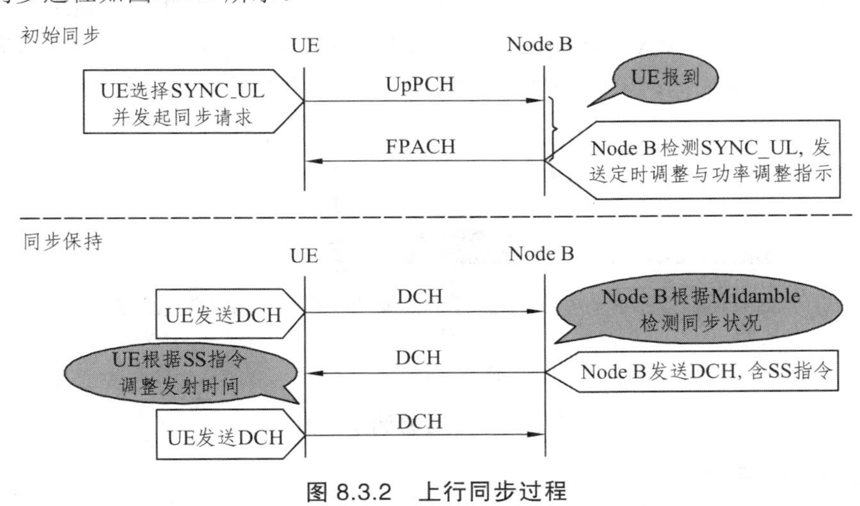

图 8.3.2 上行同步过程

（1）上行同步的建立（初始同步）。

第一步：上行同步的准备（下行同步）。

正如有关小区搜索过程的文献所描述的那样，UE 开机之后，它必须首先与小区建立下行同步。只有建立了下行同步，UE 才能开始建立上行同步。

第二步：开、闭环上行同步。

尽管 UE 可以从 Node B 接收到下行同步信号，但到 Node B 的距离还是一个未知数，导致 UE 的上行发射不能同步到达 Node B。因此为了减小对常规时隙的干扰，上行信道的首次发送在 UpPTS 这个特殊时隙进行，SYNC_UL 突发的发射时刻可通过对接收到的 DwPTS 和/或 P-CCPCH 的功率估计来确定。在搜索窗内通过对 SYNC_UL 序列的检测， Node B 可估计出接收功率和时间，然后向 UE 发送反馈信息，调整下次发射的发射功率和发射时间，以便建立上行同步。在以后的 4 个子帧内，Node B 将向 UE 发射调整信息（用 F-PACH 里的一个单一子帧消息）。

上行同步过程，通常用于系统的随机接入和切换过程中用于建立 UE 和基站之间的初始同步，也可以用于当系统失去上行同步时的再同步。

（2）上行同步的保持。

可以利用每一个上行突发中的 midamble 码来保持上行同步。

在每一个上行时隙中，各个 UE 的 midamble 码是不相同。Node B 可以在同一个时隙通过测量每个 UE 的 midamble 码来估计 UE 的发射功率和发射时间偏移，然后在下一个可用的下行时隙中发射同步偏移（SS）命令和功率控制（PC）命令，以使 UE 可以根据这些命令分别适当调整它的 Tx 时间和功率。这些过程保证了上行同步的稳定性，可以在一个 TDD 子帧检查一次上行同步。上行同步的调整步长是可配置和再设置的，取范围为 1/8～1 chip 持续时间。上行同步的更新有三种可能情况：增加一个步长，减少一个步长，不变。

三、联合检测

联合检测是一种有效的多用户检测技术，用于同时减少和消除 CDMA 系统内的符号间干扰和多用户干扰。TD-SCDMA 系统使用低码片速率短码扩频的特点使得接收数据流可以较为容易地被一次检出，从而同时消除符号间干扰和多址干扰，联合检测示意图如图 8.3.3 所示。

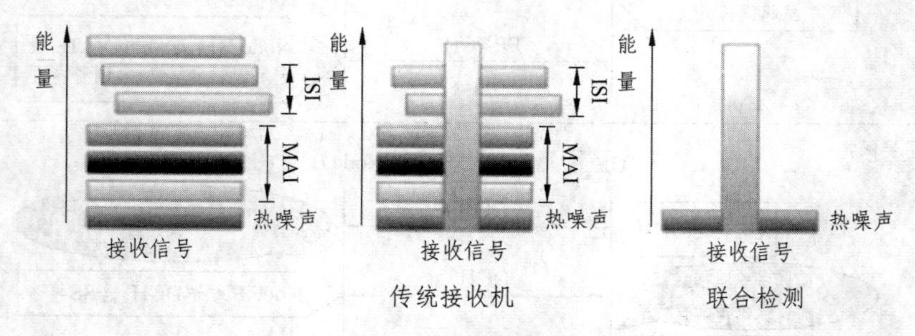

图 8.3.3 联合检测示意图

1. 联合检测的特点

（1）不同的用户数据可以一次性检测出来；

（2）通过基本的中间序列进行信道冲击响应估计，从而得知发射信号的信息；

（3）将多址干扰和符号间干扰进行同样的处理，基本可以消除这两种干扰。

2. 联合检测的优势

（1）基本消除多址接入干扰和符号间干扰；

（2）增加信号动态检测范围；

（3）增加小区容量；

（4）消除远近效应，无需快速功控。

四、智能天线

对于 CDMA 系统，为了使一个扇区中能够容纳更多的用户就必须降低系统的总噪声水平。CDMA 系统容量直接取决于总噪声水平。对于一个用户来说，其他用户的信号都是干扰信号，只有降低每一个用户的信号或降低此用户对其他用户的干扰信号，才能大大提高系统容量。智能天线系统的目的正在于此。智能天线系统主要包括天线设备和计算机系统。通过计算机系统的复杂运算，使天线形成非常窄的特定波束，这个特定波束直接到达特定的用户，这样就可以使这个用户对其他用户的干扰降低到最低。因为系统中同时会有多个用户同时通信，所以智能天线系统要形成多个非常窄的特定波束，并且这些特定波束要随着用户的增减而实时变化，因此智能天线系统非常复杂。

1. 智能天线的基本概念和分类

智能天线技术定义为：具有波束成形能力的天线阵列，可以形成特定的天线波束，实现定向发送和接收。智能天线可以利用信号的空间特征分开用户信号和多径干扰信号，智能天线示意图如图 8.3.4 所示。

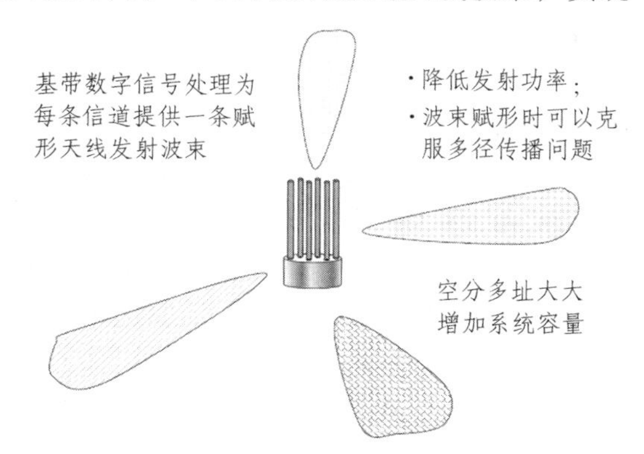

图 8.3.4　智能天线示意图

智能天线包括自适应天线和切换波束天线：自适应天线自适应地识别用户信号的到达方向，通过反馈控制方式连续调整自身的方向图；切换波束天线则是预先确定多个固定波束，随着用户在小区中的移动，基站选择相应的使接收信号最强的波束。

2. 智能天线的实现原理

智能天线阵列由多个阵元组成，每个阵元都是全向辐射元，通过一系列的算法控制各个阵元的幅度、相位，使它们在某个方向某点进行空中叠加。以同相增强，反相抵消的干涉原理叠加，空中每一点的叠加结果都不一样，形成在某个方向很强，某个方向很弱的信号。控制阵元的幅度、相位，可以在天线射频处实现，也可以在基带部分实现。通过基带算法改变各个阵元的幅度、相位，就可以形成任意波束，对准特定的用户进行接收或发射（收发互易）。智能天线在广播信道和业务信道分别工作于两种模式，业务信道时的波束较窄，增益较大，这样一方面可以节省移动台和基站发射功率，另一方面可以减小干扰。

3. 智能天线与常规天线

智能天线与常规天线的比较如图 8.3.5 所示。

图 8.3.5　智能天线与常规天线的比较

4. 智能天线的优势

（1）智能天线波束赋形的结果等效于增大天线的增益，提高接收灵敏度；

（2）智能天线波束赋形算法可以将多径传播综合考虑，克服了多径传播引起数字无线通信系统性能恶化，还可利用多径的能量来改善性能；

（3）智能天线波束赋形后，只有来自主瓣和较大旁瓣方向的才会对有用信号形成干扰，大大降低了多用户干扰问题，同时波束赋形后也大大减少了小区间干扰；

（4）智能天线获取的 DOA 提供了用户终端的方位信息，以用来实现用户定位；

（5）智能天线系统虽使用了多部发射机，但可以用多只小功率放大器来代替大功率放大器，这样可降低基站的成本，同时，多部发射机增加了设备的冗余，提高了设备的可靠性；

(6) 采用智能天线可以使发射需要的输入端信号功率降低，同时也意味着能承受更大的功率衰减量使得覆盖距离和范围增加；

(7) 智能天线具备定位和跟踪用户终端能力，从而可以自适应地调整系统参数以满足业务要求，这表明使用智能天线可以改变小区边界，能随着业务需求的变化为每个小区分配一定数量的信道，即实现信道的动态分配；

(8) 智能天线获得的移动用户的位置信息，可以实现接力切换，避免了软切换中宏分集所占用的大量无线资源及频繁的切换，提高了系统容量和效率；

(9) 在 TD-SCDMA 系统中，智能天线结合联合检测和上行同步，理论上系统能工作在满码道情况。

当然，智能天线在公众陆地移动通信系统中应用也有一些缺点，比如智能天线只能克服一个码片间隔内的多径干扰、在高速移动环境下的性能方面不太理想。TD-SCDMA 系统中采用结合联合检测技术的解决方案，仿真和外场测试表面性能有很大改善，满足 ITU 的商用要求。另外，智能天线对无线资源管理也产生一定的影响。

五、动态信道分配

动态信道分配 DCA 是指在终端接入和链路持续期间，根据多小区之间的干扰情况和本小区内的干扰情况，进行信道的分配和调整。动态信道分配的目的是增加系统容量和降低干扰。

1. TD-SCDMA 的多址技术

在 TDD 模式的 CDMA 系统中，信道的定义包括四种通信资源，即频域的载频、码域的扩频码、时域的时隙和空域的波束。

因此，TD-SCDMA 采用了 FDMA、TDMA、CDMA 和 SDMA 4 种多址技术。

TD-SCDMA 的多址技术如图 8.3.6 所示。

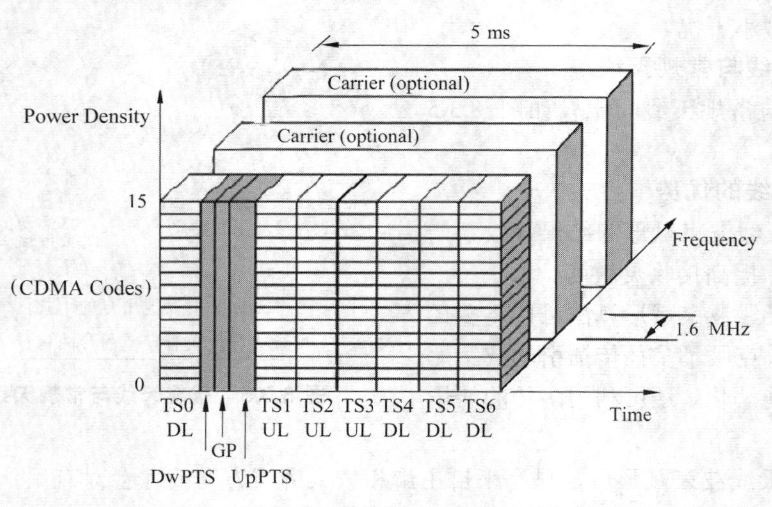

图 8.3.6 TD-SCDMA 的多址技术

2. DCA 的分类

按照通信资源可以将 DCA 分为时域 DCA、频域 DCA 和空域 DCA。时域 DCA 可以有效减少在一个载频中每个时隙中同时激活的用户数量，系统将把干扰最小的时隙分配给用户。频域 DCA 通过改变载波进行频域的动态信道分配。在给定的 5 MHz 频带内可以提供 3 个载波。通过使用自适应的智能天线，可以基于每一个用户进行动态信道分配。

按照信道分配的速率可以将 DCA 分为慢速 DCA 和快速 DCA。在小区资源分配或信道指派时采用慢速 DCA，具体过程是 RNC 根据干扰小区测量值计算各小区的信道优先级别指示值，为业务资源分配（快速 DCA 提供参考），同时提高资源分配的执行速度和质量。在通信过程中信道选择或调整时采用快速 DCA，具体过程是 RNC 根据承载业务的要求和业务信道的质量检测结果，在通话和切换过程中，由 RNC 进行信道选择，以保证业务的质量。

六、接力切换

由于 TD-SCDMA 系统采用智能天线，可以定位用户的方位和距离，所以系统可采用接力切换方式。接力切换过程如图 8.3.7 所示，两个小区的基站接收来自同一手机的信号，两个小区都将对此手机定位，并在可能切换区域时，将此定位结果向基站控制器报告，基站控制器根据用户的方位和距离信息，判断手机用户现在是否移动到应该切换给另一基站的临近区域，并告知手机其周围同频基站信息，如果进入切换区，便由基站控制器通知另一基站做好切换准备，通过一个信令交换过程，手机就由一个小区像交接力棒一样切换到另一个小区。这个切换过程具有软切换不丢失信息的优点，又克服了软切换对临近基站信道资源和服务基站下行信道资源浪费的缺点，简化了用户终端的设计。接力切换还具有较高的准确度和较短的切换时间，提高了切换成功率。

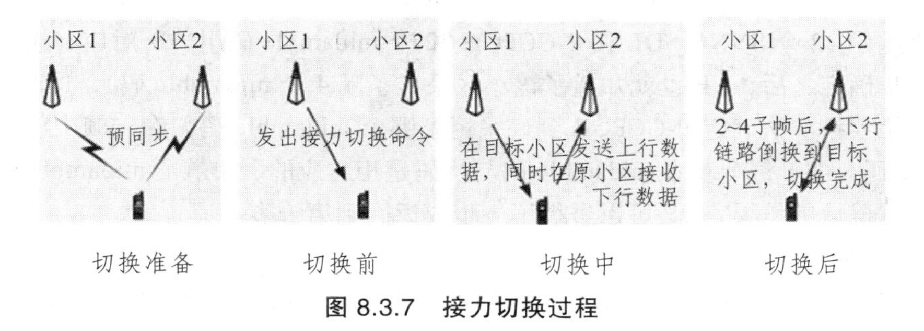

图 8.3.7　接力切换过程

任务 4　TD-SCDMA 通信流程

一、小区搜索过程

小区搜索利用 DwPTS 和 BCH 进行。在初始小区搜索中，UE 搜索到一个小区，建立 DwPTS 同步，获得扰码和基本 midamble 码，控制复帧同步，然后读取 BCH 信息。小区搜索过程如图 8.4.1 所示，大致可分为四个步骤。

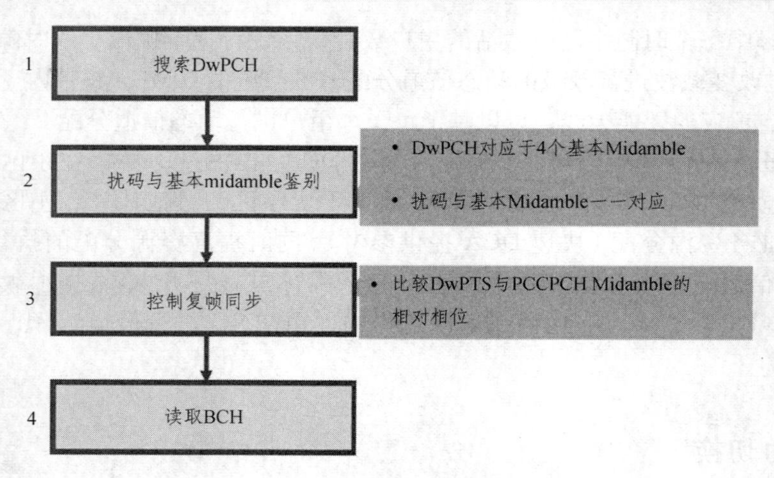

图 8.4.1 小区搜索过程

1. 搜索 DwPTS

在第一步中，UE 利用 DwPTS 中 SYNC_DL 得到与某一小区的 DwPTS 同步，这一步通常是通过一个或多个匹配滤波器(或类似的装置)与接收到的从 PN 序列中选出来的 SYNC_DL 进行匹配实现。为实现这一步，可使用一个或多个匹配滤波器（或类似装置）。在这一步中，UE 必须要识别出在该小区可能要使用的 32 个 SYNC_DL 中的哪一个 SYNC_DL 被使用。

2. 识别扰码和基本 midamble 码

在初始小区搜索的第二步，UE 接收到 P-CCPCH 上的 midamble 码，DwPTS 紧随在 P-CCPCH 之后。在 TD-SCDMA 系统中，每个 DwPTS 对应一组 4 个不同的基本 midamble 码，因此共有 128 个 midamble 码且互不重叠。基本 midamble 码的序号除以 4 就是 SYNC_DL 码的序号。因此说 32 个 SYNC_ DL 和 P-CCPCH 32 个 midamble 码组一一对应（也就是说，一旦 SYNC_DL 确定之后，UE 也就知道了该小区采用了哪 4 个 midamble 码），这时 UE 可以采用试探法和错误排除法确定 P-CCPCH 到底采用了哪个 midamble 码。在一帧中使用相同的基本 midamble 码。由于每个基本 midamble 码与扰码是相对应的，知道了 midamble 码也就知道了扰码。根据确认的结果，UE 可以进行下一步或返回到第一步。

3. 控制复帧同步

在第三步中，UE 搜索在 P-CCPCH 里的 BCH 的复帧 MIB（Master Indication Block），它由经过 QPSK 调制的 DwPTS 的相位序列（相对于在 P-CCPCH 上的 midamble 码）来标志。控制复帧由调制在 DwPTS 上的 QPSK 符号序列来定位。n 个连续的 DwPTS 足以可以检测出目前 MIB 在控制复帧中的位置。根据为了确定正确的 midamble 码所进行的控制复帧同步的结果，UE 可决定是否执行下一步或回到第二步。

4. 读 BCH 信息

在第四步，UE 读取被搜索到小区的一个或多个 BCH 上的广播信息，根据读取的结果，UE 可决定是回到以上的几步还是完成初始小区搜索。

确定了 P-CCPCH 信道后，UE 将按高层的规划信息在 P-CCPCH 上读取完整的系统信息广播，根据系统消息中给出的接入层和非接入层信息，来确定是否最终选择当前小区作为服务小区。至此，小区搜索过程结束。UE 读取被搜索到小区的一个或多个 BCH 上的广播信息，如果出现不能完全解码 BCCH 的情况，意味着此步失败，小区搜索过程将根据情况回到前几步。

二、随机接入过程

随机接入过程如图 8.4.2 所示。

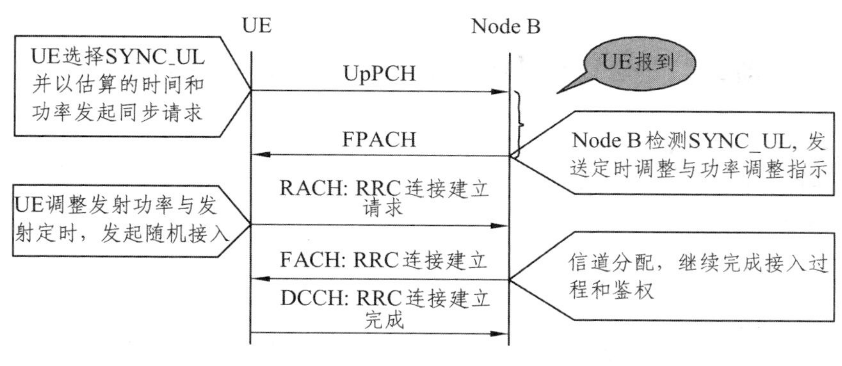

图 8.4.2　随机接入过程

1. 随机接入准备

当 UE 处于空闲模式时，它将维持下行同步并读取小区广播信息。从该小区所用到的 DwPTS，UE 可以得到为随机接入而分配给 UpPTS 物理信道的 8 个 SYNC_UL 码（特征信号）的码集，一共有 256 个不同的 SYNC_UL 码序列，其序号除以 8 就是 DwPTS 中的 SYNC_DL 的序号。从小区广播信息中 UE 可以知道码集中的哪个 SYNC_UL 将被使用，并且还可以知道 P-RACH 信道的详细情况（采用的码、扩频因子、midamble 码和时隙）及 F-PACH 信道的详细信息（采用的码、扩频因子、midamble 码和时隙）和其他与随机接入有关的信息。

在 BCH 所含的信息中，还包括了 SYNC_UL 与 F-PACH 资源、F-PACH 与 P-RACH 资源、P-RACH 资源与(P/S) -CCPCH（承载 FACH 逻辑信道）资源的相互关系。因此，当 UE 发送 SYNC_UL 序列时，它就知道了接入时所使用的 F-PACH 资源，P-RACH 资源和 CCPCH 资源。

2. 随机接入过程

在 UpPTS 中紧随保护时隙之后的 SYNC_UL 序列仅用于上行同步，UE 从它要接入的小区所采用的 8 个可能的 SYNC_UL 码中随机选择一个，并在 UpPTS 物理信道上将它发送到基站。然后 UE 确定 UpPTS 的发射时间和功率（开环过程），以便在 UpPTS 物理信道上发射选定的特征码。

一旦 Node B 检测到来自 UE 的 UpPTS 信息，那么它到达的时间和接收功率也就知道了。Node B 确定发射功率更新和定时调整的指令，并在以后的 4 个子帧内通过 F-RACH（在一个突发/子帧消息）将它发送给 UE。F-PACH 中也包含用于 UE 进行交叉检测的特征码信息和相对帧号（接收到被确认的特征码之后的帧号）。

一旦当 UE 从选定的 F-PACH（与所选特征码对应的 F-PACH）中收到上述控制信息时，表明 Node B 已经收到了 UpPTS 序列。然后，UE 将调整发射时间和功率，并确保在接下来的两帧后，在对应于 F-PACH 的 P-PACH 信道上发送 RACH。在这一步，UE 发送到 Node B 的 RACH 将具有较高的同步精度。

之后，UE 将会在对应于 P-RACH 的 CCPCH 的信道上接收到来自网络的响应，指示 UE 发出的随机接入是否被接受，如果被接受，将在网络分配的 UL 及 DL 专用信道上通过 FACH 建立起上下行链路。

在利用分配的资源发送信息之前，UE 可以发送第二个 UpPTS 并等待来自 F-PACH 的响应，从而可得到下一步的发射功率和 SS 的更新指令。

三、实践活动：熟悉 TD-SCDMA 的功率控制过程

1. 实践目的

掌握 TD-SCDMA 的功率控制实现过程。

2. 实践要求

各位学员分别独立完成。

3. 实践内容

功率控制的作用：对抗衰落对信号的影响，降低发射机的功率消耗（主要有益于 UE），降低网络中小区间的干扰，减少同一小区内其他用户的干扰。

TD-SCDMA 的功率控制分为开环功控和闭环功控，闭环功控又分为内环功控和外环功控，如图 8.4.3 所示。

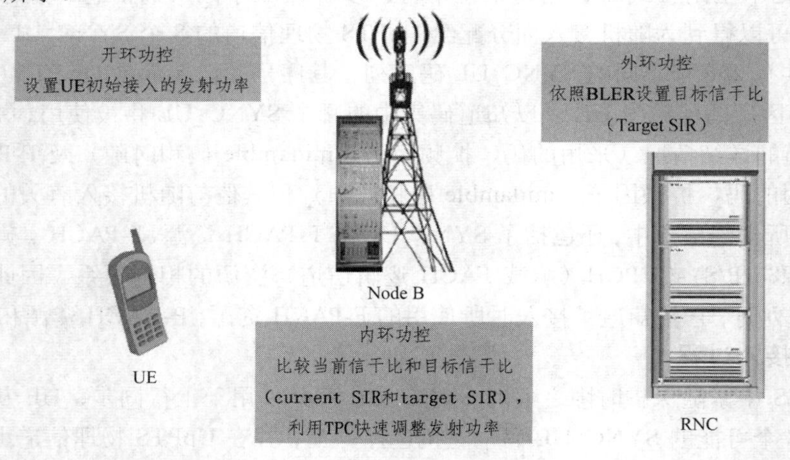

图 8.4.3 TD-SCDMA 功率控制

任务 5 TD-SCDMA 基站操作与维护

一、TD-SCDMA 基站结构认识

本任务以 DNB6200 为例，介绍 TD-SCDMA 的基站结构。DNB6200 系列化基站由产品功能模块（DBBP530、RRU）和辅助设备（APM30、EMUA 等）组成。

1. DNB6200 系列化基站功能模块

DNB6200 系列化基站功能模块如图 8.5.1 所示。

DBBP530 是基带处理单元，提供 DNB6200 系列化基站与 RNC 之间信息交互的接口单元。RRU 室外射频远端处理模块，负责传送和处理 DBBP530 和天馈系统之间的射频信号。按照处理能力的不同，RRU 分为三种型号：DRRU261（6 载波，单通道）、DRRU268（6 载波，8 通道）和 DRRU268i（8 通道天线一体化）。

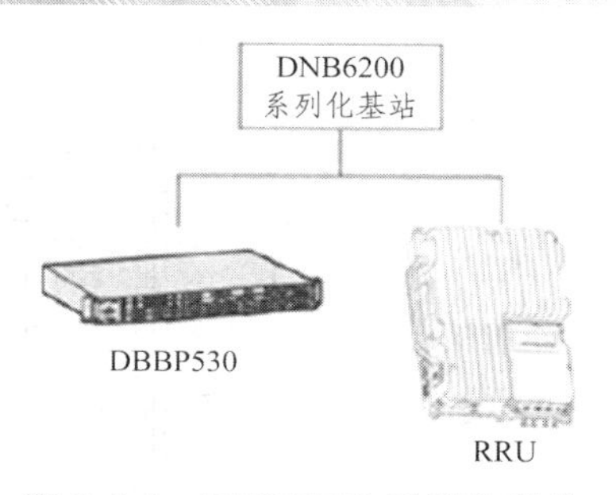

图 8.5.1　DNB6200 系列化基站功能模块

2. DNB6200 系列化基站辅助设备

对 DNB6200 系列化基站辅助设备的说明如表 8.5.1 所示。

表 8.5.1　DNB6200 系列化基站辅助设备

辅助设备	说　明
室外配电柜（APM）	APM200 室外体化后备电源系统，可直接用于户外。包括 −48 V 直流供电输出、200 Ah 蓄电池备电、5U 用户设备安装空间于一体，采用热交换器进行散热，用于环境质量较差的地区，详细介绍请参见《APM200 室外型一体化后备电源系统用户手册》
	APM30 电源柜是室外型一体化后备电源系统，功能包括： · 提供 −48 V 直流电源输出； · 加热和散热； · 根据蓄电池配置情况，可提供 2U～7U 高度的用户设备安装空间。关于 APM30 电源柜的具体功能介绍，请参见《APM30 用户手册》
室内安装架	室内安装架尺寸为（宽 × 深 × 高）为：600 mm × 450 mm × 700 mm。支持两安装架的堆叠安装，也可兼容标准的 19 inch 设备（最多 10U）
外置蓄电池柜（BBC）	外置蓄电池柜 BBC 应用于室外环境，具有体积小、易搬运的特点。同 APM30 配套使用，解决 APM30 长时间备电的问题。单柜最大可提供 200 Ah 备电，详细介绍请参见《APM30 用户手册》
防雷盒（SLPU）	SLPU（Signal Lighting Protection Unit）为 1U 高度 19 inch 宽，提供 4 个防雷板槽位，可以插 E1 防雷板以及 FE/GE 防雷板
外部监控模块（EMUA）	EMUA（Environment Monitoring Unit）是环境监控仪，它的功能包括： · 环境监控； · 侵入监控； · 配电监控. 关于 EMUA 的功能介绍，具体请参见《EMUA 用户手册》

注：1 inch = 2.54 cm。

3. DNB6200 系列化基站逻辑结构

DNB6200 系列化基站逻辑结构包括：DBBP530 逻辑结构和 RRU 逻辑结构。

（1）DBBP530 逻辑结构。

DBBP530 采用模块化设计，根据各模块实现功能可划分为：传输子系统、基带子系统、控制子系统、电源模块，如图 8.5.2 所示。

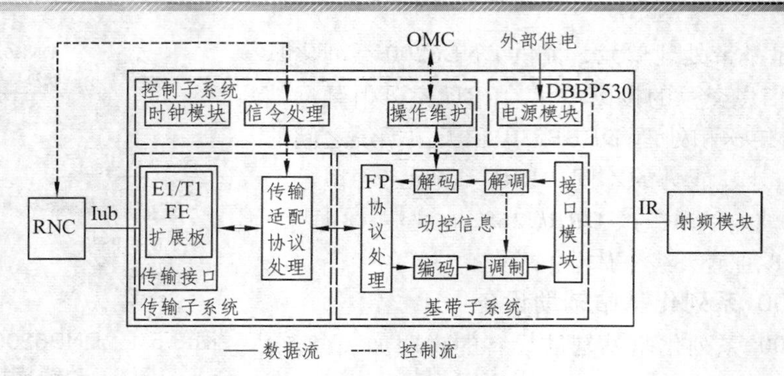

图 8.5.2 DBBP530 逻辑结构

① 传输子系统。传输子系统主要功能如下：

· 提供与 RNC 的物理接口，完成 DNB6200 系列化基站与 RNC 之间的信息交互；

· 为 DBBP530 提供与 OMC（LMT 或 DOMC920）连接的维护通道。

② 基带子系统。基带子系统完成上下行数据基带处理功能，主要由上行处理模块和下行处理模块组成。

· 上行处理模块：包括解调和解码模块。上行处理模块对上行基带数据进行接入信道搜索解调和专用信道解调，得到解扩解调的软判决符号，经过译码处理、FP（Frame Protocol）处理后，通过传输子系统发往 RNC。

· 下行处理模块：包括调制和编码模块。下行处理模块接收来自传输子系统的业务数据，发送至 FP 处理模块，完成 FP 处理，然后编码，再完成传输信道映射、物理信道生成、组帧、扩频调制等功能，最后将处理后的信号送至接口模块。DBBP530 将 IR 接口模块集成到基带子系统中，用于连接 DBBP530 和 RRU。

③ 控制子系统。控制子系统集中管理整个分布式基站系统，包括操作维护和信令处理，并提供系统时钟。

· 操作维护功能包括：设备管理、配置管理、告警管理、软件管理、调测管理等。

· 信令处理功能包括：NBAP（Node B Application Part）信令处理、ALCAP（Access Link Control Application Part）处理、SCTP（Stream Control Transmission Protocol）处理、逻辑资源管理等。

· 时钟模块功能包括：锁相 GPS 时钟，进行分频、锁相和相位调整，并为整个基站提供符合要求的时钟。

④ 电源模块。电源模块将－48 V DC 转换为单板需要的电源，并提供外部监控接口。

（2）DRRU261 逻辑结构。

DRRU261 即 1 通路 RRU，它是天线阵和 BBU 之间的功能模块，通常用作室内覆盖。它负责完成 RF 信号和 BBU 板之间发送和接收方向上的信号处理功能。每个 DRRU261 可以支持 1 个射频通路，对应支持 6 个载波。

二、TD-SCDMA 基站日常操作

1. 操作维护方式

DNB6200 系列化基站支持“本地维护终端 LMT”和“集中维护中心 DOMC920”两种操

作维护平台。支持“近端维护”和“远端维护”两种操作维护方式。

（1）近端维护：维护人员通过 DNB6200 系列化基站本地网口，使用 LMT 直接维护基站。

（2）远端维护：维护人员可以在 RNC 机房或集中维护中心，使用 LMT 或 DOMC920，由 RNC 提供 IP 路由，对基站进行维护。

操作维护方式的特点如下：

（1）支持 BOOTP（Bootstrap Protocol）、DHCP（Dynamic Host Configuration Protocol）协议，在系统未进行数据配置或异常情况下，可以自动建立操作维护通道，提高系统的可靠性和远程故障维护能力。

（2）支持配置基线，简化配置回退操作过程，提高了配置回退的可靠性。

（3）提供 RRU 组网的拓扑扫描功能，自动监测网络拓扑结构，减少手工操作。

（4）完善的系统自检功能。

操作维护网络如图 8.5.3 所示。操作维护网络包括：

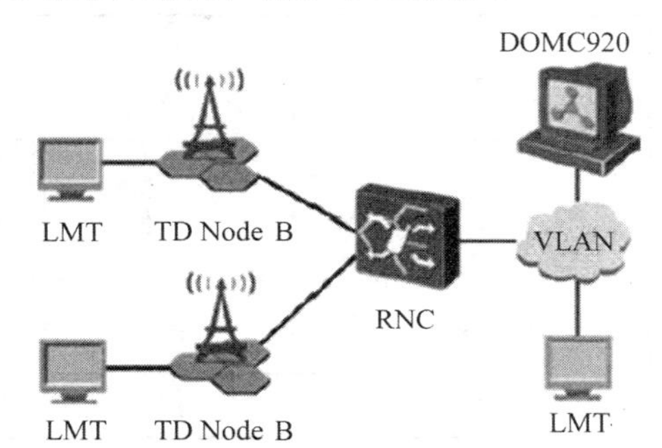

图 8.5.3 操作维护网络

（1）LMT：安装了“华为本地维护终端”软件，并与网元的实际操作维护网络连通的操作维护终端。通过 LMT，可以对单个 DNB6200 系列化基站进行相应操作和维护。

（2）TD NodeB：被维护对象。

（3）RAN 配置台：配置和调整 DRNC820、DNB6200 系列化基站的数据。

（4）DOMC920：集中维护多个 DNB6200 系列化基站。

（5）操作维护通道：提供 LMT、DOMC920 到 DNB6200 系列化基站维护通信通道。

2. 操作维护功能

① 软件管理：软件版本查询功能、软件版本和硬件版本一致性校验、软件管理各过程进度指示、一键式上传功能、基站软件版本激活功能、单板在线加载/激活功能、补丁功能。

② 配置/维护/关系/状态管理：配置管理、管理对象的关系和状态的维护、设备维护等功能。

③ 故障管理：本地故障处理、中心层故障处理、告警处理、故障告警配置维护。

④ 日志管理：支持记录 DNB6200 系列化基站的操作日志，并可以按照条件查询；支持记录故障、告警日志；支持记录调试日志；支持记录安全日志。

⑤ 性能管理：对性能指标的测量和上报。

⑥ 测试管理：支持可控测试、非可控测试和测试任务的持久化。

⑦ 传输管理：支持 IP 传输和 ATM 传输、Fractional ATM、传输 loop 测试、IMA 测试。

⑧ 公共服务：包括文件传输、查询和设置本地时间等。

三、实践活动：TD-SCDMA 基站操作应用

1. 实践目的

掌握 TD-SCDMA 基站常用硬件维护项目。

2. 实践要求

各位学员在实验室独立完成，并记录相应结果。

3. 实践内容

DNB6200 系列化基站维护包括 DBBP530 设备维护项目和 RRU 设备维护项目。

(1) DBBP530 设备维护项目。

站点投入正式运行后，应对 DBBP530 进行例行维护，以确保 DBBP530 始终运行在良好的状态。对 DBBP530 设备进行维护的项目包括：检查风扇、检查设备外表、检查设备清洁、检查指示灯。DBBP530 设备维护项目如表 8.5.2 所示。

表 8.5.2 DBBP530 设备维护项目

项 目	周 期	操作指导	参考标准
检查风扇	每周，每月（季）	检查风扇	无相关风扇告警
检查设备外表	每月（季）	检查设备外表是否有凹痕、裂缝、孔洞、腐蚀等损坏痕迹，设备标志是否清晰	无
检查设备清洁	每月（季）	检查各设备是否清洁	设备表面清洁、机框内部灰尘不得过多
检查指示灯	每月（季）	检查设备的指示灯是否正常	无相关指示灯报警

(2) RRU 设备维护项目。

完成对 RRU 硬件部署并通过业务验收，设备投入正式运行之后，应对 RRU 进行例行维护，以确保 RRU 始终运行在良好的状态。对 RRU 设备进行维护的项目包括：检查设备外表、检查设备清洁、检查指示灯。RRU 设备维护项目如表 8.5.3 所示。

表 8.5.3 RRU 设备维护项目

项 目	周 期	操作指导	参考标准
检查设备外表	每月（季）	检查设备外表是否有凹痕、裂缝、孔洞、腐蚀等损坏痕迹，设备标志是否清晰	无
检查设备清洁	每月（季）	检查各设备是否清洁	设备表面清洁、机框内部灰尘不得过多
检查指示灯	每月（季）	检查设备的指示灯是否正常	各指示灯的含义请参见《DNB6200 硬件描述》

过关训练

一、填空题

1. TD-SCDMA 标准被（ ）接纳，包含在（ ）版本中。
2. TD-SCDMA 的信道间隔是（ ），码片速率是（ ），双工方式是（ ）。
3. TD-SCDMA 的 Uu 空中接口包括：L1（ ）、L2（ ）和 L3（ ）。

4. 传输信道是由 L1 提供给高层的服务，它是（ ）来定义的。

5. TD-SCDMA 物理信道都采用四层结构：（ ）、（ ）、（ ）和（ ）。

6. TD-SCDMA 物理信道包括：（ ）、（ ）、（ ）和公共物理信道。

7. 联合检测是一种有效的（ ）检测技术，用于同时减少和消除 CDMA 系统内的（ ）干扰和（ ）干扰。

8. 智能天线技术定义为：（ ）。

9. 按照通信资源可以将 DCA 分为（ ）DCA、（ ）DCA 和（ ）DCA。

10. 按照信道分配的速率可以将 DCA 分为（ ）DCA 和（ ）DCA。

11. DNB6200 系列化基站由产品功能模块（ ）和辅助设备（ ）组成。

12. DBBP530 采用模块化设计，根据各模块实现功能可划分为：（ ）、（ ）、（ ）、（ ）。

二、名词解释

TD-SCDMA　TDD　软件无线电　LCR　DwPTS　USCH　DCA　DBBP530　RRU

三、简答题

1. 简述 TD-SCDMA 发展历程。

2. 说明 TD-SCDMA 的传输信道到物理信道的映射关系。

3. TD-SCDMA 关键技术有哪些？

4. TD-SCDMA 系统采用的 TDD 模式带来哪些优势？

5. 说明 TD-SCDMA 系统的上行同步过程。

6. 说明联合检测的特点和优势。

7. 对智能天线与常规天线进行比较分析。

8. 说明 TD-SCDMA 系统的小区搜索过程。

9. 说明 TD-SCDMA 系统的随机接入过程。

模块九　移动通信网络工程技术

【问题引入】

移动通信网络为用户提供优质的无线接入服务与其特有的网络工程技术是密切相关的。那么网络工程中的天线是什么？传播模型有什么作用？分集技术又是什么？网络覆盖信号增强采用了哪些技术？防雷与接地包括哪些技术？这些都是本模块需要涉及与解决的问题。

【内容简介】

本模块介绍了天线的概念，分类和技术指标，常用的传播模型的应用，天馈线系统的认知，接收分集和发射分集技术，直放站和室内分布系统的应用，防雷与接地的措施等内容。其中传播模型的应用、天馈线系统的认知、室内分布系统的应用、防雷与接地的措施等为重要内容。

【学习要求】

识记：天线的概念、分类和相关技术指标。

领会：常用的传播模型、接收分集技术和发射分集技术。

应用：直放站和室内分布系统的应用、防雷与接地的措施。

任务1　天线技术

一、天线基本知识

（一）天线的定义

天线是用来完成辐射和接收无线电波的装置。

（二）天线的功能

天线可以将高频的电信号以电磁波的形式辐射到天空中，也可以在空中接收电磁波并转换成高频电信号。

（三）天线的分类

天线有很多类型，其分类如表 9.1.1 所示。

表 9.1.1　天线的分类

分类方法	分　类
按照作用分	发射天线
	接收天线
按照结构分	线状天线
	面状天线
按照工程对象分	通信天线
	广播电视天线
	雷达天线
按照工作频率分	长波天线
	中波天线
	短波天线
	超短波天线

在移动通信系统中，通信天线又分为基站天线和移动台天线。基站天线按照天线的辐射方向可以分为定向天线和全向天线；根据调整方式可以分为机械天线和电调天线；根据极化方式可以分为双极化天线和单极化天线。

对于天线的选择，我们应根据移动通信网的覆盖、话务量、干扰和网络质量等实际情况，选择适合本地区移动通信网络的移动天线。

（四）天线的技术指标

天线的主要技术指标很多，在本书中，我们只介绍移动通信系统中常用到的几个指标。

1. 方向性

天线的方向性是指天线向一定方向辐射或接收电磁波的能力。

天线的方向性通常用方向图来表示。方向图是天线的辐射作用在空间分布情况的图解表示，图 9.1.1 为天线的垂直方向图，图中水平方向的辐射增益最大，振子的正下方辐射增益为 0。单一振子天线方向图如图 9.12（a）所示，移动通信系统中，常用的是对称振子叠放天线，方向图如图 9.1.2（b）所示。

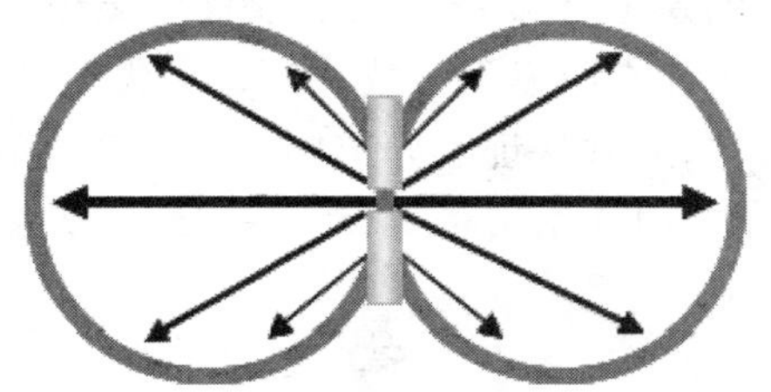

图 9.1.1　天线的垂直方向图

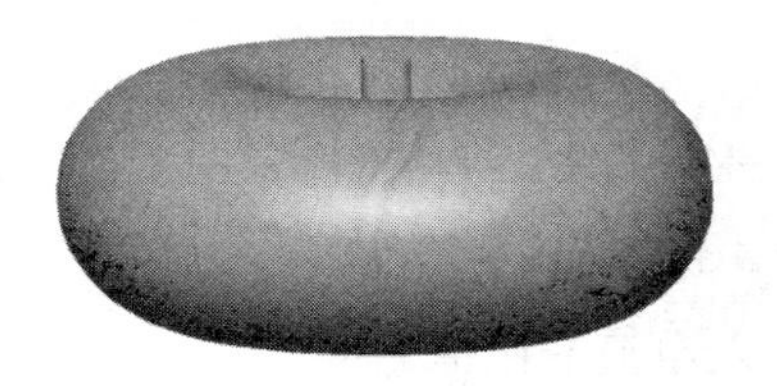

（a）单一振子天线方向图

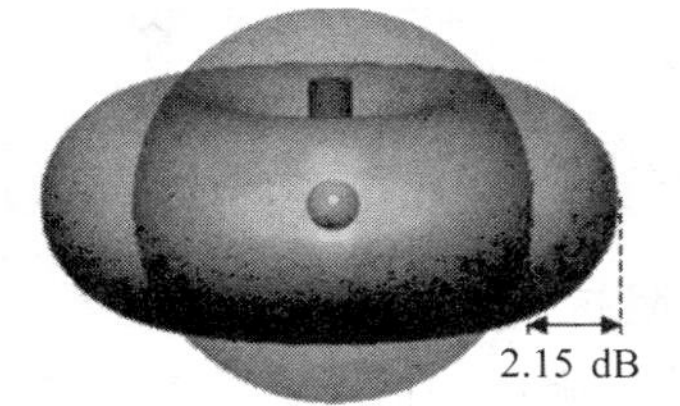

（b）对称振子天线方向图

图 9.1.2　天线方向图

2. 增　益

天线的增益是用来衡量天线将输入功率集中辐射的能力的参数，它是选择基站天线最重要的参数之一。

增益的单位用 dBi 或 dBd 表示。dBi 是相对于全向辐射天线的参考值，在各方向的辐射是均匀的；dBd 相对于半波振子天线的参考值，两者之间的关系是：dBi＝dBd＋2.15。

3. 极化方式

天线的极化，是指天线辐射时形成的电场强度方向。

当电场强度方向垂直于地面时，此电波就称为垂直极化波；当电场强度方向平行于地面时，此电波就称为水平极化波。由于电波的特性，决定了水平极化传播的信号在贴近地面时会在大地表面产生极化电流，极化电流因受大地阻抗影响产生热能而使电场信号迅速衰减，而垂直极化方式则不易产生极化电流，从而避免了能量的大幅衰减，保证了信号的有效传播。因此，在移动通信系统中，一般均采用垂直极化的传播方式。图 9.1.3 给出了垂直极化与水平极化的示意图。

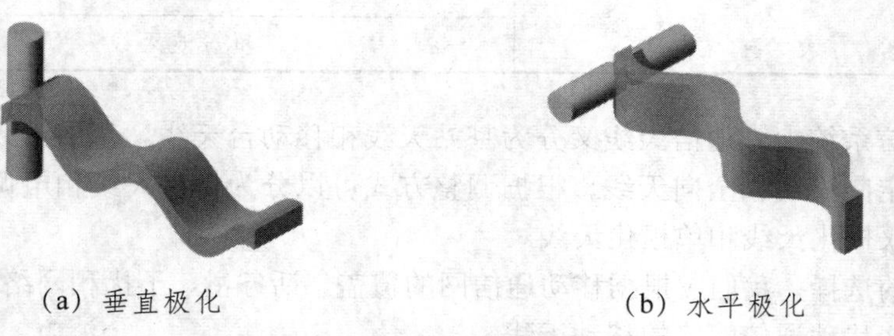

(a) 垂直极化　　(b) 水平极化

图 9.1.3　垂直极化与水平极化

移动通信系统中，在基站密集的高话务地区，广泛采用双极化天线，就其设计思路而言，一般分为垂直与水平极化和±45°极化两种方式，性能上后者优于前者，因此目前大部分采用的是±45°极化方式。双极化天线组合了＋45°和－45°两副极化方向相互正交的天线，并同时工作在收发双工模式下，大大节省了每个小区的天线数量；同时由于＋45°和－45°为正交极化，有效保证了分集接收的良好效果（其极化分集增益约为 5 dBi，比单极化天线提高约 2 dB）。图 9.1.4 给出了＋45°和－45°极化的示意图。

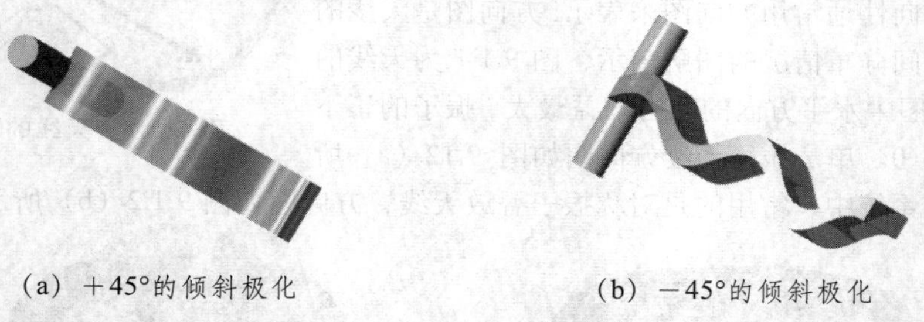

(a) ＋45°的倾斜极化　　(b) －45°的倾斜极化

图 9.1.4　+45°和 -45°极化

4. 输入阻抗

天线的输入阻抗是指天线馈电端输入电压与输入电流的比值。

天线与馈线连接时，最佳情形是天线输入阻抗是纯电阻且等于馈线的特征阻抗。当天线的输入阻抗与馈线阻抗匹配时，馈线所传送功率全部被天线吸收，否则将有一部分能量反射回去而在馈线上形成驻波，并将增加在馈线上的损耗。移动通信天线的输入阻抗应做成 50 Ω 纯电阻，以便与特性阻抗为 50 Ω 的同轴电缆相匹配。

5. 下倾角

当天线垂直安装时，天线辐射方向图的主波瓣将从天线中心开始沿水平线向前。为了控制干扰，增强覆盖范围内的信号强度，减少零凹陷点的范围，一般要求天线主波束有一个下倾角度。

天线下倾角有两种调节方式：机械的方式和电调方式。机械天线即是使用机械调整下倾角度的天线，机械天线的天线方向图容易变形，其最佳下倾角度为 1°～5°；电调天线是使用电子调整改变下倾角度的天线，电调天线改变下倾角后天线的方向图变化不大。

天线下倾角有一定的范围，在此范围内，天线波束产生的畸变较小，否则，会造成波束产生较大的畸变。

6. 天线的半功率角度

半功率角度是指辐射功率不小于最大辐射方向上辐射功率一半的辐射扇面角度。

7. 天线的效率

天线的效率表示天线辐射功率的能力，定义为天线辐射功率与输入功率之比。

二、移动通信天线与应用

在移动通信系统中，通常分为移动台天线和基站天线。

（一）移动台天线

移动台通常采用鞭状天线，是一种垂直的单极化天线，属于线状天线。

由于移动台是不断移动的，即移动台天线也在不断移动。所以移动台的天线不可能采用像基站天线那样大型、笨重的天线，移动台天线具有如下特点：

（1）移动台收发共用一根天线，因此，移动台天线都具有足够宽的频带；

（2）在水平方向内天线是无方向的；

（3）在垂直面内尽可能抑制角方向的辐射；

（4）天线的电气性能不应受到因移动而产生的振动、碰撞、冲击等的影响；

（5）体积小，重量轻，由于用户量大，造价要低廉。

（二）基站天线

1. 基站天线的分类

基站天线按照天线的辐射方向可以分为定向天线和全向天线（亦称无方向性天线），根据下倾角调整方式可分为机械天线和电调天线，根据极化方式可分为双极化天线和单极化天线。

全向天线的水平方向图为一个圆，定向天线的水平方向图为一个确定的方向，辐射方向的范围用半功率角描述，角度越小，方向性越强。

2. 基站天线的要求

（1）天线增益高。

基站天线增益常以半波振子的增益为标准。为了提高增益，即提高天线水平面的辐射能力，必须设法压缩天线垂直面的辐射特性，减小垂直面的波瓣宽度。

例如，对于高增益无方向性天线，当水平面辐射增益达到 9 dB 时，垂直面内半功率波瓣宽度不应越过 10°。

（2）方向图满足设计要求。

由于天线是架设在铁塔、大楼顶部、山顶等高处，天线附近往往存在着金属导体，包括天线的支撑件，它们会对天线的辐射产生影响，使方向图发生改变。因此，它们和天线间必须有足够的间距。工程中使天线辐射体中心距铁塔 3/4 波长以上时，可使无方向性天线真圆性变好，或者使定向性天线获得较理想的方向性。如果天线存在反射器，则应尽量使反射器离塔体远一些。

（3）阻抗匹配。

为了提高天线辐射效率，必须实现天馈线系统的阻抗匹配。在天馈线系统中，阻抗匹配程度用电压驻波比（VSWR）描述。VSWR 常在 1.05～1.5 以内，阻抗匹配程度越高，VSWR 越小。

（4）频带宽。

移动通信天线，均应要求能在宽频带范围内工作，能实现收发共用。天线的工作频带不仅要考虑收发信全频段，还要考虑其收发信的双工间隔以及保护间隔。例如，150 MHz 频段的双工间隔为 5.7 MHz，400 MHz 频段的双工间隔为 10 MHz，900 MHz 频段的双工间隔为 45 MHz。另外，还需保护收信和发信频段带宽。以 900 MHz 蜂窝电话系统为例，天线应能在 25 MHz×2＋45 MHz＝95 MHz 带宽上工作，并能保证性能。

（5）较好的机械强度。

基站天线往往安装于铁塔塔侧或塔顶某处，因此，天线结构应具有较好的机械强度，能够抗风、冰凌、雨雪等。为了提高防雷能力，天线系统还必须有较好的防雷接地系统。

3. 基站天线的选择

对于基站天线的应用，我们应根据移动通信网的覆盖、话务量、干扰和网络质量等实际情况，选择适合本地区移动网络的移动天线。

一般情况下，在基站密集的高话务密度区域，应该尽量采用双极化天线和电调天线；在农村、郊区等话务量不高，基站不密集地区和只要求解决覆盖问题的地区，可以使用传统的机械天线；高话务密度区采用电调天线或双极化天线替换下来的机械天线可以安装在农村、郊区等话务密度低的地区。

4. 基站天线的美化与伪装

（1）基站天线美化与伪装的方法。

统计表明，人们对电磁波辐射问题越来越敏感，为了减少城市环境中基站天线安装给城市居民带来的不舒适感，天线的美化与伪装是一种有效的解决方案。

天线的美化与伪装是指将基站天线与美化造型的外壳结合在一起，设计出不同形态的与周围环境相适应的美化天线产品；或者将天线喷涂上与环境谐调的颜色，达到美化伪装的效果，如图 9.1.5 所示。

(a)　(b)　(c)　(d)

图 9.1.5　天线的美化与伪装

(2) 基站天线美化与伪装的应用。

基站安装的场合通常可分为广场、街道、风景区、商业区、住宅小区、工厂区和主干道路等七大类，不同的场合应采用不同的美化伪装方式，如表 9.1.2 所示。

表 9.1.2　基站天线美化与伪装的应用

场景分类	场景描述	美化伪装方式
广　场	视野开阔，绿化较好，周围建筑较少	仿生树、景观塔、灯箱型
街　道	人流量大，车流量大，话务量高，要求天线高度不高	灯箱形、天线遮挡或隐蔽
风景区	绿化好，景观优美	仿生树、景观塔
商业区	楼房密集，楼房高度较高，大楼造型丰富	一体化天线、广告牌、变色龙外罩
住宅小区	低层住宅小区，楼顶结构一般为斜坡，楼房高度较低	一体化天线、特型天线
	高层住宅小区，楼顶结构一般为平顶，楼房高度较高	方柱形外罩、圆柱形外罩、空调室外机外罩
工厂区	建筑物较低的工厂区	水罐形外罩、灯杆形外罩、景观塔、仿生树
	建筑物较高的工厂区	广告牌、方柱形外罩、圆柱形外罩、空调室外机外罩
主干道路	铁路、高速公路、国道等，车流量大，周围环境开阔，天线高度较高	仿生树、景观塔、广告牌

任务 2 实践——天馈线系统

(一)实训目的

① 掌握移动通信天馈线系统基本结构;
② 掌握移动通信天馈线系统避雷系统的原理;
③ 掌握移动系统天馈线驻波比的基本测试方法。

(二)实训原理

1. 天馈线系统结构

UMTS 移动通信天馈线系统的一般结构如图 9.2.1 所示。天馈线系统由避雷针、抱杆、天线、天线支架、室内室外跳线、馈线、馈线卡、走线架、过线窗、避雷器、馈线接地线等组成。

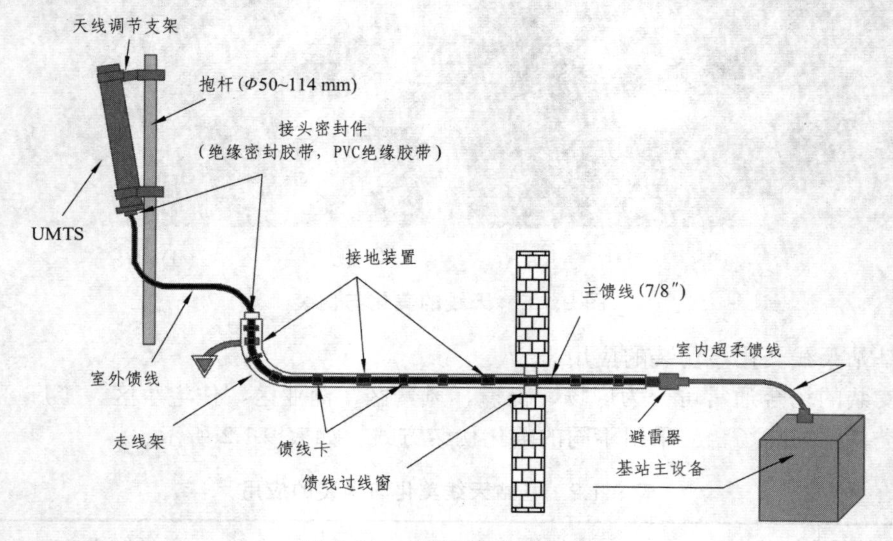

图 9.2.1 天馈系统的结构

2. 驻波比测试

驻波比全称为电压驻波比,又名 VSWR 和 SWR,为英文 Voltage Standing Wave Ratio 的简写。

在入射波和反射波相位相同的地方,电压振幅相加为最大电压振幅 V_{max},形成波腹;在入射波和反射波相位相反的地方电压振幅相减为最小电压振幅 V_{min},形成波节;其他各点的振幅值则介于波腹与波节之间。这种合成波称为行驻波。驻波比是驻波波腹处的声压幅值 V_{max} 与波节处的声压 V_{min} 幅值之比。

在无线电通信中,天线与馈线的阻抗不匹配或天线与发信机的阻抗不匹配,高频能量就会产生反射折回,并与前进的部分干扰汇合形成驻波。为了表征和测量天线系统中的驻波特性,也就是天线中正向波与反射波的情况,人们建立了“驻波比”这一概念。定义为:

$$SWR=R/r=(1+K)/(1-K)$$

式中,R 和 r 分别是输出阻抗和输入阻抗,K 为反射系数。当两个阻抗数值一样时,即达到完全匹配，则 K 等于 0，驻波比为 1。但这是一种理想的状况，实际上总存在反射，驻波比总是大于 1 的。

射频系统阻抗匹配，特别要注意使电压驻波比达到一定要求，因为在宽带运用时频率范围很广，驻波比会随着频率而变，应使阻抗在宽范围内尽量匹配。

常用的天馈线分析仪有 SA 系列和 Site Master，下面主要介绍 Site Master。

Site Master 是一种手持式电缆和天馈线分析仪，具有体积小，操作简单等特点，便于技术人员在现场对天馈线进行测试。主要用途为在射频传输线、接头、转接器、天线、其他射频器件或系统中查找问题。

Site Master 主要有以下几种型号：S331A、S120A、S235A 和 S251A。其中 S331A 是单端口的，其余 3 种都是双端口的。它们的工作频率是 S331A：25～3 300 MHz；S120A：600～1 200 MHz；S235A：1 250～2 350 MHz；S251A：625～2 500 MHz。

（三）实验步骤

（1）观察天馈线系统的组成；

（2）观察天馈线避雷接地系统组成；

（3）观察馈线卡间的距离和回水弯结构；

（4）观察天线主瓣方向；

（5）用驻波比测试仪测试天馈线的驻波比值，步骤如下：

① 选择测量指标，设置初始参数。

选择测试项目：选择主菜单中 OPT 选项，按 B1 和上/下键选择要测试的项目为 VSWR，按 ENTER 键确认，按 ESCAPE 键返回主菜单。

选择测量的频率范围：选择主菜单中 FREQ 选项，出现下级菜单；按 F1，用数字键输入扫描起始频率，按 ENTER 键确认；按 F2，用数字键输入扫描截止频率，按 ENTER 键确认；按 ESCAPE 键返回主菜单。

选择计量单位（若使用默认值，可以跳过该步骤）：选择主菜单中 OPT 选项，按 MORE 键，按 B5 选择计量单位（一般选默认的 METRIC），按 ENTER 键确认，按 ESCAPE 键返回主菜单。

② 校准，做任何测量前，必须先做这一步。

按 START CAL 键激活校准菜单，屏幕会提示“PERFORM CALIBRATION”，>CANCEL，CAL A 为 909～915 MHz；CAL B 为 935～960 MHz；用上/下键和 ENTER 键选择 A 或 B（不必管 CAL A 或 CAL B 后面的频率数，校准后其频率自然会等于设定的频率范围），屏幕提示“Connect OPEN，PRESS ENTER”。

将开路器接到 TEST PORT，按 ENTER 键，屏幕提示“Connect SHORT，PRESS ENTER”；将短路器接到 TEST PORT，按 ENTER 键，屏幕提示“Connect LOAD，PRESS ENTER”；将负载接到 TEST PORT，按 ENTER 键。稍等一下，系统将会根据测量结果开始计算，自动校准。

③ 测量。

首先用测试电缆连接要测量的设备，一般是从机顶跳线口测试，也可以从连接 CDU 的超柔软电缆口测试。默认情况下，系统将自动开始测量；如果系统没有自动测量，请按 RUN/HOLD

键开始测量。每按一次，仪表会对所选频段测量一次。

在测量过程中，可以通过按 ATUO SCALE 键，自动调整显示比例；也可以通过选择主菜单下 SCALE，手动输入 TOP、BOTTOM 和 LIMIT 值，改变显示比例。

读取测量的最大驻波比（VSWR）数值的方法为：按 FREQ 菜单下的 MKRS 键（MAKERS，标记），打开一个 MKRS，选择 EDIT，用上/下键改变该 MKRS 对应频率值，读取需要测量的范围内最大的 VSWR 值。读取最大的 VSWR 值还有另一种方法：按 FREQ 菜单下的 MORE 键，选择 PEAK，该 MKRS 将自动跳转到最大的 VSWR 值所在的频率。

如果测量的频率范围大于需要测量的频率范围（如需要测量的是 935 960，实际测量的是 900 1000），只有取所需测量频率范围内的 VSWR 最大值才有意义。为了方便，可以先设置 2 个 MKRS，标记出需要测量的频段的高端频率和低端频率，然后再设置第 3 个 MKRS，读取所需频段内的最大 VSWR，作为最终测试结果。

（四）项目过关训练

（1）画出天馈线系统的组成并标注各部分。
（2）查找天馈线的主要参数。
（3）说明天馈线接地、馈线卡间距、回水弯制作参数要求情况。
（4）说明各小区天线方向角情况。
（5）测量天馈线驻波比值。

任务 3 无线电波的传播技术

一、无线电波传播概述

（一）无线电波的方式

无线电波从发射天线到接收天线通过多种方式传输，如图 9.3.1 所示。主要有自由空间波，对流层反射波，电离层波和地波。

1. 表面波传播

表面波传播，就是电波沿着地球表面到达接收点的传播方式，如图 9.3.1 中①所示。电波在地球表面上传播，以绕射方式可以到达视线范围以外。地面对表面波有吸收作用，吸收的强弱与电波的频率，地面的性质等因素有关。

2. 天波传播

天波传播，就是自发射天线发出的电磁波，在高空被电离层反射回来到达接收点的传播方式。如图 9.3.1 中②所示。电离层对电磁波除了具有反射作用以外，还会吸收能量和引起信号畸变，其作用强弱与电磁波的频率和电离层的变化有关。

3. 直射传播

直射传播，就是由发射点从空间直线传播到接收点的无线电波，如图 9.3.1 中③所示。在传播过程中，信号的强度衰减较慢。

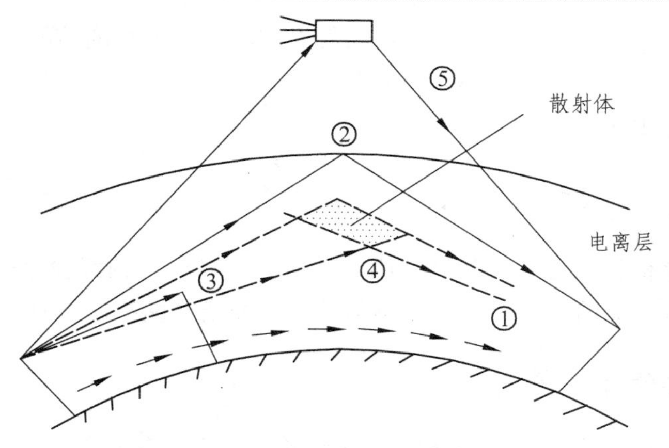

图 9.3.1　无线电波的传播方式

4. 散射传播

散射传播，就是利用大气层对流层和电离层的不均匀性来散射电波，使电波到达视线以外的地方。如图 9.3.1 中④所示。对流层在地球上方约 10 英里（1 英里＝609.3 米）处，是异类介质，反射系数随着高度的增加而减小。

5. 外层空间传播

外层空间传播，就是无线电在对流层、电离层以外的外层空间中的传播方式。如图 9.3.1 中的⑤所示。这种传播方式主要用于卫星或以星际为对象的通信中，以及用于空间飞行器的搜索、定位、跟踪等。

（二）无线电波传播的特点

1. 传播环境复杂

移动通信工作在 VHF 和 UHF 两个频段（30～3 000 MHz），电波的传播以直接波和反射波为主。因此，地形、地物、地质以及地球的曲率半径等都会对电波的传播造成影响。我国地域辽阔，地形复杂、多样，其中 4/5 为山区和半山区，即使在平原地区的大城市中，由于高楼林立也使电波传播变得十分复杂，复杂的地形和地面各种地物的形状、大小、相互位置、密度、材料等都会对电波的传播产生反射、折射、绕射等不同程度的影响。

2. 信号衰落严重

一个典型的移动通信系统，用户的接入都是通过移动台与基站间的无线链路，无线电波的传播在通信的过程中始终受移动台周围散射体的影响，因此移动台收到的信号是由多个反射波和直射波组成的多径信号。多径信号造成的结果是信号的严重衰落，随着传播距离的增加，电磁波的能量会逐渐变小，信号强度逐渐变弱。

3. 传播环境不断变化

移动通信的信道是变参信道。引起电波传播环境变化的因素有很多，主要因素是由于移动台处于移动状态，周围的地形、地物等总在不断变化。另外，城市建设的不断变化对移动通信的电波传播环境也有影响。

4. 环境被电磁噪声污染

传播环境本身是一个被电磁噪声污染的环境，而且这种污染日益严重。电磁噪声污染包

括由汽车点火系统、工业等电磁污染以及蓬勃发展的广播、无线通信的干扰等因素造成。

二、传播模型与应用

（一）传播模型的含义

传播模型是用来模拟电波在无线环境中传播时的衰减情况的经验公式。利用传播模型可以估算出尽可能接近实际的接收点的信号场强值，从而指导网络的规划工作。

（二）传播模型的种类

经过移动通信行业几十年的共同努力，目前形成了几种较为通用的电波传播路径损耗模型，如表 9.3.1 所示。

表 9.3.1 几中常用的传播模型

模型名称	适用场合
Okumura-Hata	适用于 900 MHz 宏蜂窝
Cost231-Hata	适用于 2 GHz 宏蜂窝
Cost231 Walfish-Ikegarmi	适用于 900 MHz 和 2 GHz 微蜂窝
Keenan-Motley	适用于 900 MHz 和 2 GHz 室内环境

（三）传播模型的应用

1. Okumura-Hata 模型

Okumura-Hata 模型是依据在日本测得的平均测量数据而构成的中值路径损耗预测模型，该模型适用范围为：

- 适用频段：150～1 000 MHz；
- 基站天线高度：30～200 m；
- 移动台天线高度：1～10 m；
- 覆盖距离：1～20 km。

Okumura-Hata 可以用式（9.3.1）表示：

$$L_p = 69.55 + 26.16\lg f - 13.82\lg h_b + (44.9 - 6.55\lg h_b)\lg d - A_{hm} \tag{9.3.1}$$

式中 L_p——从基站到移动台的路径损耗（dB）；

f——载波频率（MHz）；

h_b——基站天线高度（m）；

h_m——移动台天线高度（m）；

d——基站到移动台之间的距离（km）。

A_{hm}——增益修正因子，$A_{hm} = (1.1\lg f - 0.7)h_m - (1.56\lg f - 0.8)$。

2. Cost231-Hata 模型

Cost231-Hata 模型是 Hata 模型在 1 500～2 000 MHz 频段的扩展模型，该模型适用范围为：

· 适用频段：1 500～2 000 MHz；
· 基站天线高度：30～200 m；
· 移动台天线高度：1～10 m；
· 覆盖距离：1～20 km。

Cost231-Hata 可以用式（9.3.2）、（9.3.3）和（9.3.4）表示：

城市区域：

$$L_{\mathrm{p}} = 46.3 + 33.9 \lg f - 13.82 \lg h_{\mathrm{b}} + (44.9 - 6.55 \lg h_{\mathrm{b}}) \lg d - A_{\mathrm{hm}} + C_{\mathrm{m}} \tag{9.3.2}$$

式中，$A_{\mathrm{hm}} = (1.1 \lg f - 0.7) h_{\mathrm{m}} - (1.56 \lg f - 0.8)$；中等城市和郊区中心区，$C_{\mathrm{m}} = 0$ dB，大城市，$C_{\mathrm{m}} = 3$ dB。

农村准开阔地：

$$L_{\mathrm{rqo}} = L_{\mathrm{p}} - 4.78(\lg f)2 + 18.33 \lg f - 35.94 \tag{9.3.3}$$

农村开阔地：

$$L_{\mathrm{ro}} = L_{\mathrm{p}} - 4.78(\lg f)2 + 18.33 \lg f - 40.94 \tag{9.3.4}$$

3. Cost231 Walfish-Ikegarmi 模型

Cost231-WI 模型广泛适用于建筑物高度近似一致的郊区和城区环境，该模型的适用范围为：

· 适用频段：800～2 000 MHz；
· 基站天线高度：4～50 m；
· 移动台天线高度：1～3 m；
· 覆盖距离：0.02～5 km。

Cost231-WI 模型分视距传播（LOS）和非视距传播（NLOS）两种情况近似计算路径损耗。对于 LOS 情况，该传播模型如式（9.3.5）：

$$L_{\mathrm{p}} = 42.6 + 26 \lg d + 20 \lg f \qquad (d \geqslant 0.020 \text{ km}) \tag{9.3.5}$$

对于 NLOS 情况，该传播模型如式（9.3.6）：

$$L_{\mathrm{p}} = L_0 + L_1 + L_2 \tag{9.3.6}$$

式中　L_0——自由空间衰落；
　　　L_1——由沿屋顶下沿最近的衍射引起的衰落；
　　　L_2——沿屋顶的多重衍射（除了最近的衍射）。

4. Keenan-Motley 模型

室内传播环境与室外宏蜂窝、微蜂窝有很大区别，如天线高度，覆盖距离等，因此 Okumura-Hata 模型、Cost-231 模型都不能应用于室内环境。典型的室内传播模型是 Keenan-Motley 模型，该模型如式（9.3.7）：

$$L_{\mathrm{indoor}} = L_1 + 20 \lg d + k \times F(k) + p \times W(k) \tag{9.3.7}$$

式中　L_1——1 m 处的路径损耗（dB）；

k ——直射波穿透的楼层数；

$F(k)$ ——楼层衰减因子（dB）；

p ——直射波穿透的墙壁数；

W ——墙壁衰减因子（dB）。

在 Keenan-Motley 模型中，楼层衰减因子 F，电磁波穿透的第一层为 10 dB，以后的楼层为 20 dB。墙壁衰减因子 W，对木板墙为 4 dB，对有非金属窗的水泥墙为 7 dB，对无窗的水泥墙为 10～20 dB。

目前在工程设计中，为了提高网络规划预测精度和效率，场强覆盖预测已很少进行人工计算，而采用规划软件由计算机辅助完成，规划软件将常用的各种实用传播模型输入计算机，当然也可以根据实测数据建立更符合当地实际情况的新模型，配合数字化地图，就可以对各种不同的传播环境进行场强预测。

任务 4　分集技术

一、分集技术认知

分集技术是一项典型的抗衰落技术，它可以大大提高多径衰落信道下的传输可靠性。其中空间分集技术早已成功应用于模拟的短波通信与模拟移动通信系统，对于数字式移动通信，分集技术有了更加广泛的应用。

（一）分集接收的基本要求

移动通信中由于传播的开放性，使信道的传播条件比较恶劣，发送出的已调制信号经过恶劣的移动信道在接收端会产生严重的衰落，使接收的信号质量严重下降。

分集技术是抗衰落的最有效措施之一。分集技术利用多条传输相同信息且具有近似相等的平均信号强度和相互独立衰落特性的信号路径，并在接收端对这些信号进行适当的合并，以大大降低多径衰落的影响，从而改善传输的可靠性。

分集的必要条件是在接收端必须能够接收到承载同一信息且在统计上相互独立（或近似独立）的若干不同的样值信号，这若干个不同样值信号的获得可以通过不同的方式，如空间、频率、时间等。它主要是指如何有效地区分可接收的含同一信息内容但统计上独立的不同样值信号。

分集技术的充分条件是如何将获得的含有同一信息内容但是统计上独立的不同样值加以有效且可靠的利用。它是指分集中的集合与合并的方式，最常用的有选择式合并（SC）、等增量合并（EGC）和最大比值合并（MRC）等。

（二）分集接收的分类

按“分”划分，即按照接收信号样值的结构与统计特性划分，可分为空间、频率、时间接收分集 3 大基本类型；按“集”划分，即按集合、合并方式划分，可分为选择合并、等增益合并与最大值合并；若按照合并的位置划分，可分为射频合并、中频合并与基带合并，而最常用的为基带合并；分集还可以划分为接收端分集、发送端分集及发/收联合分集，即多输入/多输出（MIMO）系统；分集从另一个角度也可以划分为显分集与隐分集，一般称采用多套设备来实现分集为传统的显分集，空间分集是典型的显分集；称采用一套设备而利用信号设计与处理技术来实现的分集为隐分集。显然，显分集存在设备增益，而隐分集不存在设备增益，要注意的是，设备增益是用多套设备性能换取的。它与分集的抗衰落性能不是一类概念，应注意加以区分。

二、接收分集信号处理

典型的接收分集主要有空间分集接收、频率分集接收和时间分集接收等。

（一）空间分集接收

空间分集是利用不同地点接收到信号在统计上的不相关性，即衰落性质上的不一样，实现抗衰落的性能。

空间分集的典型结构为：发送端为一副天线，接收端则有 N 副天线，如图 9.4.1 所示。

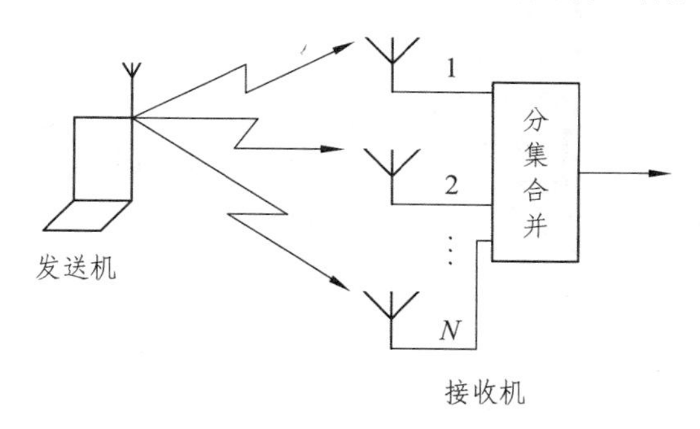

图 9.4.1　空间分集示意图

基站接收端天线之间的距离要满足基本上不相关的要求，才能达到分集的效果，即接收端的分集天线距离 d 一定要大于信号的相干区间 ΔR。

$$d \geqslant \Delta R \geqslant \frac{\lambda}{\varphi} \tag{9.4.1}$$

式中，λ 为波长；φ 为天线扩展角，如在城市中扩展角一般取 $\varphi \approx 20°$，则有

$$d \geqslant \frac{360°}{20°} \times \frac{1}{2\pi} \times \lambda = 2.86\lambda \tag{9.4.2}$$

在空间分集中，分集天线数 N 越大，分集效果越好，但是分集与不分集差异很大，而分集增益正比于分集的天线数量，一般当 N 较大时（$N=4$），增益改善不再明显，且随着 N 的增大而逐步减小。然而 N 的增大意味着设备复杂性的增大，所以在工程上要在性能与复杂性之间做一折中，一般取 $N=2\sim4$ 即可。

空间分集还有两类演变形式。

1. 极化分集

极化分集是利用单个天线水平与垂直极化方向上的正交性能来实现分集功能的，即利用极化的正交性来实现衰落的不相关性，如图 9.4.2 所示

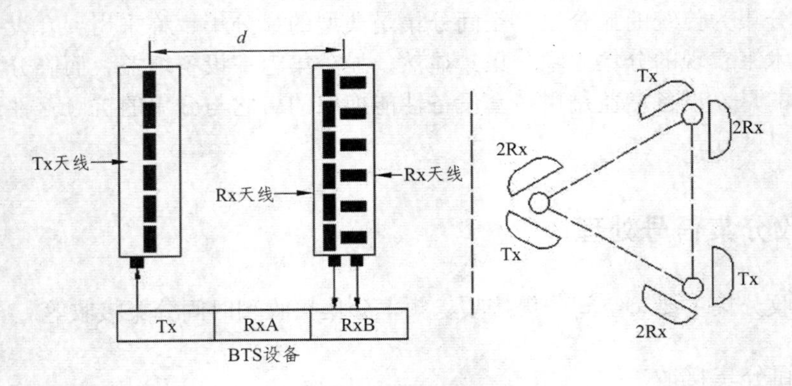

（a）收、发天线分别设置

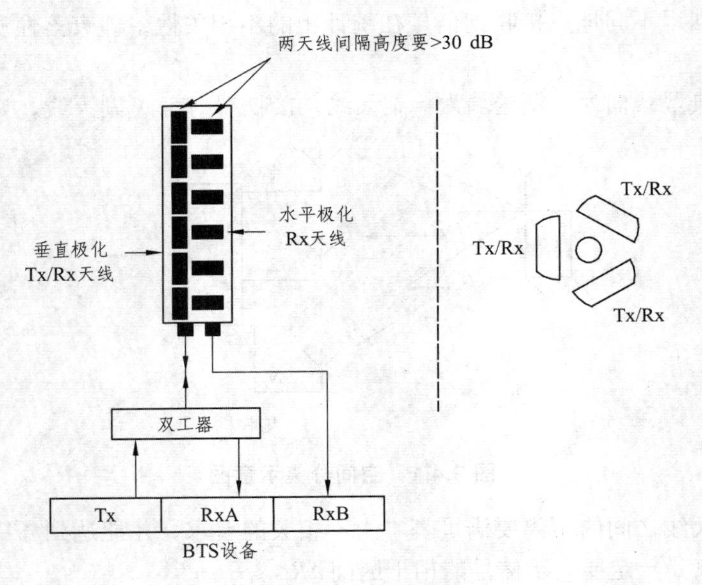

（b）收、发天线共用一副天线

图 9.4.2 极化分集基站天线结构

极化分集的优点为结构紧凑、节省空间，其缺点是在移动时变信道中，极化正交性很难保证，且发送端功率要分配至正交极化馈源上将产生 3 dB 的损失，因此性能较空间分集差。

2. 角度分集

角度分集利用传输环境的复杂性，调整天线不同角度的馈源，实现在单个天线上不同角度到达信号样值统计上的不相关性来实现等效空间分集的效果。其优点是结构紧凑，节省空间，其缺点是实现工艺要求比较高，且性能比空间分集差。

在空间分集中，由于在接收端采用了 N 副天线，若它们尺寸、形状、增益相同，那么空间分集除了可以获得抗衰落的分集增益外，还可以获得由于设备能力的增加而获得的设备增益，如二重空间分集的两套设备可获得 3 dB 设备增益。

（二）频率分集接收

频率分集利用位于不同频段的信号经衰落信道后在统计上的不相关特性，即不同频段衰落统计特性上的差异，来实现抗衰落（频率选择性）的功能。实现时可以将待发送的信息分别调制在频率上不相关的载波上发射。所谓频率不相关的载波，是指不同载波之间的间隔 Δf 大于频率相干区间 ΔF ，即

$$\Delta f \geqslant \Delta F \approx \frac{1}{L} \tag{9.4.3}$$

式中，L 为接收信号的时延功率谱宽度。

例如，某城市中若使用 800～900 MHz 频段（指 GSM 系统），典型的时延功率谱宽度约为 5 ms，这时有

$$\Delta f \geqslant \Delta F \approx \frac{1}{L} = \frac{1}{5\ \text{ms}} = 200\quad (\text{kHz})$$

即要求对于 2G（第二代）实现频率分集的载波间隔应大于 200 kHz。

频率分集与空间分集相比较，其优点是在接收端可以减少接收天线及相应设备的数量，缺点是要占用更多的频带资源，所以一般又称它为带内（频带内）分集，并且在发送端有可能需要采用多个发射机。

（三）时间分集接收

时间分集利用一个随机衰落信号，当取样点的时间间隔足够大时，两个样点的衰落是统计上互不相关的特点，即利用时间上衰落统计特性上的差异来实现抗时间选择性衰落的功能。

具体实现时，是将待发送信息每隔一定的时间间隔，只要这一时间间隔 Δt 大于时间相干区间 ΔT ，即

$$\Delta t \geqslant \Delta T \approx \frac{1}{B} \tag{9.4.4}$$

式中，B 为移动用户高速移动时所产生的多普勒频移产生的频移扩散区间。可见，时间分集对于处于静止或准静止步行状态的移动用户几乎是无用的。

时间分集与空间分集相比较，其优点是减少了接收天线及相应设备的数目，缺点是占用时隙，增大了开销，降低了传输效率。

在分集接收中，在接收端可以从 N 个统计不相关二承载相同信息的支路获得样值信号，再通过不同形式的选择与合并技术来获得尽可能大的分量增益和抗衰落性能。如果从接收端合并处所处的位置上看，合并可以在检测以前的射频或中频上进项，也可以在检测以后即基带上进行合并，实际上常采用基带合并。

三、发射分集信号处理

在衰落环境中，多天线分集技术可以有效地改善无线通信系统的性能。多天线分集技术可以分别在基站或移动台或双方共同实现，但考虑到体积成本等因素，一般情况下，多天线

分集技术都是在基站一边实现的。在移动通信系统尤其是3G系统中，多天线的发射分集也是非常重要的关键技术。在3G系统中，主要采用的发射分集有开环和闭环两种模式。下面以WCDMA系统采用的发射分集技术为例来进行介绍。

（一）开环发射分集

在WCDMA系统中使用的开环发射分集有两种，分别是空时发射分集（STTD）和时间切换发射分集（TSTD）。

空时发射分集（STTD）除了同步信道以外均可使用，其实现原理如图9.4.3所示。

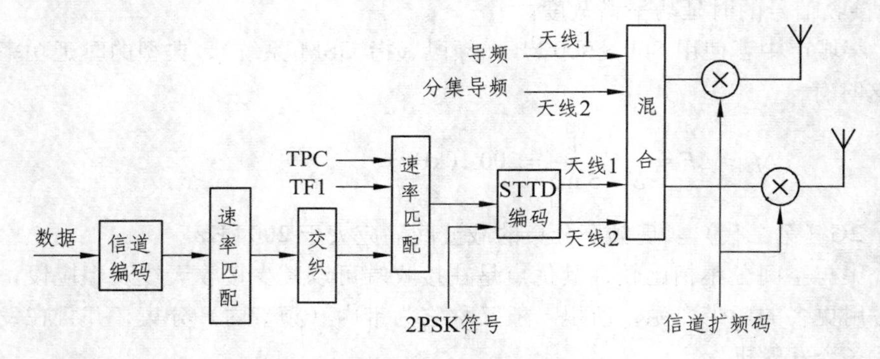

图9.4.3 STTD发射分集示意图

时间切换发射分集（TSTD）专用于同步信道SCH，其实现原理是根据时隙的奇、偶在两个天线上交替发送基本同步码（PSC）和辅助同步码（SSC）。例如奇时隙用第一个天线发送，偶时隙则用第二个天线发送。采用TSTD，在移动台中可以很简单地获得与最大比值合并（MRC）相当的效果，大大提高了用户端正确同步的概率，并缩短了同步搜索时间。其编码方式如图9.4.4所示。

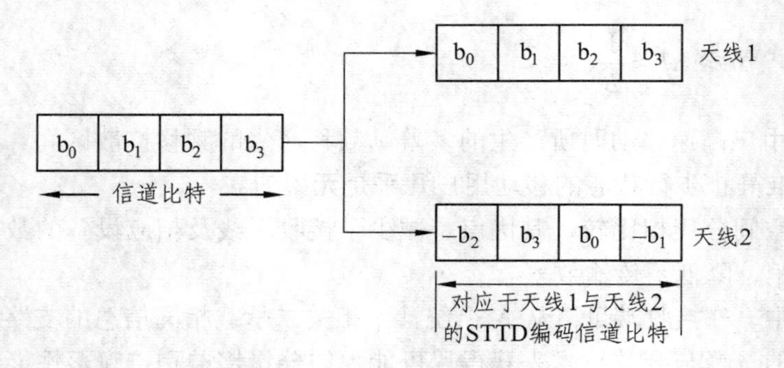

图9.4.4 STTD编码方式

（二）闭环发射分集

WCDMA系统中使用的闭环发射分集如图9.4.5所示，其工作原理可以概述为：专用物理控制信道（DPCCH）和专用物理数据信道（DPDCH）共同组成专用物理信道（DPCH），经扩频/扰码操作后进行加权处理，用户设备根据所接收到的下行公共导频信道（CPICH）的某个时隙来估计各发送天线的信道响应，并按照使功率达到最大的原则来确定调整参量。

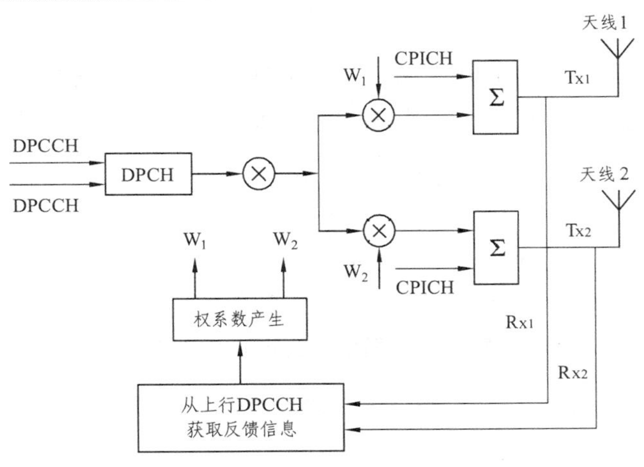

图 9.4.5　闭环发射分集示意图

任务 5　网络覆盖信号增强技术

一、直放站

（一）直放站的概念

直放站属于同频放大设备，是在无线通信传输过程中起到信号增强的一种无线电发射中转设备。

（二）直放站的作用

直放站的作用就是射频信号功率增强。使用直放站是实现“小容量、大覆盖”目标的必要手段之一，这是由于使用直放站可以在不增加基站数量的前提下保证网络覆盖，而且其造价远远低于有同样效果的微蜂窝系统。

直放站是解决通信网络延伸覆盖能力的一种优选方案。它与基站相比有结构简单、投资较少和安装方便等优点，可广泛用于难于覆盖的盲区和弱区，如商场、宾馆、机场、码头、车站、体育馆、娱乐厅、地铁、隧道、高速公路、海岛等各种场所。

（三）直放站的组成与种类

直放站的结构主要包括施主天线、低噪声前向放大器、频段选择器、滤波器、功放和覆盖天线等，如图 9.5.1 所示。

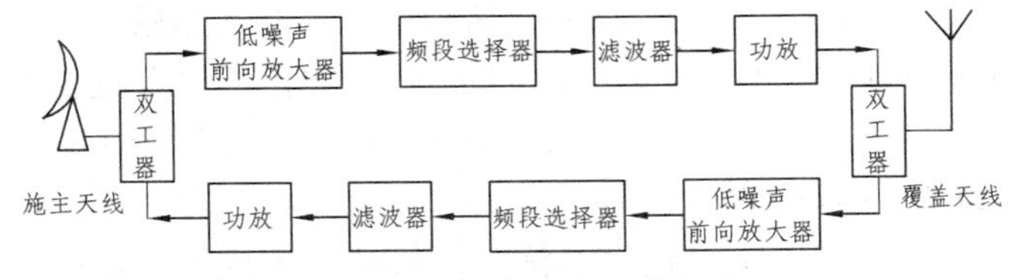

图 9.5.1　直放站的组成结构

常用的直放站有以下几种：

（1）同频直放站：下行从基站接收信号，经放大后向用户方向覆盖；上行从用户接收信号，经放大后发送给基站，为了限带，加有带通滤波器，如图 9.5.2 所示。

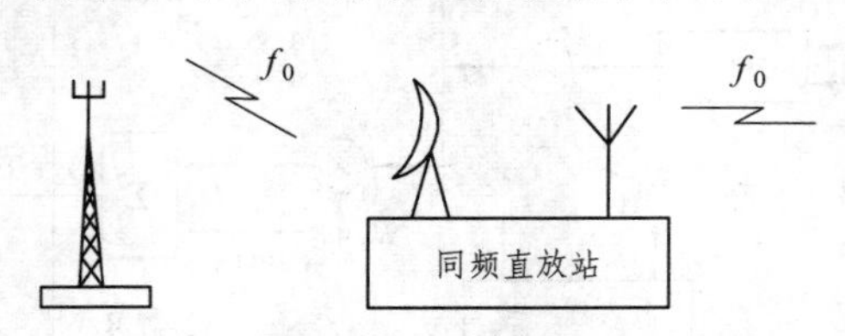

图 9.5.2 同频直放站工作方式

（2）选频直放站：为了选频，将上、下行频率下变频为中频，进行选频限带处理后，再上变频恢复上、下行频率。

（3）移频传输直放站：将收到的频率上变频为微波，传输后再下变频为原先收到的频率，放大后发送出去，如图 9.5.3 所示。

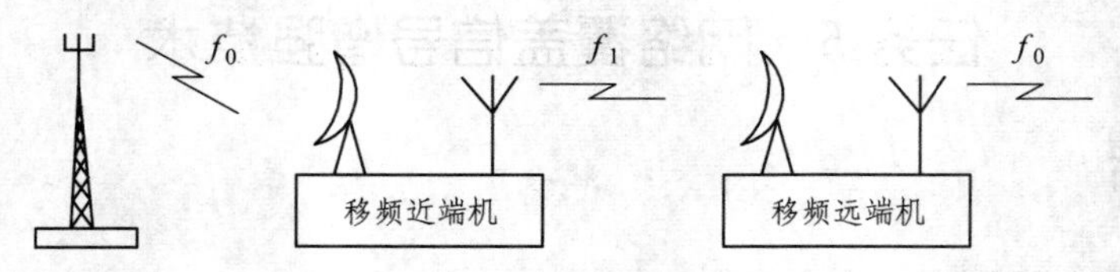

图 9.5.3 移频直放站工作方式

（4）光纤传输直放站：将收到的信号，经光电变换变成光信号，传输后又经电光变换恢复电信号再发出，如图 9.5.4 所示。

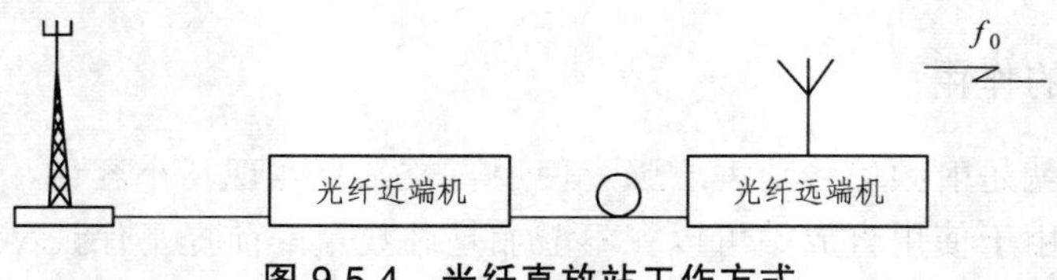

图 9.5.4 光纤直放站工作方式

（5）室内直放站：室内直放站是一种简易型的设备，其要求与室外型机是不一样的。

（四）直放站的应用

直放站为各种信号盲区提供良好的解决方案，其具体的应用有以下几种：

1. 公路的覆盖

某郊区一基站东侧，有一主要交通干道，在基站东侧 14 km 处安装一直放站，服务天线高度约 55 m。直放站服务天线的输出口接一个 3∶1 的功率分配器，分别接两个 16 dBi 的板状天线，信号弱的天线向西辐射（指向基站），信号强的天线向东辐射。未装直放站时，直放站所在地信号在－100 dBm 左右，通信时通时断，效果非常不好。直放站开通后，直放站西侧一段约 3～5 km 公路信号明显改善；直放站东侧使通信距离又延伸 8～10 km。

2. 郊区重点村镇居民区的覆盖

某一村镇离基站 5～6 km，由于该镇经济条件较好，手机用户较多。无直放站时，地面信号一般为－90～－95 dBm，室外通信正常但室内通信无法得到保证。安装直放站后，服务天线在 30 m 左右高度，采用全向天线，地面接收的基站信号电平提高约 20 dB，可以解决半径在 500～800 m 内的室内覆盖（指一般居民楼）。

3. "L" 形覆盖

某一风景区位于山谷中，距离基站不到 4 km，但由于被山脉阻挡，手机根本无法工作。在山脉的尽头安装一直放站，由于直放站接收信号的方向和发射信号的方向成一定的角度，相当于基站的电波在直放站处转了一个弯。依靠山体的阻挡，直放站的施主天线和服务天线分别放在山体的两侧，隔离度很大，直放站的性能可以充分发挥，不但很好地解决了该风景区用户的通信问题，还使该基站的通信距离向山谷里延伸了 6 km。

4. 临时性会议地点的应急覆盖

北京郊区某宾馆组织重要会议，由于信号较弱，在会议室和宾馆底层房间均不能通信。由于时间紧迫，在该宾馆安装闭路分布系统已不可能。经现场考察，在宾馆顶层信号较强，且信号单一，安装直放站不会引起导频混乱。服务天线放楼群中间，利用楼体的隔离可以有效地控制直放站的覆盖，因宾馆面积不大，直放站的增益设置较小，使直放站工作很稳定。直放站半天即安装完毕，不但会议室内信号明显增加，而且地下室也可以正常通信。

5. 开阔地域的覆盖

人口分布较少的开阔地域是使用直放站进行覆盖的典型场合。当直放站采用全向天线时，只要有一定的铁塔高度，在直放站工作正常的情况下，3 km 内可以明显地感觉到直放站的增益作用。但距离超过 5 km 以后，直放站的增益作用就迅速消失，用手机进行基站接收信号电平测试，无论直放站是否工作，接收电平都没有明显变化。这是因为在平原开阔地区，房屋建筑和地形地貌造成的传输衰耗相对较小，而随空间距离的增加，电波按 $32.45+20\lg f(\text{MHz})+20\lg D\ (\text{km})$ 的规律衰减；即距离每增加一倍，电波衰减 6 dB。由此可见，想利用直放站组成大面积的覆盖是不现实的。当然，要想在局部方向获得较大的覆盖，如公路沿线则必须有更高的铁塔和高增益的定向天线，这样可以在单一方向延伸覆盖 10 km 左右。

（五）直放站的优缺点

1. 直放站的优点

（1）同等覆盖面积时，使用直放站投资较低。

（2）覆盖更为灵活，一个基站基本上是圆形覆盖，多个直放站可以组织成多种覆盖形式。

（3）在组网初期，由于用户较少，投资效益较差，可以用一部分直放站代替基站。

（4）由于不需要土建和传输电路的施工，建网迅速。

2. 直放站的缺点

（1）不能增加系统容量。

（2）引入直放站后，会给基站增加约 3 dB 以上的噪声，使原基站工作环境恶化，覆盖半径减少，所以一个基站的一个扇区只能带两个以下的直放站工作。

（3）直放站只能频分不能码分，一个直放站往往将多个基站或多个扇区的信号加以放大。引入过多的直放站后，导致基站短码相位混乱，导频污染严重，优化工作困难，同时加大了不必要的软切换。

（4）直放站的网管功能和设备检测功能远不如基站，当直放站出现问题后不易察觉。

（5）由于受隔离度的要求限制，直放站的某些安装条件要比基站苛刻的多，使直放站的性能往往不能得到充分发挥。

（6）如果直放让自激或直放站附近有干扰源，将对原网造成严重影响。由于直放站的工作天线较高，会将干扰的作用面积扩大。CDMA 是一个同频系统，周边的基站均有可能受到堵塞而瘫痪。

二、室内分布系统

（一）室内分布系统的含义

室内分布系统是针对室内用户群、用于改善建筑物内移动通信环境的非常有效的方案。其原理是利用室内天线分布系统将移动基站的信号均匀分布在室内每个角落，从而保证室内区域拥有理想的信号覆盖。

（二）室内分布系统的作用

1. 覆盖方面

由于建筑物自身的屏蔽和吸收作用，造成了无线电波较大的传输衰耗，形成了无线信号的弱场强区甚至盲区，利用室内分布系统可以解决这类问题。

2. 容量方面

建筑物诸如大型购物商场、会议中心，由于无线市话使用密度过大，局部网络容量不能满足用户需求，无线信道会发生拥塞现象，利用室内分布系统可解决拥塞问题。

3. 质量方面

建筑物高层空间极易存在无线频率干扰，以致服务小区信号不稳定，出现乒乓切换效应，话音质量难以保证，甚至会不时出现掉话现象，利用室内分布系统，能有效解决掉话问题。

（三）室内分布系统的组网方式

1. 无源分布式室内覆盖系统

无源分布式系统通过无源分配器件，将微蜂窝信号分配至各个需要覆盖的区域。

光无源器件是光纤通信设备的重要组成部分，也是其他光纤应用领域不可缺少的元器件，具有高回波损耗、低插入损耗、高可靠性、稳定性、机械耐磨性和抗腐蚀性、易于操作等特点，广泛应用于长距离通信、区域网络及光纤到户、视频传输、光纤感测等。

2. 电缆＋无源混合分布式室内覆盖系统

对于高大楼宇建筑，可采用基站接口单元，将基站信号接入后，通过电缆传输至各个需要覆盖的区域，但是电缆传输损耗大，在距离基站较远处，信号可能非常弱，所以在远端通过干线放大器产品，将信号放大后，再通过天线输出。

3. 光纤＋电缆＋无源混合分布式室内覆盖系统

对于大型的建筑，传输距离长，为了尽可能地减少传输损耗，我们采用光纤传输信号，光纤的传输损耗是 2 dB/1 000 m，此外光纤重量轻，体积小便于施工，所以，我们在远距离传输时会考虑引入光纤分布系统。但是，光纤价格昂贵，动态范围较小，且远端需要供电，维护起来也不如无源系统简单，因此，在具体使用时我们常采用光电混合分布方式：在微蜂窝处安装光端机，取微蜂窝信号，通过光纤传输至安装在远处的光端机，再通过馈线和天线将信号输出。在微蜂窝附近采用无源方式，用馈线直接引用基站信号；距离微蜂窝较远的地方采用干线放大器，将信号放大后使用。

（四）室内分布系统的应用案例

1. 商场超市

商场超市的场景特点为：

（1）单层面积大，路损相对较大；

（2）主要是话音业务；

（3）层间距较大。

由于商场超市的层高比较高，室内比较空阔，可适当提高天线口功率，以减少天线数量，且每个通道覆盖一个楼层，解决方案如图 9.5.5 所示。

2. 会展中心和室内体育场

会展中心和室内体育场的场景特点为：

（1）单层面积较大；

（2）层间距较大，可达 6～10 m；

（3）层数少（1～2 层）；

（4）短期内用户激增。

由于会展中心和室内体育场层高较高，室内比较空阔，可适当提高天线口功率，以减少天线数量，且天线分散设置在室内四周，解决方案如图 9.5.6 所示。

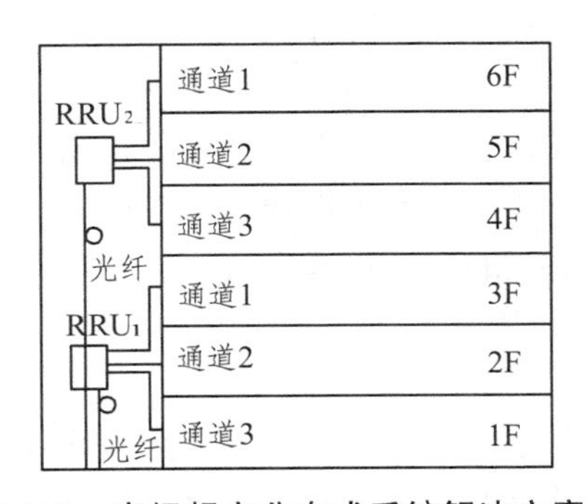

图 9.5.5　商场超市分布式系统解决方案

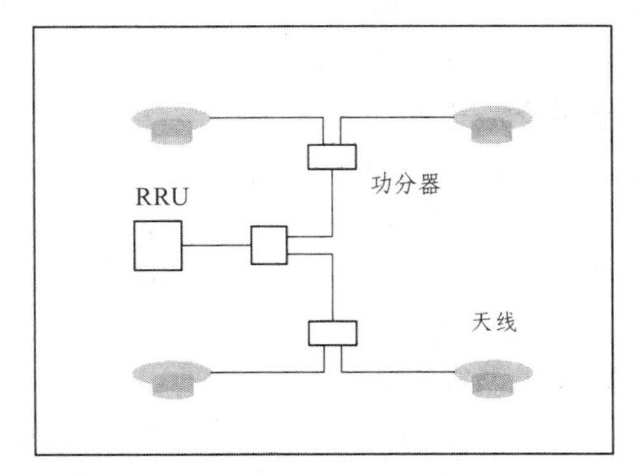

图 9.5.6　会展中心和室内体育场（单层）分布式系统解决方案

3. 宾馆酒店

宾馆酒店的场景特点为：

（1）房间多，对称分布；

（2）楼层多。

由于宾馆酒店走廊比较直，可在层内沿走廊覆盖，每个通道覆盖多层，解决方案如图 9.5.7 所示。

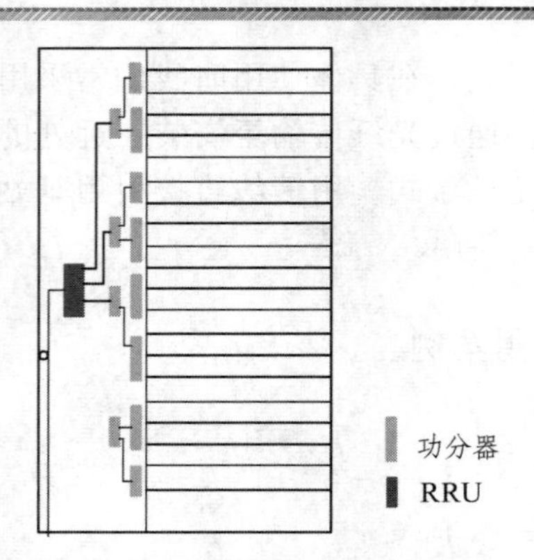

图 9.5.7 宾馆酒店分布式系统解决方案

任务 6 基站防雷与接地技术

2G 移动通信网络的运行维护和 3G 移动通信网络的建设开展，局站雷电防护是重要的一环。尤其网络中分布的大量基站，其通信天线一般都有金属塔支撑，容易成为雷电对地放电的接闪通道，从而导致基站设备遭受雷击。因此，加强移动通信基站的防雷安全建设，减少雷击灾害损失，就显得十分重要。

一、雷电入侵移动通信基站的途径

当移动通信基站遭受雷击时，雷电危害入侵基站途径主要有直击雷入侵和感应雷入侵。根据受雷击基站的现场勘察，感应雷入侵是最主要的原因，具体包括以下几个途径。

1. 经过交流电源线引入

目前通信基站的交流电源引入大都采用架空的方式，当电力电缆附件发生雷击时，直接在电力电缆周围产生强大的电磁场，感应出雷电过电压并沿着电力电缆进入基站，损坏机房的用电设备。因此，交流电源电力电缆进入基站前，电缆的铠装护套未接地或接地不当以及机房配电箱未加装一级防雷箱等，都会带来雷电过电压的侵害。

2. 经过天馈线引入

当基站铁塔遭受雷击时，铁塔上会出现很高的雷电过电压，相应地会在天馈线上感应较高的雷电过电压。若天馈线在进入基站前未接地处理或接地不当，天馈线上感应出的雷电过电压就会沿天馈线窜入基站进而损坏设备。

3. 经过传输光缆的加强筋引入

当有雷电发生时，露天架空敷设的传输光缆由于光缆加强筋的存在很容易感应上雷电过电压。若传输光缆进入基站前对其加强筋末端的处理不当，加强筋上感应出的雷电过电压会沿着光缆进入基站，很容易造成加强筋在机柜内部对导体拉弧放电，进而损坏通信设备。

4. 经过基站内设备接地端口引入

当雷电流沿基站附近的避雷器对地泄流时，由于接地电阻的存在引起基站的地电位升高，会对基站内部设备产生反击的现象。若基站内设备接地不当，设备的接地线过长，便在接地线上感应出较大的感应过电压对设备进行破坏。此外，一级防雷箱的接地线过长，在泄流到大地中，使得地电位迅速抬升，击坏基站机房内通信设备，也是引发雷击的一个原因。

二、雷电入侵移动通信基站的防护

基站建设遵照信息产业部部颁《移动通信基站防雷与接地设计规范 YD 5068—98》执行。

1. 供电系统的防雷接地

（1）电力线引入在条件允许情况下采用直埋方式（穿管或采用铠装电缆），直埋长度不少于 15 m，钢管或电缆金属护套两端应就近可靠接地。

（2）设备电源线、控制线应采用绝缘阻燃软电缆，零线应直接接地。

2. 天馈线系统的防雷接地

（1）移动通信基站铁塔应有完善的防直击雷及二次感应雷的防雷装置。

（2）铁塔避雷针应设置专用雷电流引下线，材料宜采用 40 × 4 镀锌扁钢引入地网，扁钢敷设路由远离馈线爬梯，沿塔角向下敷设。

（3）天线应在避雷针的 45°伞状保护范围之内。

（4）馈线应在上部、下部、进机房入口处就近接地，当铁塔高度大于等于 60 m 时，应在铁塔中部增加一处接地。

（5）在大楼接地系统可靠的前提下，天线支撑抱柱、馈线走线架等各种金属设施，应就近分别与屋顶避雷带可靠连通，否则，均应连接至室外接地窗（EGB）。为安全考虑，楼顶抱杆的防雷接地应尽可能使用 40 × 4 镀锌扁钢。

（6）机房内走线架、槽钢、配电箱、电池架等均应作保护接地。

3. 基站的联合接地系统

（1）移动基站地网的组成是按均压、等电位的原理，将工作地、保护地、防雷地组成一个联合接地网。站内各类接地线应从联合接地网上分别引入。

（2）基站接地电阻值应小于 5 Ω，对年雷暴日小于 20 天的地区，接地阻值可小于 10 Ω。

（3）基站地网由机房地网、铁塔地网和变压器地网组成，如图 9.6.1 所示。

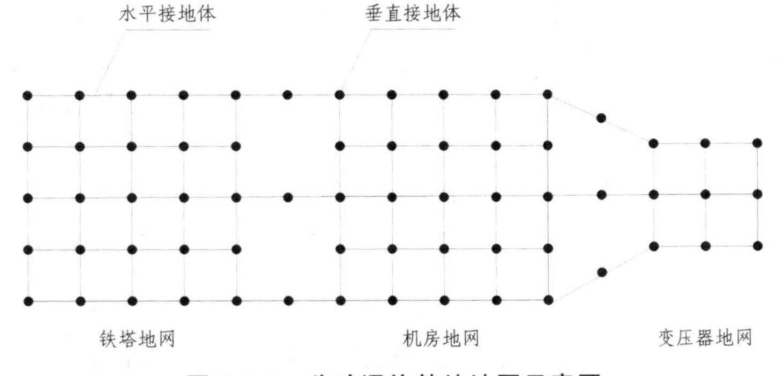

图 9.6.1　移动通信基站地网示意图

（4）机房地网应沿机房建筑物散水外设环形接地装置，同时还应利用机房建筑物基础横竖梁内两根以上主钢筋共同组成机房接地网。

（5）对于利用商品房作机房的移动通信基站，应尽量找出建筑防雷接地网或其他专用地

网，并就近再设一组地网，三者相互在地下焊接连通，有难度时也可以在地面上可见部分焊接成一体作为机房地网。找不到原有地网时，应就近设一组地网作为机房工作地、保护地、防雷地。铁塔应与建筑物避雷带就近两处以上连通。

（6）铁塔地网：当铁塔位于机房旁边时，铁塔地网应延伸到塔基四脚外 1.5 m 远的范围，网格尺寸应不大于 3 m×3 m，其周边为封闭式；同时还要利用塔基地桩内两根以上主钢筋作为铁塔地网的垂直接地体。铁塔地网与机房地网应每隔 3～5 m 相互焊接连通一次，连接点不应少于两点。

（7）铁塔四个脚均要接地。

（8）当通信铁塔位于机房屋顶时，铁塔四脚应与楼顶避雷带就近不少于两处焊接连通，同时宜在机房地网四脚设置辐射式接地体，以利雷电散流。

（9）当电力变压器设置在机房地网边缘 30 m 以内时，变压器地网与机房地网或铁塔地网之间，应每隔 3～5 m 相互焊接连通一次（至少有两处连通），以相互组成一个周边封闭的地网。

（10）在不了解大楼设计、施工情况时，不能利用机房内建筑钢筋作接地引入。

（11）在可能的情况下，接地网应与大楼水管、排污管等可靠连接。

（12）接地系统所有焊点均应做好防锈处理。

4. 接地体

（1）采用热镀锌钢材，接地极采用 50 mm×50 mm×5 mm 角钢，连接、引入采用 40 mm ×4 mm 扁钢。

（2）接地极长度宜为 1.5～2.5 m，垂直接地极间距为其自身长度的 1.2～1.5 倍。

（3）接地体上端距地面不应小于 0.7 m。

（4）离子接地极按供货厂家产品说明进行施工。

5. 接地引入与接地窗

（1）接地网至机房底层接地汇集总线（MGB）宜采用扁钢，引入长度不宜超过 30 m，并应作防腐、绝缘处理，并不得在暖气地沟内布放，埋设时应避开污水管道和水沟。

（2）MGB 至基站室内接地窗（IGB）、室外接地窗（EGB）。主接地线应采用 70～95 mm² 铜芯电缆。所有地线用黄绿色标记。

（3）接地铜排有足够的孔洞并配置 M8 的镀锌或不锈钢螺丝。为防止氧化，铜排需镀铬或镀锡。室外接地排应靠近馈线窗用绝缘子安装于墙面，位置不得高于此处馈线接地点。

（4）接地线宜短、直，不要有回弯或向上拐弯，最小弯曲半径 7.5 cm，如图 9.6.2 所示。

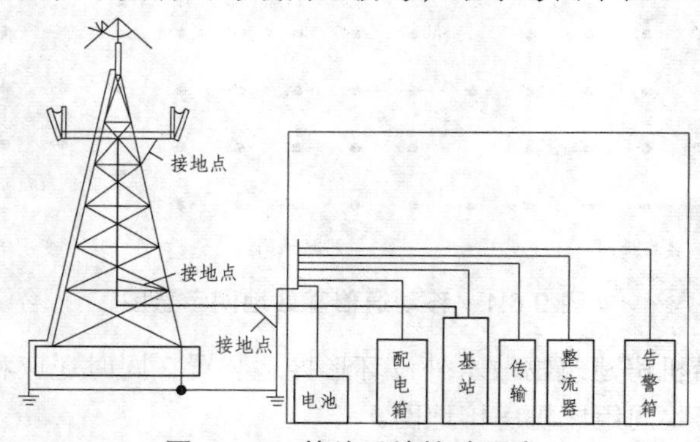

图 9.6.2 基站系统接地要求

(5) 馈线接地处有防水措施。接地线的馈线端要高于接地排端，馈线与接地线接头朝下，接头紧密，走线要朝下。

(6) 接地线与馈线的连接处一定要用防水胶和防水胶布密封防水处理。

(7) 馈线接地处水平走线时要求有明显的回水弯，地线最低点要低于接地点 10 cm。垂直走线不要求有回水弯。接地线不得从封洞孔内穿过。

（四）防雷技术新探索

雷击放电是影响通信服务可靠性的重要因素，得到了大家的广泛关注，探讨科学有效的雷击防护措施十分重要。

1. 传统防雷技术

传统防雷技术一般采用并联式防雷，常用的保护器件在保护中的损坏均呈短路状态，将出现保护网络的失效导致系统的“失效”状态。为了避免这种情况，保护器件需要有巨大的能量吸收能力（最大雷击能量为 200 kA），需要巨大的成本。通用的并联型保护设备，检测的残压为系统要求的残压值，而在工程安装中不可避免的会出现引线和接地线过长，且线路残压很高，导致线路和保护设备串联后的总残压远远大于系统残压，从而出现“保护器不动作或者即使动作也发生设备损坏”。

2. 防雷技术新探索

(1) 采用串联式网络。

串联式防护是防雷技术的发展方向，在串联网络防护中，反射网络不需要吸收能量，不存在因为雷击能量过大而损坏，只会出现串联负载过大而损坏的情况，这可以采用根据不同的负载选择不同的负载容量的手段来避免。与保护设备呈串联关系，雷击电压也因等效阻抗的串联关系分压，绝大部分浪涌电压分配在保护网络上，使被保护设备上只有很小浪涌电压，从而实现两侧网络的保护。

(2) 系统整体防护。

系统整体防护是在当前已有防护的基础上，对整个网络进行全面分析，找出网络、设备、端口间的关系，从而实现系统全面的防护。该防护主要在端口防护的基础上解决了网络间的传导抑制问题，目前主流的发展趋势是实施分离式接地技术”和“途径保护技术”，在联合接地网的基础上引入相应的防护设备，将防雷接地、工作接地、保护接地三种途径进行分离，对雷电冲击通道上的雷电流传播切断，彼此独立，互不干扰，保护地电位不受雷电流的影响，改善移动基局站系统的稳定性。

过关训练

一、填空题

1. 天线按工作频率分可以分为（　　）、（　　）、（　　）和（　　）。

2. （　　）传播模型适用于 900 MHz 和 2 GHz 微蜂窝。

3. 典型的接收分集主要有（　　）、（　　）和（　　）。

4. 根据直放站的构成不同，直放站可以分为（　　）、（　　）、（　　）、（　　）和（　　）。

5. 接地系统的地阻绝不能大于（ ），应力争小于（ ）。

二、名词解释

半功率角度　空间分集　频率分集　直放站　室内分布系统

三、简答题

1. 基站天线为什么要进行美化伪装?
2. 影响无线电波传播的因素有哪些?
3. Okumura-Hata 模型的适用范围是什么?
4. 试分析直放站的优缺点?
5. 室内分布系统的作用是什么?
6. 雷电入侵基站的途径有哪些?

参考文献

[1] 薛晓明. 移动通信技术[M]. 北京：北京理工大学出版社，2007.

[2] 陈德荣，林家儒. 数字移动通信系统[M]. 北京：北京邮电大学出版社，2001.

[3] 袁超伟，陈德荣，冯志勇，等. CDMA 蜂窝移动通信[M]. 北京：北京邮电大学出版社，2003.

[4] 祁玉生，邵世祥. 现代移动通信系统[M]. 北京：人民邮电出版社，2002.

[5] 曹达仲，侯春萍. 移动通信原理、系统及技术[M]. 北京：清华大学出版社，2004.

[6] 孙儒石等. GSM 数字移动通信工程[M]. 北京：人民邮电出版社，2002.

[7] 孙宇彤等. CDMA 空中接口技术[M]. 北京：人民邮电出版社，2004.

[8] 摩托罗拉工程学院. CDMA2000-1x 网络技术[M]. 北京：电子工业出版社，2005.

[9] 张平等. WCDMA 移动通信系统[M]. 2 版. 北京：人民邮电出版社，2004.

[10] 摩托罗拉工程学院. UMTS 网络技术[M]. 北京：电子工业出版社，2005.

[11] 李世鹤. TD-SCDMA 第三代移动通信系统标准[M]. 北京：人民邮电出版社，2003.

[12] 谢显中. TD-SCDMA 第三代移动通信系统技术与实现[M]. 北京：电子工业出版社，2004.

[13] 杨峰义，覃燕敏，胡强，等. WCDMA 无线网络工程[M]. 北京：人民邮电大学出版社，2004.